Inhalt

Wenn du auf die Stimme des Herrn, deines Gottes, hörst und tust, was in seinen Augen gut ist, wenn du seinen Geboten gehorchst und auf alle seine Gesetze achtest, werde ich dir keine der Krankheiten schicken, die ich den Ägyptern geschickt habe. Denn:
ICH BIN DER HERR, DEIN ARZT.

(Exodus 15,26)

Denn wir leiden nur,
weil wir gesündigt haben.
(2. Makkabäer 7,32)

Gott bringt aus der Erde Heilmittel hervor, der Einsichtige verschmähe sie nicht. Wurde nicht durch ein Holz das Wasser süß, so daß Gottes Macht sich zeigte? Er gab dem Menschen Einsicht, um sich durch seine Wunderkräfte zu verherrlichen.
Durch Mittel beruhigt der Arzt den Schmerz, ebenso bereitet der Salbenmischer die Arznei, damit Gottes Werke nicht aufhören und die Hilfe nicht von der Erde verschwindet.
Mein Sohn, bei Krankheit säume nicht, bete zu Gott; denn er macht gesund. Laß ab vom Bösen, mach deine Hände rechtschaffen, reinige dein Herz von allen Sünden! Bring den beruhigenden Duft eines Gedenkopfers dar, mach die Gabe fett, wenn dein Vermögen es erlaubt.
Doch auch dem Arzt gewähre Zutritt! Er soll nicht fernbleiben; denn auch er ist notwendig. Zu gegebener Zeit liegt in seiner Hand der Erfolg; denn auch er betet zu Gott, er möge ihm die Untersuchung gelingen lassen und die Heilung zur Erhaltung des Lebens.
Wer gegen seinen Schöpfer sündigt, muß die Hilfe des Arztes in Anspruch nehmen.

(Jesus Sirach 38,4–15)

Einleitung

Im Anfang schuf Gott Himmel und Erde ... (Genesis 1,1)

Nein. Das ist nicht der eigentliche Beginn der Bibel. Die Schilderung der Schöpfung, des Sündenfalls der ersten Menschen ADAM und EVA, des Brudermordes durch KAIN, der Sintflut und der wunderbaren Rettung NOAHS mit seiner Familie und den vielen Tieren in der Arche – das alles wurde später, viel später erst dem eigentlichen Anfang vorangestellt.

Begonnen hat die Geschichte des Alten Testamentes mit dem »Aussteiger« ABRAHAM. Der Anfang war sein mystisches Erlebnis: Er vernahm die Stimme Gottes. Die forderte den wohlhabenden, bereits fünfundsiebzigjährigen Hirten aus Ur in Chaldäa mit *ansehnlichem Besitz an Vieh, Gold und Silber* (Genesis 13,2) auf, die Heimat und die Familie zu verlassen und in ein fremdes Land zu ziehen. Gottes Stimme versprach ihm auch: *»Ich werde dich zu einem großen Volk machen, dich segnen und deinen Namen groß machen. Ein Segen sollst du sein. Ich will segnen, die dich segnen; wer dich verwünscht, den will ich verfluchen. Durch dich sollen alle Geschlechter der Erde Segen erlangen.«* (Genesis 12,2–3)

Dieser Abraham wird nach der biblischen Überlieferung damit zweitausend Jahre vor Christus zum Stammvater der Juden und der Araber, zum Begründer des Glaubens an den einen und einzigen Schöpfer-Gott. Ausgerechnet ein Mann aus der Heimat der Astrologie, der Magie, vielfältiger okkulter Zauberriten! Und ausgerechnet ein zutiefst persönliches, unerkärliches, nicht beleg- und beweisbares Ereignis muß als eigentliche Geburtsstunde für drei Weltreligionen angesehen werden: Judentum, Islam und Christentum!

Das Entscheidende und eigentlich Folgenreiche an der Mission des Mannes aus Ur am Euphrat, wo Babylonier, Sumerer, Chaldäer seit wenigstens fünfzehn Jahrhunderten blühende Kulturen entfaltet hatten, war: Abraham hat seinen Gott nicht erdacht! Er fand zu seinem Glauben nicht aufgrund logischer Überlegungen, als Folge naturphilosophischer Einsichten: Die Welt ist so großartig, so voller Schönheit und Wunder – und doch bleibt alles in ihr endlich und ist verderblich. Also muß es hinter ihr noch etwas, nein, jemanden geben, der größer und vollkommener und unendlich ist und der sie geschaffen hat... So kamen andere zur Vorstellung von einem Schöpfer.

Abraham jedoch hat daran festgehalten – und mit ihm alle, die ihm in seinem Glauben nachfolgten, bis auf den heutigen Tag: Der Glaube an JAHWE, den einzigen Schöpfer-Gott, ist geoffenbart – Gott hat sich selbst mitgeteilt! Er ist zuerst Abraham und nach diesem vielen anderen Propheten erschienen und hat seine Anweisungen erteilt. Ja, er schloß mit Abraham, dann mit JAKOB und erneut mit MOSES einen regelrechten Vertrag, der Heimat, Schutz, Wohlergehen, Gesundheit garantierte, solange die göttlichen Gesetze eingehalten wurden. Das ist neu und einmalig, und in diesem Punkt liegt auch das Geheimnis der Kraft und der Faszination dieses Glaubens: Es gibt eine absolut sichere, verläßliche Autorität, an die man sich in jeder Situation halten kann – das Wort Gottes. Niemand braucht sich mehr auf Mutmaßungen, Theorien, Lehrmeinungen zu verlassen; Gott selbst hat gesprochen, sich zu allen wichtigen Fragen geäußert. Da darf es keine Zweifel mehr geben!

Angenommen, Gott existiert tatsächlich: Gäbe es überhaupt einen anderen Weg, ihn nicht nur zu erahnen, sondern zu begreifen, ihn zu erfahren, ihm zu begegnen, als den Weg Abrahams – die Erkenntnis der befreiten Seele, die irdische Grenzen und Bindungen zu durchbrechen vermag? Oder wollen wir etwa glauben, Jahwe wäre seinen menschlichen Vertragspartnern jeweils leibhaftig erschienen?

Selbstverständlich soll hier nicht daran gezweifelt werden, daß er das nicht könnte. Doch die Geschichte des Volkes Israel zeigt, daß der eigentliche Kontakt stets über Propheten hergestellt wurde. Es gab zwar eine Priesterschaft, zuständig für die Zubereitung der Opfer, für Gottesdienst, Gebet und Versöhnungsriten. Sie versuchte auch, mit gewissen Losverfahren den Willen Gottes zu erfragen. Doch wenn Gott seinem Volk etwas mitzuteilen hatte, dann teilte er dies einem Propheten mit, einem übersinnlich begabten Mann aus dem Volke. Meistens waren es keine Priester, sondern Naturtalente, die sich besonders häufig im Stamm Issachar fanden.

Welch ein brisantes Thema! Abraham, der »Chaldäer«, mit paranormalen Fähigkeiten? Moses, das Findelkind mit der ägyptischen Erziehung am Hofe des Pharaos, – hatte auch er Begabungen, die wir heute eindeutig der Parapsychologie zuordnen würden?

In diesem Buch wird nicht der Versuch gemacht, die Bibel aus der Sicht der Esoterik zu interpretieren. Schon gar nicht besteht die Absicht, einen Leser in seinem Glauben zu irritieren oder einen neuen Glauben zu proklamieren. Darum geht es nicht.

Hier werden Heilungen und in ihrer Zusammenfassung die wahre Gesundung dargestellt, so wie die Bibel sie beschreibt. Doch diese Rezepte und diese Heils- und Heilungsvorstellungen stehen unter einem ganz besonderen Aspekt: Hier handelt es sich nicht um eine Sammlung weiterer praktischer Ratschläge und Hilfen zur Gesundheit, sondern um das Heilwerden aus der richtigen Beziehung zu Gott heraus. Entweder müssen wir uns daran halten, daß das Alte wie das Neue Testament göttliche Offenbarungen sind, dann haben wir hier die einzig gültigen Aussagen schlechthin vor uns; oder wir bezweifeln den Offenbarungscharakter, dann sind die Rezepte der Bibel – speziell die des Alten Testaments – außergewöhnlichen übersinnlichen Fähigkeiten entsprungen, wobei uns zugleich ein einmaliges Bild früher Heilsgeschichte geboten wird.

In den Büchern der Bibel ist alles zu finden, von magischen Heilformeln über Anweisungen zur Verwendung von Heilkräutern bis hin zur Bestätigung: *»Dein Glaube hat dich gesund gemacht.«* Überraschend ist dabei die Erkenntnis, daß schon in den ersten Kapiteln der Heiligen Schrift auf psychosomatische Zusammenhänge hingewiesen wird: Es nützt wenig, den Körper heilen zu wollen, solange die Seele leidet, und umgekehrt. Heilung und Heil sind nicht voneinander zu trennen. Wie sehr hatten wir alle das vergessen, wie blind hatten die Mediziner das eine, die Theologen das andere übersehen!

Wer das begriffen hat, der darf in der Bibel keine Patentrezepte suchen, etwa nach der Art: Wer täglich einen bestimmten Kräutertee trinkt, bekommt kein Krebsleiden. Die »Kinder Abrahams« haben Heilkräuter hochgeschätzt und verwendet. Doch sie wußten zugleich, daß auch das beste Medikament nur wenig helfen kann, solange die eigentliche Krankheitsursache nicht beseitigt wird, wenn der Patient nicht zur rechten Lebenseinstellung, zu einer ganz bestimmten Reinheit des Herzens findet. Heilen, so sagt die Bibel, kann nur einer: Gott, der Herr. Gesund bleiben kann nur, wer mit sich und der Welt »im reinen« ist, wer nicht in ständiger Verletzung der Ordnung verharrt.

»Ich bin der Herr, dein Arzt!«

I

Sobald du von diesem Baum ißt, wirst du sterben

(Genesis 2,17)

Das verlorene Paradies und die gefundene Freiheit

Die Schilderung des Sündenfalls im Paradies und seiner Folgen gehört zu den literarisch eindrucksvollsten und psychologisch interessantesten Dokumenten der Weltliteratur. Wer hätte sich nicht schon mit dieser Geschichte der Vertreibung aus dem Garten Eden befaßt? Alles, was die Menschen seit eh und je bedrückt, ängstigt, krankmacht, ist hier in wenigen Zeilen begründet. Doch werden diese Zeilen auch immer richtig gelesen?

Dann sprach Gott: »Laßt uns Menschen machen als unser Abbild, uns ähnlich. Sie sollen herrschen über die Fische des Meeres, über die Vögel des Himmels, über das Vieh, über die ganze Erde und über alle Kriechtiere auf dem Land.«

Gott schuf also den Menschen als sein Abbild; als Abbild Gottes schuf er ihn. Als Mann und Frau schuf er sie.

Gott segnete sie und sprach zu ihnen: »Seid fruchtbar, und vermehrt euch, bevölkert die Erde, unterwerft sie euch ...« (Genesis 1,26–28)

Das Thema wird im zweiten Kapitel auf leicht variierte Weise noch einmal aufgenommen. Diesmal heißt es:

Da formte Gott, der Herr, den Menschen aus Erde vom Ackerboden und blies in seine Nase den Lebensatem. So wurde der Mensch zu einem lebendigen Wesen.

Dann legte Gott, der Herr, in Eden, im Osten, einen Garten an und setzte dorthin den Menschen, den er geformt hatte. Gott, der

Herr, ließ aus dem Ackerboden allerlei Bäume wachsen, verlockend anzusehen und mit köstlichen Früchten, in der Mitte des Gartens aber den Baum des Lebens und den Baum der Erkenntnis von Gut und Böse. (Genesis 2,7–9)

Gott, der Herr, nahm also den Menschen und setzte ihn in den Garten von Eden, damit er ihn bebaue und hüte. Dann gebot Gott, der Herr, dem Menschen: »Von allen Bäumen des Gartens darfst du essen, doch vom Baum der Erkenntnis von Gut und Böse darfst du nicht essen. Denn sobald du davon ißt, wirst du sterben.« (Genesis 2,15–17)

Erst jetzt, nach der Warnung, vom Baum der Erkenntnis zu essen, werden in dieser zweiten Fassung der Schöpfungsgeschichte die Tiere erschaffen, damit der Mensch nicht mehr so allein und einsam sein muß.

Und dann folgt die berühmte Stelle von der Erschaffung der Frau aus der Rippe des Mannes, womit die Sexualität erklärt wird: Mann und Frau verlangen nacheinander, weil sie, jeder für sich, nur ein Teil des ursprünglich Ganzen sind und nur glücklich werden können, wenn sie zur ursprünglichen Einheit zurückfinden.

Beide, Adam und seine Frau, waren nackt, aber sie schämten sich nicht voreinander. (Genesis 2,25)

Das also war der ursprüngliche Zustand: Die ersten Menschen lebten in ungetrübter, unschuldiger Natürlichkeit in einem wunderschönen Baumgarten, treffender gesagt in einer blühenden, duftenden, fruchtbaren Oase, in der es keine Not, keine Mühsal, keinen Ärger, keine Krankheit – ja nicht einmal den Tod gab.

Die biblische Darstellung des Paradiesgartens ist zweifellos von den geographischen Gegebenheiten des Nahen Ostens geprägt, vom krassen Gegensatz zwischen der lebensfeindlichen, ausgedörrten Wüste und der üppigen Fruchtbarkeit überall dort, wo Wasser zu finden war: im Niltal, an den Ufern von Euphrat und Tigris. Manche Forscher sehen das Vorbild für das Paradies auch an der Südspitze der arabischen Halbinsel beheimatet (Aden = Eden?), beim legendären Reich der Königin von Saba, das zur Zeit des Alten Testaments ein blühendes Land, reich an Spezereien und Gewürzen war.

Noch vor zweitausend Jahren scheint etwas von diesem Paradies übrig gewesen zu sein, denn der griechische Geschichtsschreiber DIODORUS von Sizilien berichtet: »Die Sabäer bewohnen das sogenannte glückliche Arabien, das fast alle edlen Erzeugnisse hervorbringt, die unser Leben verschönern. Sie besitzen eine unvorstellbare Menge an Herdenvieh aller Art. Das ganze Land duftet von einem natürlichen Wohlgeruch, da es fast alle die ausgezeichneten Wohlgerüche ununterbrochen das ganze Jahr über hervorbringt. An der Küste nämlich wächst der Balsam und die Kassia (eine Art Zimt)... Das Innere des Landes ist mit dichten Wäldern bedeckt, in denen große Weihrauch- und Myrrhenbäume stehen, außerdem Palmen, Kalmus und Zimt und viele andere Pflanzen...

Göttlich gleichsam und über alle Beschreibung erhaben ist der Wohlgeruch, der einem hier entgegenströmt und die Sinne entzückt. Sogar die Vorüberziehenden empfangen ihren Anteil an diesem Genuß, selbst dann, wenn sie weit vom Festland entfernt sind. Im Sommer nämlich, wenn der Wind vom Land her weht, werden die Wohlgerüche, die Myrrhenbäume und andere Gewächse verströmen, bis über das nächstgelegene Meer hinausgetragen. Und dabei handelt es sich nicht um den Duft abgelegener und altgewordener Gewächse, wie wir sie haben, sondern um den kräftig-frischen Hauch der lebendigen Blüten, der die ganze Empfindung aufs tiefste durchdringt, um das frische und ungemischte Erzeugnis der göttlichen Naturkraft.«

Man sucht auch dieses Paradies heute vergeblich: Der Jemen – das ist das frühere »Arabia felix« – ist eine Wüste geworden, in der sich Felsen und Sand unter glühender Sonne türmen. Die kunstvoll errichteten Dämme, die das Wasser stauten, die Kanäle, die den Garten bewässerten, sind zerstört.

Wenn man die Schöpfungsgeschichte in der Bibel liest, muß man da nicht den Eindruck gewinnen: Wer diese Zeilen vom Paradies geschrieben hat, der hat sich – wohl in karger, vielleicht sogar trostloser Umgebung – an ein einstmals traumhaft schönes Leben in überquellender Fülle erinnert, ein Leben, das seiner Meinung nach für immer verlorenging?

Aber warum? Was haben die ersten Menschen denn angestellt, daß sie aus dem Paradies und damit aus dem Glück vertrieben wurden?

»Sie erkannten, daß sie nackt waren ...«

Sie aßen, so sagt die Bibel, von den Früchten des Baumes, der sie Gut und Böse erkennen läßt. Damit wurden sie, wie von der Schlange ganz richtig vorhergesagt, gottähnlich!

... und sie erkannten, daß sie nackt waren. Sie hefteten Feigenblätter zusammen und machten sich einen Schurz. (Genesis 3,7)

Wohl schon immer war jedem, der diese Szene durchdachte, klar: Wie immer man sich Gott vorstellen mag, es paßt einfach nicht zu ihm, daß er seinen Lieblingsgeschöpfen, den Menschen, eine so billige Falle stellt, ihnen den Apfel oder die Feige – oder was immer es gewesen sein könnte – verbietet und das Verbot mit der denkbar härtesten Strafe belegt: Vertreibung, Elend, Krankheit und Tod. Wie kleinlich, wie gnadenlos wäre dieser Gott!

Deshalb ist der »Sündenfall«, das Naschen der verbotenen Früchte, auch schon bald symbolisch gedeutet worden und wird weithin auch heute noch so verstanden: Adam und Eva haben verbotenerweise der sexuellen Lust nachgegeben und sich geliebt – so als wäre der Mensch nicht von Natur aus mit sexuellen Anlagen, mit einem starken Verlangen nach Liebe und Zärtlichkeit ausgestattet und außerdem ausdrücklich mit dem Auftrag geschaffen worden: *»Seid fruchtbar, und vermehrt euch ...!«* (Genesis 1,28) So als wäre die Sexualität nur als Prüfstein seinem »Fleisch« mitgegeben: Das ist tierisch! Du mußt dich beherrschen! Aus Lust und Sinnlichkeit resultieren letztlich alle Übel...

Aber: Wie sollte sich die Menschheit vermehren – und zugleich die Sexualität verdammen, sie »abtöten«?

Dieser Zwiespalt, die innere Zerrissenheit als Ergebnis der falschen Interpretation, ist geblieben bis in unsere Tage. Und diese Zerrissenheit, nicht die Lust und nicht die Sinnlichkeit, ist zur eigentlichen Krankheitsursache geworden: *... und sie erkannten, daß sie nackt waren.* Sie schämten sich; Angst und Reue hatten sie gepackt. Sie versteckten sich vor Gott und suchten nach billigen Ausreden. Alles, was Seele und Körper eines Menschen belasten kann – Schuldgefühle, Angst, ja Panik –, was bisher fremd, unbekannt gewesen war, ist von einem Augenblick auf den anderen da.

Paradies oder Entwicklung?

Das ist die wesentliche, ganz einfache und doch unübertrefflich skizzierte Situation: Die Menschheit, dargestellt in den Ureltern ADAM und EVA, stand zu einem bestimmten Zeitpunkt ihrer Entwicklung nicht vor einem strengen Verbot, dessen Übertretung eine fürchterliche Strafe nach sich ziehen mußte, sondern vor der entscheidenden Wahl, die mit einer sehr ernsten Warnung bedacht war: Ihr könnt in animalischer Unbekümmertheit und Sorglosigkeit, in natürlichem Einklang mit der Schöpfung im Paradies verbleiben, für immer und ewig. Dann wird es euch an nichts fehlen. Ihr könnt euch satt essen – auch mit den Früchten des Baumes, der Gesundheit und ewiges Leben vermittelt. Damit müßtet ihr aber verzichten auf den großen Schritt der Evolution, der euch erst zu Menschen, nämlich gottähnlich macht. In der Sattheit des Paradieses fehlt der Druck, der den Geist, das Bewußtsein, aufblitzen läßt.

Oder ihr könnt den Garten des Friedens und des anspruchslosen Glücks verlassen, hinausziehen in Not, in Armut und Bedrängnis. Dann werdet ihr euch mächtig anstrengen müssen, um überhaupt zu überleben. Ihr werdet unvorstellbarem Elend begegnen und oft glauben, das schwere Los nicht mehr tragen zu können. Ihr werdet alles versuchen, das verlorene Paradies zurückzugewinnen. Doch es bleibt verschlossen; ein Zurück ist unmöglich. Und wenn ihr glaubt, draußen in der kalten, rauhen Welt ein Stück Paradies aus eigenen Kräften geschaffen zu haben, werdet ihr feststellen müssen, daß Luxus und Müßiggang euer eigentliches Risiko darstellen, weil sie eure Entfaltung blockieren und euch damit in das Elend zurückwerfen.

Der Druck der Not, der Zwang zur Anstrengung, die Bedrohung

durch das Leid – das ist euer Schicksal und eure große Chance! Ihr werdet fähig, über euch hinauszuwachsen. Ihr werdet die Fähigkeit erlangen, über euch selbst, über die Rätsel der Welt und über euren Schöpfer nachzudenken. Ihr könnt euch fortan selbst entscheiden, ob ihr etwas tun oder lassen wollt. Ihr bekommt sogar die Möglichkeit, euch gegen die eigene Überzeugung zu entscheiden.

Das wird dann die eigentliche Not sein – nicht Hunger, nicht Naturkatastrophen, nicht der unausweichliche Tod, den ihr auf euch zukommen seht. Sobald ihr das Paradies verlassen habt und Menschen geworden seid, sobald ihr zu denken beginnt, gibt es in eurer Seele zwei Instanzen, die ständig miteinander im Streit liegen: das uralte Gesetz der Natur, das seit Anbeginn allen Lebewesen eigen ist und das in jeder eurer Körperzellen herrscht, – und euer eigenes Denken, die Mahnungen eures Gewissens, die oft ganz andere Ziele verfolgen. Mit diesem Konflikt müßt ihr leben – so lange, bis beide voll miteinander harmonieren, sich gefunden und verständigt haben. Erst wenn euch das gelungen ist, habt ihr auch das Paradies wiedergefunden. Doch dann werdet ihr in ihm nicht mehr einfach animalisch vegetieren, sondern ihr werdet das Glück bewußt erleben. Ihr werdet eine weitere Stufe des Menschseins erklommen und Not und Krankheit für immer überwunden haben...

Wir wissen es: Der Mensch hat sich nicht für das Paradies, sondern für den beschwerlichen Weg durch die Not zu einem größeren Glück hin entschieden. Er hat das Paradies verloren – und das Bewußtsein gewonnen!

Abschied von der »Urschuld«

Doch das Paradies bleibt nicht für immer verschlossen. In den letzten Zeilen der Bibel, in der Offenbarung des JOHANNES, wird folgerichtig der zerrissene Faden wieder aufgenommen: Der Mensch, der in der Not gewachsen ist, findet im neuen Jerusalem wieder Zugang zum paradiesischen Baum des Lebens, der Unsterblichkeit verleiht:

Zwischen der Straße der Stadt und dem Strom, hüben und

drüben, stehen Bäume des Lebens. Zwölfmal tragen sie Früchte, jeden Monat einmal; und die Blätter der Bäume dienen zur Heilung der Völker. Es wird nichts mehr geben, was der Fluch Gottes trifft... Selig, wer sein Gewand wäscht: Er hat Anteil am Baum des Lebens... (Offenbarung 22,2–3 und 14)

Wer die Geschichte vom »Sündenfall« so betrachtet, der findet freilich keine Urschuld mehr, keine »Erbsünde«, die jedes Neugeborene bereits belastet, keine Anfangskatastrophe, der wir Not und Siechtum zu verdanken hätten. Der Mensch, von Gott, wie die Bibel deutlich und mehrfach betont, als Abbild geschaffen, mußte diesen Weg gehen, sonst hätte er das Mensch-werden verfehlt und wäre geistlos geblieben. Entsprechend gibt es in ihm nichts Verwerfliches, nichts, was er unter allen Umständen bekämpfen und ausschalten müßte, sondern nur Natürliches, was es zu vervollkommnen gilt! Die Sünde stammt nicht aus bösen Anlagen, Ergebnis einer Schuld, sondern aus dem inneren Konflikt zwischen natürlichem, allen gemeinsamem Gesetz und eigener, ganz persönlicher Entscheidungsfreiheit: Wir können gegen die bessere Einsicht handeln. Das ist die Sünde wider den Heiligen Geist, von der Jesus selbst sagt, daß sie nicht vergeben werden kann. Und das ist auch die geistige Haltung, die uns krank macht.

Die Vorstellung, daß es am Anfang menschlicher Geschichte eine Art »Urknall« gegeben haben muß, vergleichbar der Katastrophe zu Beginn der kosmischen Entwicklungen, hat vermutlich MOSES aus der ägyptischen Glaubenswelt mitgebracht. Im Reich der Pharaonen glaubte man, daß die kosmische Ordnung in Vorzeiten durch eine riesige Katastrophe zerstört wurde, wobei die Götter getötet wurden und nun darauf warten müssen, bis die Menschen im Sieg über das Böse die Ordnung wiederhergestellt haben. Auf dieses Bild geht wohl auch die christliche Vorstellung vom Kampf der Engel zurück, in dem der Erzengel MICHAEL über LUZIFER siegreich blieb und ihn in die Hölle stieß.

Engelsturz und Erbsünde haben sich durch die Jahrtausende so hartnäckig gehalten, weil sie dem Menschen, der noch nichts von Evolution, von der genetischen Programmierung des Lebens und von Umwelteindrücken wußte, die einzige plausible Erklärung boten für Leid, Bosheit und Gewalt – und zugleich eine unschätzbare psychologische Hilfe waren: Ich kann nichts dafür, daß ich so schwach und so schlecht bin; ADAM und EVA haben mir das eingebrockt! Dabei darf man aber nicht verkennen, welche unvorstellbare Belastung die ursprüngliche und seither allgegenwärtige Schuld für die Menschen darstellt – eine Schuld, die zugleich Ursache für ständig neue Verfehlungen wird.

Woher wollten die Gequälten wissen, daß sie ein Erbe nicht nur der Eltern und Großeltern, sondern von vielen tausend Generationen in sich tragen, daß nicht nur der Körper, sondern auch die Seele auf Reize von außen geradezu automatisch die Antworten geben will, die schon vor Hunderttausenden von Jahren dem Menschen das Überleben garantierten und Glück versprachen?

Wer hätte ihnen gesagt, daß sich in ihnen in ganz bestimmten Situationen nicht etwas Böses regt, sondern ein Verhaltensmuster lebendig wird, das sich im Leben der Vorfahren vor unvorstellbar langer Zeit schon bewährt hat?

Wenn wir zur inneren Ruhe, zur seelischen Ausgeglichenheit finden wollen, müssen wir mit dem Erbe, das wir in uns tragen, mit den Vorfahren, die in uns weiterleben, Frieden schließen: Wir müssen Abschied nehmen von der Erbschuld!

Wenn wir wieder einmal etwas getan haben, was wir selbst nicht begreifen können, ist es sinnlos, daß wir uns in Selbstvorwürfen zerfleischen, uns für schlecht und minderwertig halten. Jahrmillionen haben der Mensch und seine Vorfahren nach Naturgesetzen gelebt. Sie sind in uns fest verankert. Die »Programme« der Millionen Computer unserer Körperzellen besitzen viele hunderttausend Antworten auf die Umwelt. Nur dank dieser wunderbaren Einrichtung existieren wir heute noch. Denken, nach eigenem Willen und eigener Einsicht Entscheidungen fällen, das tun wir Menschen erst seit ein paar Jahrtausenden. Die menschlichen Gesetze und Moralvorstellungen sind im Vergleich zum uralten Erbe in uns immer noch brandneu. Das dürfen wir niemals vergessen.

Um noch einmal zum Beispiel der Stammeltern ADAM und EVA zurückzukehren: Solange sie im Paradies nicht über ihr Verhalten nachdenken konnten, sich keine Gedanken darüber machten, was morgen sein könnte, lebten sie absolut natürlich, sorgenfrei, gesund. Nachdem das Bewußtsein erwacht war, wußten sie, daß sie nackt sind, wie es in der Bibel ausgedrückt wird. Das heißt aber: Plötzlich war die Sexualität allgegenwärtig, stets vollziehbar, nicht mehr wie zuvor nur in der Zeit der Brunst, wenn der Körper unmißverständliche Signale gab. Damit sie fortan der Natur nicht pausenlos zuwiderhandelten, mußten sie Maßnahmen treffen, die sexuellen Reize zu verdecken: Sie flochten sich Schürzen, Gott gab ihnen Kleidung, – so schildert die Bibel den ersten handfesten Konflikt. Und die plötzliche sexuelle Verfügbarkeit war nur ein Problem unter vielen tausenden, die mit dem Erwachen des Bewußtseins den Menschen heimsuchten – und die auch heute noch weiterexistieren.

Der Turm zu Babel und der Fortschritt

Einen zweiten großen Konflikt – der ebenfalls gerade heute wieder aktuell ist – zeichnet die Geschichte vom Turmbau zu Babel, auf den ersten Blick tatsächlich eine sehr merkwürdige Erzählung innerhalb der Bibel. Man hat sie häufig gedeutet als Bestrafung menschlicher Überheblichkeit. Tatsächlich geht es aber um etwas ganz anderes:

Alle Menschen, so heißt es (Genesis 11,1–8), *hatten die gleiche Sprache und gebrauchten die gleichen Worte. Als sie vom Osten aufbrachen, fanden sie eine Ebene im Land Schinar und siedelten sich dort an. Sie sagten zueinander: »Auf, formen wir Lehmziegel, und brennen wir sie zu Backsteinen.« So dienten ihnen gebrannte Ziegel als Steine und Erdpech als Mörtel. Dann sagten sie: »Auf, bauen wir eine Stadt und einen Turm mit einer Spitze bis zum Himmel, und machen wir uns einen Namen, dann werden wir uns nicht über die ganze Erde zerstreuen.«*

Da stieg der Herr herab, um sich Stadt und Turm anzusehen, die die Menschenkinder bauten. Er sprach: »Seht nur, ein Volk sind sie, und eine Sprache haben sie alle. Und das ist der Anfang ihres Tuns. Jetzt wird ihnen nichts mehr unerreichbar bleiben, was sie auch sich vornehmen. Auf, steigen wir hinab und verwirren wir dort ihre Sprache, so daß keiner mehr die Sprache des anderen versteht.« Der Herr zerstreute sie von dort aus über die ganze Erde, und sie hörten auf, an der Stadt zu bauen.

Verwerflicher Hochmut, der hätte bestraft werden müssen? Gewiß, diese Menschen wollten in ihrer neuen Stadt einen Turm bauen, der sie der Kühnheit und der Baukunst wegen berühmt machen sollte. Doch wäre das denn so verwerflich und strafbar? An diesem Punkt haben die Interpretationen dieser Geschichte immer wieder auf neue angesetzt.

Doch das eigentliche Anliegen der Stadtgründer von Babel war, eine Heimat, ein Zuhause zu finden, seßhaft zu werden. Die Nomaden, stetig mit ihren Herden auf Wanderschaft, versuchten einen ganz neuen Lebensstil zu finden, einen der Ruhe, Ordnung, Geborgenheit vermittelt.

Das war etwas ganz Neues, und um dieses Neue schaffen zu können, mußten sie bedeutsame, für die Menschheit und den Fortschritt entscheidende Erfindungen machen: Sie schufen Backsteine, verwendeten Erdpech als Mörtel.

Darum ging es: Der Mensch hatte den Fortschritt entdeckt und war dabei, Technik und Kultur zu entfalten. Das hat mehr die Menschen selbst als ihren Schöpfer erschreckt – genauso wie uns moderne Menschen jede neue technische Entwicklung erschreckt und vor die Frage stellt: »Wo wird das enden? Wie weit dürfen wir noch gehen? Zerstört das Neue nicht alle bisherigen Ordnungen, Regeln, die Formen der Gesellschaft? Ist es nicht frevelhaft, was wir da unternehmen?«

Die Erfindung von Backsteinen ist aus unserer Sicht eine höchst harmlose Sache. Wir sind inzwischen ganz andere Dimensionen gewöhnt – speziell seit der Erfindung der Nuklearwaffen, seit den Möglichkeiten der Gentechnologie, seit dem Tag, an dem wir einsehen mußten, daß wir im Begriff sind, in egoistischem Fortschrittsdrang die Umwelt zu zerstören.

Vom Nomaden zum Besitzer

Wir können es heute kaum mehr ermessen, was es für den Menschen einmal bedeutet haben muß, nach Jahrtausenden des rastlosen, aber auch ungebundenen Umherwanderns eine erste Siedlung zu errichten, nicht mehr im Zelt zu wohnen, sondern in einem festen Haus aus Stein. Welche riesige Lebensumstellung muß diese Wende mit sich gebracht haben! Wie viele neue Regeln, Ordnungen, Anpassungen waren nötig, ein vernünftiges Zusammenleben auf engstem Raum überhaupt erst zu ermöglichen!

Das war nun auch der Augenblick, in dem der Mensch zum erstenmal das folgenschwere Wort aussprach: »Dieses Haus, dieser Garten, dieses Stück Land gehört mir!« Er war zum »Besitzer« geworden, dem jetzt neben Herden, Sklaven, Gerätschaften, Kleidungsstücken, Nahrungsmitteln und Wertsachen auch Land gehört: Besitz, der gegen den des anderen abgegrenzt wird, gegen Übergriffe, Diebstahl, Zerstörung geschützt und verteidigt werden muß; Besitz, der zum erstenmal soziale Unterschiede greifbar deutlich macht, denn von nun an »hat« der eine mehr, der andere weniger oder auch gar nichts. Und das »Haben« wird neben dem »Sein« fortan immer wichtiger werden.

Besitz, der das Wort »arm« erst geschaffen hat und Begehrlichkeit im Herzen des »Habenichts« aulösen mußte...

Selbstverständlich ist Besitz nichts Verwerfliches. Doch die Tatsache, daß wir bis zum heutigen Tag die Probleme um das Eigentum nicht restlos lösen konnten, zeigt doch, was einst mit der scheinbar so harmlosen Erfindung des Backsteins ausgelöst wurde. Das war wirklich der Anfang einer Entwicklung, die manche Menschen heute als verhängnisvoll bezeichnen, weil sie glauben, es wäre wirklich besser gewesen, die Menschheit wäre in Höhlen und in Zelten, in einer natürlichen, naturnahen, einfachen, wenn nicht sogar primitiven Lebensweise geblieben. Doch eben das hätte ja seinem Wesen zutiefst widersprochen. Das wäre nicht anders gewesen als ein billiger Versuch, wenigstens ein vermeintliches Stückchen Paradies zu retten.

Der »Steinzeitmensch« und der Erlöser

Seit der Vertreibung aus dem Paradies muß der Mensch immer weiter gehen, sich ständig und in immer schnellerem Tempo mit oft erschreckend Neuem auseinandersetzen. Seine eigentliche Tragik dabei ist, daß die technischen Fortschritte viel schneller voranschreiten als das moralische Verkraften und Beherrschen der neugewonnenen Möglichkeiten.

Doch auch das ist voll verständlich: Auf alles, was neu ist, kann es noch kein »Programm«, gewonnen aus der Erfahrung, geben; es muß erst – meistens in schmerzlicher Not – gefunden werden. Anders gesagt, und das ist ungemein wichtig, die Einsicht könnte geradezu befreiend wirken: Am Anfang unserer Geschichte steht nicht die Schuld, nicht das schändliche Versagen, nicht die nie endende Strafe des maßlos enttäuschten, grausamen, unerbittlichen Schöpfers, der unsere Stammeltern mit einem billigen Trick hereingelegt hatte, um sich nun an unserem vergeblichen Abstrampeln zu weiden. Am Anfang steht das Erwachen des Geistes, das große Wagnis, die Entscheidung, die anspruchslose Genügsamkeit aufzugeben, um als Pionier ganz neue Wege einzuschlagen und gottähnlich, nämlich schöpferisch, zu werden.

Vieles von dem, was uns auch heute noch belastet und krank macht, ist keine Schuld, kein Scheitern, keine Bosheit aufgrund verwerflicher Anlagen, keine Schande – sondern ganz natürlich zu erklären entsprechend der Entwicklung des Menschen aus primitiven Anfängen. Der Steinzeitmensch lebt in jedem einzelnen von uns – und zwar maßgebender, als wir es wahrhaben wollen! Dieser Teil von uns ist aber nicht verabscheuungswürdig und ekelhaft, nicht von sich aus sündhaft, so daß er »abgetötet« werden müßte. Wir haben ihn zu akzeptieren und der Evolution entsprechend zu veredeln, im einen oder anderen überholten Punkt vielleicht auch neu zu programmieren. Nur wenn wir das einsehen, können wir nach so vielen schmerzlichen Irrwegen zu einer neuen Gesundheit finden.

Bliebe noch der Einwand: Aber ist JESUS nach eigenem Bekunden nicht als Erlöser zu uns gekommen? Müssen wir nicht in der Taufe neu geboren werden, den »alten Adam« ablegen, um von der Erbschuld frei zu sein? Kam er nicht als *Lamm Gottes, das die Sünde der Welt hinwegnimmt?* (Johannes 1,29)

Gewiß. Aber »die Sünde« schlechthin ist nicht das Naschen vom Baum der Erkenntnis, nicht die Erbsünde, sondern der stetige Rückfall in Geistlosigkeit, das Handeln gegen die bessere Einsicht, die Sünde wider den Heiligen Geist!

»Die große Schuld des Menschen sind nicht die Sünde, die er begeht – die Versuchung ist mächtig und seine Kraft gering. Die große Schuld des Menschen ist, daß er in jedem Augenblick die Umkehr tun kann – und nicht tut.« (MARTIN BUBER)

MOSES hatte den Juden die Gesetze gebracht, die den Sinn hatten, aus dem Chaos des Gegeneinanders ein sinnvolles Miteinander zu ermöglichen. Das war die bis dahin größte menschliche Leistung: Es herrschte nicht mehr länger die Gewalt, das zügellose Recht des Stärkeren, der mit dem Schwächeren den Naturgesetzen entsprechend nach Belieben umspringen konnte. Mit Moses bekam auch der Schwache seine Chance: Mit dem Gesetz im Rücken konnte er fortan gegen Übergriffe angehen und sein Recht fordern. Es gab eine höhere Instanz, wegweisend für alle.

Doch dieses Gesetz war inzwischen ausgehöhlt, ja vielfach pervertiert, weil es nur noch dem Buchstaben, nicht mehr dem Geist nach befolgt wurde. Das Leben war klischeehaft, schematisch, geistlos geworden. Mit Jesus gelang der Menschheit ein noch weit größerer Schritt: Das Gesetz wurde ersetzt durch die Liebe. Statt *Auge für Auge und Zahn für Zahn* heißt es jetzt: *»Wenn dich einer auf die rechte Wange schlägt, dann halt ihm auch die andere hin.«* (Matthäus 5,39) Und: *»... lernt von mir; denn ich bin gütig und von Herzen demütig; so werdet ihr Ruhe finden für eure Seele.«* (Matthäus 11,29)

Bei dieser neuen und mittlerweile geradezu widernatürlichen Haltung – gemessen an dem, was jahrtausendelang »richtig« war, ist etwas fast noch wichtiger als die Friedfertigkeit anderen gegenüber: die Möglichkeit, mit sich selbst ins reine zu kommen, den inneren Frieden, die wichtigste Voraussetzung für die Gesundheit, zu finden.

Auch wenn das bis heute noch weithin nicht begriffen wird, weil sich »der alte Adam« mit seinen ererbten Verhaltensregeln so massiv dagegen wehrt, wenn auch das Mißtrauen wie in alten Zeiten hinter jeder Ecke lauert und auch die große Politik bestimmt, wenn wir modernen Menschen uns nach wie vor wegen erlittenen Unrechts im Gram aufreiben können: Der Weg in die Zukunft kann nur über die Bergpredigt führen!

Die Evolution ist noch nicht im Ziel!

Im selben Augenblick, in dem wir das feststellen, müssen wir aber auch einsehen, daß damit noch nicht alles erreicht ist. Selbst der gütigste, friedvollste Mensch unserer Tage ist noch nicht der, den Gott sich ursprünglich vorgestellt hat. Die Evolution des Lebens ist mit der Menschheit am Ende des zweiten Jahrtausends nicht am Endpunkt angelangt, von dem aus es keine weitere Entwicklung mehr geben könnte, auch wenn wir das immer wieder vergessen. Wären wir das Ende, dann wäre auch die Menschheit am Ende! Die Evolution müßte sich eine neue biologische Entwicklung einfallen lassen, die unsere Rolle übernimmt und weiterführt.

Irgendwann, vielleicht schon in naher Zukunft, müssen wir einen weiteren wichtigen Schritt tun, ohne daß wir im Augenblick schon sagen könnten, wie dieser genau aussehen mag.

Wahrscheinlich weist uns Jesus die Richtung: Mit seinen Fähigkeiten und Begabungen hat er nicht nur seine Zeitgenossen haushoch überragt, er würde auch uns heute weit überragen. Er vollbrachte »Wunder« – bis hin zur Erweckung Toter –, er kehrte nach seinem Tod sichtbar, greifbar zu seinen Aposteln zurück.

Ist das der Mensch von morgen?

Der französische Jesuitenpater TEILHARD DE CHARDIN (1881 bis 1951) war der erste, der versuchte, die Aussagen der Bibel und die Lehre von der Evolution miteinander in Einklang zu bringen. Er war von folgender, atemberaubend aufregenden Entwicklung überzeugt: So wie eines Tages die einzelligen Lebewesen – oder zumindest ein Teil von ihnen – plötzlich begonnen haben, die Eigenständigkeit aufzugeben und sich zu Organismen zusammenzuschließen, so werden sich die Menschen im nächsten Schritt der Evolution als Zellen eines neuen, umfassenden Organismus »Menschheit« zusammenfinden. Der einzelne wird aufgehen im Ganzen, seine Individualität zwar nicht einbüßen, aber doch ganz in den Dienst der Gemeinsamkeit stellen. Teilhard de Chardin sah gerade in der gegenwärtigen Aggressivität das letzte große Aufbäumen der Menschen gegen diesen Schritt.

Heute würde er wohl sagen: Der Druck, der durch das Riesenpotential an Vernichtungswaffen, durch die leidende Natur, durch Überbevölkerung und viele andere »Errungenschaften« unserer Tage entstand, ist so groß geworden, daß wir gar keine andere Chance besitzen, als die letzten Reserven an Phantasie und Können zu mobilisieren, wieder einmal über uns hinauszuwachsen. Die Möglichkeit eines Scheiterns hielt der Jesuitenpater für völlig ausgeschlossen. Man kann nur hoffen, daß er in diesem Punkt recht behält.

Im Augenblick ist wohl nur eines wichtig: daß wir endlich begreifen – wir sind nicht die Verfluchten, die endlos Gestraften, die schon beim Start Gestrauchelten. Wir haben uns für ein gewaltiges Ziel entschieden, und wir besitzen alle Chancen, es zu erreichen. Denn jeder Mensch, der jemals lebte, hat seinen Teil dazu beigetragen. Nichts, absolut nichts war umsonst. Damit bekommt aber auch das Leid plötzlich einen Sinn, ja eine ganz neue Dimension: Es ist der Motor, der uns voranbringt. Der Reiche, Satte hat es nicht deshalb so schwer, ins Himmelreich zu kommen, weil er die Schönheiten dieser Welt in vollen Zügen genießt, sich etwas leistet, seinen Reichtum zusammenhält. Nirgendwo steht, daß Genießen, das Trachten nach Wohlstand und Wohlergehen sündhaft wären.

Nein, die Gefahr für den Reichen besteht im Rückwärtsschielen. Er verliert zu leicht das Ziel aus den Augen und schmälert damit seinen Beitrag zur Entwicklung. Er wähnt sich im alten, verlorenen Paradies und vergißt, daß kein Weg dorthin zurückführen kann. Nicht das alte, das neue Paradies muß uns anziehen. Das ist die Heilsbotschaft, das Evangelium der Bibel.

II

Bevor ich leiden mußte, irrte ich
(Psalm 119,67)

Vom armen Hiob und den Ursachen der Krankheit

Als Gott die Ureltern ADAM und EVA aus dem Paradies vertrieb, da gab er ihnen einen ganzen Katalog schlimmer Dinge mit, die sie von nun an, als Strafe für Ihren Ungehorsam, erfahren sollten, darunter auch auch den vielzitierten Satz: *»Viel Mühsal bereite ich dir, sooft du schwanger wirst. Unter Schmerzen gebierst du Kinder.«* (Genesis 3,16)

Also doch ein Fluch Gottes als Ursache für Leid, für Krankheit und Schmerzen? Das zieht sich wie ein roter Faden durch die ganze Bibel: Krankheit und Unglück erfährt nur, wer sich versündigt.

»Ich werde einen Engel schicken, der dir vorausgeht. Er soll dich auf dem Weg schützen und dich an den Ort bringen, den ich bestimmt habe. Achte auf ihn und höre auf seine Stimme! Widersetze dich ihm nicht! Er würde es nicht ertragen, wenn ihr euch auflehnt; denn in ihm ist mein Name gegenwärtig. Wenn du auf seine Stimme hörst und alles tust, was ich dir sage, werde ich der Feind deiner Feinde sein und alle in die Enge treiben, die dich bedrängen ...

Wenn ihr dem Herrn, eurem Gott, dient, wird er dein Brot und dein Wasser segnen. Ich werde Krankheiten von dir fernhalten. In deinem Land wird es keine Frau geben, die eine Fehlgeburt hat oder kinderlos bleibt. Ich lasse dich die volle Zahl deiner Lebenstage erreichen.« (Exodus 23,20–22, 25–26)

Welch ein Versprechen, das Gott dem MOSES gegeben hat! Aber auch die Umkehrung in unmißverständlicher Drohung:

»Aber wenn ihr nicht auf mich hört und alle diese Gebote nicht befolgt, wenn ihr meine Satzungen mißachtet, meine Vorschriften verabscheut und meinen Bund brecht, indem ihr keines meiner Gebote befolgt, dann tue ich euch folgendes an: Ich biete gegen euch Bestürzung auf, Schwindsucht und Fieber, die das Augenlicht zum Erlöschen bringen und den Atem ersticken. Ihr sät euer Saatgut vergeblich; eure Feinde werden es verzehren. Ich wende mein Angesicht gegen euch, und ihr werdet von euren Feinden geschlagen. Eure Gegner treten euch nieder. Ihr flieht, selbst wenn euch niemand verfolgt.

Wenn ihr dann immer noch nicht auf mich hört, fahre ich fort, euch zu züchtigen. Siebenfach züchtige ich euch für eure Sünden. Ich breche eure stolze Macht und mache euren Himmel wie Eisen und euer Land wie Bronze. Eure Kraft verbraucht ihr vergeblich. Euer Land liefert keinen Ertrag mehr, und die Bäume im Land tragen keine Früchte mehr...

In das Herz derer, die von euch überleben, bringe ich Angst in den Ländern ihrer Feinde. Das bloße Rascheln verwelkter Blätter jagt sie auf, und sie fliehen, wie man vor dem Schwert flieht. Sie fallen, ohne daß jemand sie verfolgt. Sie stürzen übereinander wie vor dem Schwert, ohne daß jemand sie verfolgt. Ihr könnt euren Feinden nicht standhalten. Ihr geht unter den Völkern zugrunde, und das Land eurer Feinde frißt euch.

Diejenigen von euch, die dann noch überleben, siechen dahin in den Ländern ihrer Feinde wegen ihrer Sünden, auch wegen der Sünden ihrer Väter, so daß sie gleich ihnen dahinsiechen.« (Levitikus 26,14–20, 36–39)

Drastischer läßt sich eine Warnung kaum ausdrücken, und es gibt zahllose Beispiele, die deutlich machen sollten, daß hiermit nicht gescherzt wurde!

Etwa die Geschichte von der schrecklichen Seuche, die kurz vor dem Erreichen des versprochenen Landes 24000 Israeliten dahinraffte (Numeri 25): Von den Moabitern östlich des Jordans wurde das Volk, das aus Ägypten kam und vierzig Jahre in der trostlosen

Wüste gelebt hatte, 'zu glanzvollen Festen eingeladen. Es waren Opferriten zu Ehren Baals, des Gottes der Fruchtbarkeit. Der Gottesdienst artete jeweils in eine sexuelle Orgie aus, an der sich die jungen Israeliten offensichtlich mit großem Eifer beteiligten. *Sie trieben mit den Moabiterinnen Unzucht,* wie es in der Bibel heißt. Sie nahmen an der Götterverehrung teil und verspeisten auch Opfergaben. Ja, einer von ihnen, Simri, war von seiner Gespielin offensichtlich so angetan, daß er sie in das Lager zu seiner Familie mitbrachte.

Da entbrannte der Zorn des Herrn gegen Israel. Eine verheerende Seuche brach aus. Als Moses nachfragte, wie er das Unheil bannen könnte, bekam er zur Antwort: *Und der Herr sprach zu Moses: »Nimm alle Anführer des Volkes, und spieße sie für den Herrn im Angesicht der Sonne auf Pfähle, damit sich der Zorn des Herrn von Israel abwendet.« Da sagte Moses zu den Richtern Israels: »Jeder soll die von seinen Leuten töten, die sich mit Baal Pegor eingelassen haben.«* Simri und seine Baalsbraut wurden auf dem Liebeslager von einem Priester mit einem Speer druchbohrt. *Danach nahm die Plage, die die Israeliten heimgesucht hatte, ein Ende.*

Tratsch und Aussatz

Oder die Bestrafung der schönen Prophetin Mirijam, der Schwester Aarons: Sie hatte sich darüber aufgeregt, daß Moses nicht mit einer Jüdin, sondern mit einer kuschitischen Frau verheiratet war: Was spielt sich dieser Moses eigentlich so auf? *»Hat etwa der Herr nur mit ihm gesprochen? Hat er nicht auch mit uns gesprochen?« Das hörte der Herr. Moses aber war ein sehr demütiger Mann, demütiger als alle Menschen auf der Erde. Kurz darauf sprach der Herr zu Moses, Aaron und Mirijam: Geht ihr drei hinaus zum Offenbarungszelt! Da gingen die drei hinaus. Der Herr kam in der Wolkensäule herab, blieb am Zelteingang stehen und rief Aaron und Mirijam. Beide traten vor, und der Herr sprach: »Hört meine Worte. Wenn es bei euch einen Propheten gibt, dann gebe ich mich in Visionen zu erkennen und rede mit ihm im Traum. Anders bei meinem Knecht Moses. Mein ganzes Haus ist ihm anvertraut. Mit* *ihm rede ich von Mund zu Mund, von Angesicht zu Angesicht, nicht in Rätseln. Er darf die Gestalt des Herrn sehen. Warum habt ihr es gewagt, über meinen Knecht Moses zu reden?« Der Herr wurde zornig auf sie und ging weg.*

Kaum hatte die Wolke das Zelt verlassen, da war Mirijam weiß wie Schnee vor Aussatz. Aaron wandte sich Mirijam zu und sah: Sie war aussätzig. Da sagte Aaron zu Moses: »Mein Herr, ich bitte dich, laß uns nicht die Folge unserer Sünde tragen, die wir leichtfertig begangen haben. Mirijam soll nicht wie eine Totgeburt sein, die schon halb verwest ist, wenn sie den Schoß der Mutter verläßt«. Da schrie Moses zum Herrn: »Ach, heile sie doch!« Der Herr antwortete Moses: »Wenn ihr Vater ihr ins Gesicht gespuckt hätte, müßte sie sich dann nicht sieben Tage lang schämen? Sie soll sieben Tage lang aus dem Lager ausgesperrt sein. Erst dann soll man sie wieder hereinlassen.« (Numeri 12,2–14)

So verfuhr man nämlich dem Gesetz entsprechend mit den Kranken: Sie wurden aus dem Lager, später aus den Städten verbannt. Wenn jemand in ihre Nähe kam, mußten sie laut rufen und ihn warnen. Alle sieben Tage durften sie sich dem Priester vorstellen, der sie untersuchte und feststellte, ob sie noch krank oder wieder gesund sind. Mirijam mußte ihrer losen Zunge wegen acht Tage lang leiden. Dabei ist der Vergleich interessant: Wenn sie ihren eigenen Vater so in Wut versetzt hätte, daß er ihr ins Gesicht gespuckt hätte, dann hätte sie sich ebenfalls für eine gewisse Zeit aus Schande aus der Gemeinschaft zurückziehen müssen. Wer sündigt, der beleidigt Gott und muß also deshalb die Krankheit als sichtbares Zeichen der Schande tragen!

Interessant ist auch, was in der Strafandrohung bereits ausgesprochen wurde: Eltern tragen eine riesige Verantwortung, denn eine Schuld kann so groß werden, daß auch noch die Kinder dafür büßen müssen, *so daß sie gleich ihnen dahinsiechen.* Im Zusammenhang mit den Zehn Geboten droht Gott sogar: *»Denn ich, der Herr, dein Gott, bin ein eifersüchtiger Gott. Bei denen, die mir feind sind, verfolge ich die Schuld der Väter an den Söhnen, an der dritten und vierten Generation!«* (Exodus 20,5)

Hier äußern sich nicht nur Beobachtungen und Erfahrungen:

Kinder von Trinkern wurden mißgebildet geboren; Kinder kamen mit denselben »Erbleiden« wie ihre Eltern zur Welt. Hier wird zugleich nach einer Erklärung dafür gesucht, daß manche Menschen offensichtlich ohne eigentliche Schuld krank werden können – beispielsweise kleine Kinder.

Hiob und der Sinn des Leidens

Am Beispiel des frommen und gerechten Hiob wird die ganze, weite Problematik der Krankheit in einem eigenen, sehr poetischen Buch durchleuchtet:

Der reiche Mann verliert zuerst über Nacht sein ganzes Vermögen. Dann muß er erfahren, daß seine zehn Kinder ermordet wurden. Vor Schmerz und Gram zerreißt er sich seine Kleider, schneidet sich die Haare ab und wirft sich in den Dreck: Zeichen der Verzweiflung – und der Unterwürfigkeit unter den Willen Gottes. Noch hat der hart Geprüfte die Kraft zu sagen: *»Nackt kam ich hervor aus dem Schoß meiner Mutter, nackt kehre ich dahin zurück. Der Herr hat gegeben, der Herr hat genommen. Gelobt sei der Name des Herrn!«* (Hiob 1,21)

Doch nun wird Hob auch noch so schwer krank, daß er sich, von Kopf bis Fuß mit Geschwüren bedeckt, in Asche setzt und sich mit Scherben kratzt. Die Leute verspotten ihn; die eigene Frau beginnt zu lästern: *»Hältst du noch immer an deiner Frömmigkeit fest? Lästere Gott und stirb!«* (Hiob 2,9)

In seiner Not und Verwirrung beginnt Hiob nicht an Gott zu zweifeln, doch er hadert mit ihm. Er kann einfach nicht verstehen, wieso er den Stempel des Sünders aufgedrückt bekam. Er weiß sich ohne jede Schuld, ohne Versäumnis, ohne Vergehen, das eine solche Bestrafung rechtfertigen würde. Er fühlt sich ungerechterweise an den Pranger gestellt. Und diese Ungerechtigkeit schmerzt ihn noch viel mehr als seine Geschwüre. Gott hat ihm seine Ehre, sein Ansehen genommen!

In dieser Situation ergeht es ihm wie allen Menschen, die schwer krank werden: Er verflucht den Tag seiner Geburt und stellt die uralte Frage nach Gottes Barmherzigkeit:

»Ausgelöscht sei der Tag, an dem ich geboren bin ... Warum starb ich nicht vom Mutterschoß weg ...? Warum schenkt er (Gott) *dem Elenden Licht und Leben denen, die verbittert sind? Sie warten auf den Tod, der nicht kommt. Sie suchen ihn mehr als verborgene Schätze ... Wollte Gott mich doch zermalmen, seine Hand erheben, um mich abzuschneiden. Das wäre noch ein Trost für mich.«* (Hiob 3,3 ff.)

Es ist die uralte quälende Frage nach dem Sinn des Leidens, nach dem Sinn des Lebens überhaupt. Wie viele Millionen haben schon in ähnlicher Weise gewünscht, sie wären nie geboren worden! Wie viele sehnen den Tod herbei, um endlich Ruhe zu finden von den Qualen und der Not des Lebens. Wenn es einen Gott gibt, so fragen sie sich verzweifelt, wie kann er dann so viel Leid zulassen, so viele Menschen von einem Unheil in das andere schleudern? Hat dieser hartherzige Gott vielleicht sogar Gefallen am Weh seiner Geschöpfe?

Hiob erinnert an das Elend der Menschheit: Was hat man schon von diesem Leben? Ehe man sich recht versieht, ist es vorbei. Die Stunden des Glücks lassen sich an den zehn Fingern abzählen. Und wenn man überhaupt alt wird und zurückblickt: Was ist es schon gewesen? Es bestand aus Schinderei, aus Enttäuschungen und Leid. Muß man sich nicht wirklich fragen, ob der Tod nicht erstrebenswerter ist als jedes Lebens?

Hiob bäumt sich auf gegen einen Gott, der offensichtlich nichts anderes zu tun hat, als darüber zu wachen, daß dieser armselige Mensch ja keinen Fehltritt begeht: *»Was ist der Mensch, daß du groß ihn achtest und deinen Sinn auf ihn richtest? Daß du ihn musterst jeden Morgen und jeden Augenblick ihn prüfst? Wie lange schon schaust du nicht weg von mir, läßt mich nicht los, so daß ich den Speichel schlucke? Hab ich gefehlt? Was tat ich dir, du Menschenwächter? Warum stellst du mich als Zielscheibe hin? Warum nimmst du mein Vergehen nicht weg, läßt du meine Schuld nicht nach?«* (Hiob 7,17–21)

Wer erinnert sich nicht an die eigene Kindheit, in der ihm beigebracht wurde: »Ein Auge ist, das alles sieht, auch was in dunkler Nacht geschieht«? Wer hätte nicht unsagbar gelitten unter dem unerträglichen ständigen Kontrolliert- und Beobachtetwerden von einer offensichtlich kleinlichen Übermacht, der man nicht entweichen kann? Die so unmenschlich unbarmherzig ist? Wenn es einen Gott gibt: Warum vermag er nicht großherzig über unsere Schwächen hinwegzusehen, uns in Frieden zu lassen? Selbst Menschen, gar nicht zu reden von einer Mutter, üben mehr Nachsicht als dieser grausame, hartherzige Gott!

Wie alle leidenden, von Schmerzen geplagten Menschen ist Hiob entsetzlich allein, fühlt sich betrogen und verlassen und entwickelt einen verzweifelten Zorn gegen sein Schicksal. Und so stellt auch er immer wieder die bohrende Frage: Warum trifft es gerade mich? Was habe ich verbrochen, daß ich so schwer gestraft werde?

Krankheit als Sündenstrafe?

Hiob wird von seinen Freunden besucht. Erst sitzen sie sieben Tage lang weinend bei ihm, sprachlos soviel Unglück gegenüber. Dann versuchen sie, ihm ins Gewissen zu reden: Denk halt mal nach; irgend etwas wirst du schon angestellt haben, sonst ging's dir nicht so miserabel! Nur wenn du deine Schuld erkennst und Gott um Verzeihung bittest, kannst du wieder gesund werden: »*Wer geht schon ohne Schuld zugrunde?... Nicht aus dem Staub geht Unheil hervor, nicht aus dem Ackerboden sprießt Mühsal, sondern der Mensch wächst dem Unheil entgegen wie Feuerfunken, die hochfliegen.*« (Hiob 4,7 und 5,6–7)

Die Freunde erinnern den Kranken daran: »*Wer Unrecht pflügt, wer Unheil sät, der erntet es auch. Durch Gottes Atem gehen sie zugrunde. Sie schwinden hin im Hauch seines Zornes.*« (Hiob 4,8–9) Sie verweisen auf das lockere Leben, das die Kinder Hiobs geführt haben, und geben ihm zu bedenken, ob darin nicht die eigentliche Ursache für das ganze Unglück zu suchen ist: »*Haben deine Kinder gefehlt gegen ihn, gab er sie der Gewalt ihres Frevels preis. Wenn du mit Eifer Gott suchst, an den Allmächtigen dich flehend wendest; wenn du rein bist und recht, dann wird er über dich wachen, dein Heim herstellen, wie es dir zusteht.*« (Hiob 8,4–6)

Und dann fahren sie schwerste Geschütze auf: Hältst du Gott

etwa für einen Rechtsverdreher? Na also! Reiß dich halt ein bißchen zusammen; so etwas muß man durchstehen. Vergiß nicht: »*Wohl dem Mann, den Gott zurechtweist. Die Zucht des Allmächtigen verschmähe nicht! Denn er verwundet, und er verbindet, er schlägt, doch seine Hände heilen auch* ...« (Hiob 5,17–18)

Das ist das Verständnis des Alten Testaments von der Krankheit: Sie ist die »Zuchtrute« Gottes, dazu da, den Sünder vom falschen Weg abzubringen und auf den Pfad der Tugend zurückzuführen ...

Gott steht zu seinem Wort

Verlassen wir an dieser Stelle kurz Hiob und sein Leid. Wenden wir uns wieder dem gesamten Alten Testament zu, das man auch als eine Abhandlung sehen kann, die zu bewiesen versucht: Wer an Gott glaubt, seine Gebote hält, wird nicht zuschanden; seine Feinde aber vernichtet er. Seine Kinder, die ihn vergessen, sich von ihm abwenden, züchtigt er.

Noch kurz vor der Inbesitznahme des versprochenen Landes hat Gott seinem Volk ausdrücklich zugesichert: »*Jahwe, dein Gott, ist der Gott. Er ist der treue Gott. Noch nach tausend Generationen achtet er auf diesen Bund und erweist denen seine Huld, die ihn lieben und auf seine Gebote achten. Denen aber, die ihm Feind sind, vergilt er sofort und tilgt einen jeden aus. Er zögert nicht, wenn einer ihm feind ist, sondern vergilt sofort* ...

Wenn ihr diese Rechtsvorschriften hört, auf sie achtet und sie haltet, wird der Herr, dein Gott, dafür auf den Bund achten und dir die Huld bewahren, die er deinen Vätern versprochen hat. Er wird dich lieben, dich segnen und dich zahlreich machen. Er wird die Frucht deines Leibes und die Frucht deines Ackers segnen, dein Korn, deinen Wein und dein Öl, deine Kälber, Lämmer, Zicklein, in dem Land, von dem du weißt: Er hat deinen Vätern geschworen, es dir zu geben. Du wirst mehr als die anderen Völker gesegnet sein. Weder Mann noch Vieh, nichts wird bei dir unfruchtbar sein. Alle Krankheiten wird der Herr von dir ablenken.« (Deuteronomium 7,9–10, 12–15)

Zweifellos: Solche Versprechen sind das Geheimnis jüdischer Stärke. Versprechen, die nicht irgendwer gegeben hatte, sondern Gott höchstpersönlich. Das ganze Volk, aber auch jeder einzelne, der ihm angehörte, besaß eine geradezu einmalige Garantie: Ihm konnte nichts Böses widerfahren. Er brauchte keinen und nichts zu fürchten, denn der Allmächtige selbst hatte sich dafür verbürgt. Und er wird seinen Schwur halten, solange sein Volk sich seinerseits an die Abmachungen hielt. Voraussetzung für Wohlergehen, Glück und Gesundheit waren also: Glaube und Vertragstreue.

Die Juden glaubten fest an das Versprechen ihres Gottes. Sich selbst beschwörend, um es ja nie zu vergessen und um ja keinen Zweifel aufkommen zu lassen, sagten sie sich immer wieder vor, so wie die Freunde des Hiob: *Das Licht der Frevler erlischt... Versteckt am Boden liegt sein Fallstrick... Ringsum ängstigen ihn Schrecken und scheuchen ihn auf auf Schritt und Tritt. Hungrig nach ihm ist sein Unheil. Das Verderben steht bereit zu seinem Sturz. Es frißt die Glieder seines Leibes... Von unten her verdorren seine Wurzeln, von oben welken seine Zweige. Sein Andenken schwindet von der Erde. Kein Name bleibt ihm weit und breit.* (Hiob 18,5–17)

Und: *Kurz währt der der Frevler Jubel, einen Augenblick nur der Ruchlosen Freude. Steigt auch sein Übermut zum Himmel, und rührt sein Kopf bis ans Gewölk: Wie sein Kot vergeht er für immer.* (Hiob 20,5–7)

Die Strafgerichte des Herrn

Mit großer Sorgfalt haben die Israeliten unzählige Beispiele gesammelt und sich immer wieder vor Augen gehalten, die geeignet waren, ihren Glauben zu bestätigen:

- Der PHARAO wollte MOSES und sein Volk nicht aus seinem Lande wegziehen lassen, also wurde sein Land von einer Plage nach der anderen heimgesucht – ein feuriges Crescendo des Unheils von ersten, kleinen »Zauberkunststücken« (der Stab Aarons wird zu einer Schlange, als er ihn auf den Boden wirft), über die Verseuchung des Nilwassers (es wird rot wie Blut, stinkt fürchterlich und ist ungenießbar), über die Frosch-, die Stechmücken- und die Heuschreckenplage, eine schwere Viehseuche, ein verheerendes Hagelwetter, eine dreitägige totale Finsternis – bis hin zu Krankheit und Tod der Erstgeborenen der Ägypter. (Exodus 7)

- Die Philister, jener Teil der räubernden »Seevölker«, die sich an den Küstengebieten Kanaans festsetzten, während die Juden sich vor allem in den Gebirgen niedergelassen hatten, eroberten eines Tages die Bundeslade der Israeliten, ihr Heiligtum, die »Wohnung« ihres Gottes auf Erden, die Schatztruhe, in der das Gesetz aufbewahrt wurde. Da *lastete die Hand des Herrn schwer auf den Bewohnern von Aschdod und versetzte sie in Schrecken und schlug Aschdod und sein Gebiet mit der Beulenpest.* Die Philister erkannten die Ursache der Seuche und gaben die Bundeslade mit Sühnegeschenken an die Israeliten zurück – woraufhin die Krankheit gebannt war! (1. Samuel 5–6)
- König David hatte in seinem Leben nur Glück und Erfolg, bis er vom Dach seines Palastes aus die wunderschöne Batseba, die Frau seines Offiziers Urias, im Bade sah. Der König konnte sich nicht zurückhalten. Er ließ die Frau zu sich bringen und zog die Schöne in sein Bett. Das Abenteuer hatte Folgen: Batseba wurde schwanger. Um die Sache zu vertuschen, ließ David den Offizier vom Felde zurückrufen. Doch Urias hatte offensichtlich von dem Übergriff des Königs schon gehört. Er mied das Haus und seine Frau. Nun gab David den Befehl: Stellt ihn im Kampf in die vorderste Front, und dann zieht euch zurück, damit er vom Feind erschlagen wird. So geschah es. David war damit nicht nur zum Ehebrecher, sondern auch zum Mörder geworden. Er nahm Batseba zu sich in den Palast, und sie gebar ihm einen Sohn.

Doch nun kam der Prophet Natan zu David und verkündete ihm die Strafe Gottes für die Verbrechen: Die eigenen Söhne werden sich an seinen Frauen vergreifen; das Kind, das Batseba geboren hat, muß sterben. Das Kriegsglück wird ihn fortan verlassen. Der König bereute, und der Herr, so sagte Natan, vergab ihm auch.

Doch für die Schuld mußte er dennoch bezahlen: Zuerst tat einer seiner Söhne der eigenen Schwester Gewalt an und jagte sie davon, dann ließ ein anderer Sohn den Bruder umbringen. Schließlich erhob sich dieser Sohn gegen den Vater und ließ sich selbst zum König ausrufen und versuchte, mit Heeresmacht David zu vertreiben. David mußte fliehen, sein Sohn eroberte Jerusalem – und nahm sich dort auch den Harem seines Vaters. Batsebas Kind starb: Es kam alles, wie von Gott angekündigt. (2. Samuel 11 ff.)

- Als David seine Macht zurückerobert hatte, ließ er in alten Tagen gegen den Rat Gottes das Volk zählen. Er wollte gewissermaßen eine stolze Bilanz seiner Tüchtigkeit ziehen und schlug alle Warnungen starrsinnig in den Wind. Und wieder kam der Prophet, um ihn im Namen Gottes zur Strafe drei Übel zur Wahl zu stellen: *»Dreierlei lege ich dir vor; wähle eines davon. Das werde ich dir dann antun. Was soll über dich kommen? Sieben Jahre Hungersnot in deinem Land? Oder drei Monate, in denen dich die Feinde verfolgen und du vor ihnen fliehen mußt? Oder soll drei Tage lang die Pest in deinem Land wüten?«* (2. Samuel 24,12–13)

  David entschied sich für die Krankheit. Doch sie kostete 70 000 Menschen das Leben, David war tief bestürzt, als er das Unheil sah, das seinetwegen über sein Volk gekommen war. Er sagte zu Gott: *»Ich bin es doch, der gesündigt hat. Aber diese, die Herde, was haben denn sie getan? Erhebe deine Hand gegen mich und das Haus meiner Väter!«* (2. Samuel 24,17)

- Der Großkönig Sanherib (705–681) zog gegen die geteilten Königreiche Israel und Juda und eroberte Stadt für Stadt. König Hiskija in Jerusalem, einer der Nachfolger Davids, unterwarf sich zunächst und zahlte Tribut. Doch das war Sanherib nicht genug. Er schickte ein riesiges Heer und ließ Jerusalem belagern: Vertrau nicht auf deinen Gott oder auf die Ägypter. Auch die Götter anderer Völker konnten nichts gegen mich ausrichten. (2. Könige 18 ff.)

  Hiskija war verzagt und wollte die Stadt übergeben. Doch der Prophet Isaias bestärkte den König: *»Fürchte dich nicht wegen* *der Worte, die du gehört hast und mit denen die Knechte des Königs von Assur mich verhöhnt haben. Seht, ich lege einen Geist in ihn, so daß er ein Gerücht hört und in sein Land zurückkehrt. Dort bringe ich ihn durch das Schwert zu Fall.«* Und weiter: *»So spricht der Herr über den König von Assur: Er wird nicht in die Stadt eindringen. Er wird keinen einzigen Pfeil hineinschießen... Ich werde diese Stadt beschützen und retten um meinetwillen und um meines Knechtes Davids willen.«* Und: *»Weil du gegen mich wütest und dein Lärm meine Ohren erreicht hat, ziehe ich dir einen Ring durch die Nase und lege dir einen Zaum in das Maul. Auf dem Weg, den du herankamst, treibe ich dich wieder zurück.«* (2. Könige 19,6–7 und 28)

In jener Nacht zog der Engel des Herrn aus und erschlug im Lager der Assyrer 185000 Mann. Als man am nächsten Morgen aufstand, fand man sie alle als Leichen. Da brach Sanherib, der König von Assur, auf und kehrte in sein Land zurück. Er blieb in Ninive. Als er eines Tages im Tempel seines Herrn betete, erschlugen ihn seine Söhne. (2. Könige 19,35–37)

Der griechische Geschichtsschreiber HERODOT bestätigte 200 Jahre später dieses Ereignis und die wunderbare Rettung der Stadt Jerusalem. Er spricht von einer Rattenplage, die das Heer der Assyrer heimgesucht hat, wodurch die Vermutung gestützt wird, daß das Heer von der Pest befallen wurde.

Man könnte das ganze Alte Testament zitieren. Immer geht es um dieses Thema: Hab Vertrauen, und halte dich an Gott, dann brauchst du weder die übermächtigsten Feinde noch Seuchen noch sonst ein Unheil zu befürchten. Gott hält die Hand über seine Kinder.

Diese Sicherheit hat dem kleinen Volk zwischen den antiken Großmachtblöcken Ägypten und Mesopotamien die Kraft zum Überleben, ihr bewundernswertes, einmaliges Selbstbewußtsein gegeben. Sie verhalf ihm während der babylonischen Gefangenschaft zur Zuversicht: Wir werden in unsere Heimat zurückkehren, sobald die alte Schuld abgetragen ist! Sie hat auch durch die

Jahrtausende das in alle Welt zerstreute Volk beseelt: Eines Tages wird es wieder ein Land Israel geben!

Auf der Suche nach »Schuld«

Allerdings: Die Vorstellung, daß jede Krankheit, jedes Leid aus der Sünde entspringt, kann selbstverständlich auch zur riesigen Belastung werden. Nicht nur, daß es einem ergehen kann wie dem rechtschaffenen Hiob, daß alle Welt mit dem Finger auf einen zeigt und sofort zu wissen glaubt: Aha, jetzt kommt es an den Tag; der ist ja gar nicht so anständig, wie er uns vorgespielt hat. Er muß sogar etwas besonders Abscheuliches verbrochen haben, sonst würde er nicht so hart bestraft.

Dazu kommt ein verängstigtes, verkrampftes Verhalten: Ich muß unter allen Umständen gesund bleiben, sonst halten mich alle für einen Verbrecher, einen Versager, einen Sünder. Denn die Gesundheit wird zum sichtbaren Zeichen dafür, daß man sich nichts zuschulden kommen ließ. Deshalb wehrt sich Hiob auch so energisch dagegen, daß Gott ihn vor aller Welt als Sünder hinstellt, obwohl er doch ein reines Gewissen hat.

Wie stark solche Vorstellungen in Israel das Denken der Menschen beherrschte, das zeigt eine Begebenheit zur Zeit Jesu. Als er eines Tages mit seinen Jüngern einem Blinden begegnete, fragten sie ihn prompt: *»Rabbi, wer hat gesündigt? Er selbst? Oder haben seine Eltern gesündigt, so daß er blind geboren wurde?« Jesus antwortete: »Weder er noch seine Eltern haben gesündigt. An ihm soll das Wirken Gottes offenbar werden. Wir müssen, solange es Tag ist, die Werke dessen vollbringen, der mich gesandt hat. Es kommt die Nacht, in der niemand mehr etwas tun kann.«* (Johannes 9,2–4)

Auf die Heilung des Blinden kommen wir noch später zu sprechen; hier geht es vorerst um die Frage nach der Sünde als Krankheitsursache. Und die hat Jesus klar verneint. Vielleicht nur für diesen einen Fall, in dem er seine göttliche Vollmacht unter Beweis stellen sollte?

Die Pharisäer seinerzeit waren da ganz anderer Meinung. Sie weigern sich, den ehemals Blinden anzuhören mit dem Argument:

»Du bist ganz und gar in Sünde geboren und willst uns belehren?« (Johannes 9,34)

Tun wir nicht so, als wäre heute die Vorstellung, daß Krankheiten etwas mit Schuld zu tun haben, überholt – im Gegenteil: Viele Patienten genieren sich, eine Krankheit zuzugeben, weil sie Angst haben, man könnte sie deswegen verurteilen. Viele verzehren sich auch in Selbstvorwürfen, sobald sie krank werden, und fangen an, darüber nachzugrübeln, »womit sie das verdient haben«, welches Vergehen oder Versäumnis, welche Schuld so groß sein könnte, daß sie derart bestraft werden.

Das Suchen nach einer Schuld als Krankheitsursache hat sich in jüngster Zeit eher verstärkt, seitdem die Medizin begonnen hat, psychosomatische Zusammenhänge nachzuweisen: Magengeschwüre kann man von großen Sorgen und von innerer Rastlosigkeit bekommen; der Herzinfarkt ist nicht selten das Ergebnis einer sinnlosen Rackerei oder unvernünftiger, maßloser Essensgewohnheiten. Suchtleiden entstehen dort, wo man mit Angst nicht fertig wird. Krebsleiden können möglicherweise ausgelöst werden, wenn man es nicht schafft, Konflikte zu lösen. Es gibt sogar Ärzte, die danach fahnden, ob die betroffene Frau dieses Leiden bekam, weil sie ihr Kind nicht lieben konnte...

Ganz zu schweigen von AIDS: Haben nicht viele Menschen sofort an die Bestrafung der sexuell Abartigen und Zügellosen gedacht – der Homosexuellen und Rauschgiftsüchtigen –, vielleicht sogar eine gewisse Befriedigung verspürt, weil Gott endlich dem »modernen Sodom und Gomorrha« ein Ende bereitet? (Die beiden Städte wurden, so erzählt die Bibel, zur Zeit Abrahams durch eine Naturkatastrophe zerstört, weil es dem Engel Gottes nicht gelang, in den Lasterstätten wenigstens zehn Anständige, Saubere zu entdecken.) Und schon ist man geneigt, einen Zusammenhang zur biblischen Schuldvorstellung herzustellen.

Magengeschwüre vor lauter unnötiger Sorgen: Hat nicht Jesus ausdrücklich gewarnt: *»Sorgt euch nicht um euer Leben und darum, daß ihr etwas zu essen habt, noch um euren Leib und darum, daß ihr etwas anzuziehen habt. Ist nicht das Leben wichtiger als die Nahrung und der Leib wichtiger als die Kleidung? Seht euch die*

Vögel des Himmels an. Sie säen nicht, sie ernten nicht und sammeln keine Schätze in Scheunen. Euer himmlischer Vater ernährt sie. Seid ihr nicht mehr wert als sie? Wer von euch kann mit all seiner Sorge sein Leben auch nur um eine kleine Zeitspanne verlängern?« (Matthäus 6,25–27)

Ist es mit den übrigen Leiden nicht ebenso: Müssen wir nicht büßen, weil wir uns nicht an das halten, was uns in der Bibel gesagt wird? Sind nicht überflüssige Sorgen, unvernünftige Lebensweisen, Zügellosigkeiten die eigentlichen »Sünden«, die uns krank machen?

Wenn wir so fragen, stellen wir sofort fest, daß der Begriff Schuld eine andere Dimension erfahren hat: Jetzt geht es nicht mehr um den einen oder anderen Fehltritt. Letztlich auch nicht um die Frage, ob man an Gott glaubt oder nicht. Jetzt geht es um den Fehler, der zur Lebenshaltung geworden ist: Man versteht nicht, richtig zu leben, verharrt auf falschem Weg.

Wenn wir aber eben festgestellt haben, daß Jesus eine Schuld des Blindgeborenen und seiner Eltern verneinte, dann müssen wir nun auch erwähnen, daß er gelegentlich doch auch ausdrücklich Sünde und Krankheit in direkten Zusammenhang brachte:

Vergebung und Heilung

In Jerusalem gab es einen Teich, eingesäumt von fünf Säulenhallen. In diesen Hallen lagen die Kranken, Krüppel, Blinden und Lahmen, die auf eine »Wunderheilung« hofften. Von Zeit zu Zeit wallte das Wasser des Teiches nämlich auf, und wer zuerst im Wasser war, wurde geheilt.

An einem Sabbat kam JESUS dort vorbei und sah einen Mann, der schon achtunddreißig Jahre lang krank war. Als Gelähmter besaß er nicht die geringste Chance, einmal rechtzeitig in den Teich zu gelangen. Doch irgendwie hoffte er trotzdem. Jesus sagte zu dem Mann: *»Steh auf, nimm deine Bahre und geh!« Sofort wurde der Mann gesund, nahm seine Bahre und ging.* (Johannes 5,8–9) Später traf Jesus den Mann wieder und ermahnte ihn: *»Jetzt bist du gesund. Sündige nicht mehr, damit dir nicht noch Schlimmeres zustößt!«* (Johannes 5,14)

Als man ihm eines Tages am See Genezareth einen Gelähmten brachte, sagte er zu diesem: *»Hab Vertrauen, mein Sohn, deine Sünden sind dir vergeben!«* (Matthäus 9,2) Erst danach heilte er ihn: *»Nimm deine Tragbahre und geh nach Hause!«*

In der Apostelgeschichte erzählt LUKAS vom Tod des Königs HERODES: Es gab in Cäsarea Unruhen. Der König eilte hin, die aufgebrachte Volksmasse zu beschwichtigen, setzte sich im Königsgewand auf eine Tribüne und hielt, wie es schien, eine mitreißende Ansprache. Die Zuhörer waren so begeistert, daß sie riefen: *»Das ist die Stimme eines Gottes, nicht eines Menschen!«* (Apostelgeschichte 12,22) *»Im selben Augenblick«*, so schreibt der Evangelist Lukas weiter, *»schlug ihn ein Engel des Herrn, weil er nicht Gott die Ehre gegeben hatte. Und von Würmern zerfressen starb er.«*

Es ist in diesem Zusammenhang nicht von Belang, woran und warum König Herodes gestorben ist. Wichtig ist nur, daß auch Jesus und seine Jünger Krankheit und Tod als Bestrafung des Schuldigen sahen.

In diesem Sinne warnte der Apostel PAULUS die Gemeinde von Korinth davor, unwürdig zur Eucharistiefeier zu gehen. Er schreibt: *Wer also unwürdig von dem Brot ißt und aus dem Kelch trinkt, macht sich schuldig am Leib und am Blut des Herrn. Jeder soll sich selbst prüfen. Erst dann soll er von dem Brot essen und aus dem Kelch trinken. Denn wer davon ißt und trinkt, ohne zu bedenken, daß es der Leib des Herrn ist, der zieht sich das Gericht zu, indem er ißt und trinkt. Deswegen sind unter euch so viele schwach und krank, und nicht wenige sind schon entschlafen. Gingen wir mit uns selbst ins Gericht, dann würden wir nicht gerichtet. Doch wenn wir jetzt vom Herrn gerichtet werden, dann ist es eine Zurechtweisung, damit wir nicht mit der Welt verdammt werden.* (1. Korinther 11,27–32)

Das ist ganz im Geist des Alten Testaments gedacht: Wer jetzt krank wird, der sollte dankbar dafür sein, denn das ist die Züchtigung, die ihn vor der Verdammnis rettet!

In der Offenbarung verkündet Gott der Gemeinde in Thyatira: *»Ich werfe dir vor, daß du das Weib Isebel gewähren läßt. Sie gibt sich als Prophetin aus und lehrt meine Knechte und verführt sie,*

Unzucht zu treiben und Fleisch zu essen, das den Götzen geweiht ist. Ich habe ihr Zeit gelassen, umzukehren. Sie will aber nicht umkehren und von ihrer Unzucht ablassen. Darum werfe ich sie aufs Krankenbett, und alle, die mit ihr Ehebruch treiben, bringe ich in große Bedrängnis, falls sie sich nicht abkehren vom Treiben dieses Weibes. Ihre Kinder werde ich töten, der Tod wird sie treffen, und alle Gemeinden werden erkennen, daß ich es bin, der Herz und Nieren prüft. Und ich werde jedem von euch vergelten, wie es seine Taten verdienen.« (Offenbarung 2,20–23) Das ist ganz der Gott des Alten Testamentes, der »Menschenwächter«, wie Hiob ihn nennt.

Im Alten wie im Neuen Testament, daran gibt es keinen Zweifel, ist Schuld, Sünde eine der wichtigsten Krankheitsursachen. Doch es ist nicht unbedingt die Sünde im hergebrachten Verständnis. Und sie kann auch nicht die einzige Krankheitsursache sein.

Wenn der Sünder belohnt wird ...

Wie Hiob waren viele Israeliten selbstverständlich viel zu klug, um nicht zu sehen: An dem Versprechen Gottes, dem Braven wird es gutgehen, der Böse aber wird stürzen, kann etwas nicht stimmen! Wie oft hatten sie vergeblich darauf gewartet, daß Gottes strafender Blitz vom Himmel niederzuckt, heidnische Völker zu vernichten, wenn diese mordend, plündernd durch das Land zogen, das kleine Volk mit Hohn und Spott übergossen: »Na, wo bleibt denn euer Gott? Ihr müßt lauter rufen. Vielleicht schläft er gerade und kann euch deshalb nicht hören!«

Auch Hiob kehrt in seinem Grübeln immer wieder zur Frage zurück: Wozu sollten Frömmigkeit und Anständigkeit gut sein, wenn es den anderen, jenen, die an sich denken und ihren Vorteil suchen, die Gott leugnen und ihm zuwiderhandeln, sooft keineswegs an Glück fehlt, ohne daß sie eine Strafe zu fürchten hätten?

»Warum bleiben Frevler am Leben, werden alt und stark an Kraft? Ihre Nachkommen stehen fest vor ihnen, ihre Sprößlinge vor ihren Augen. Ihre Häuser sind in Frieden, ohne Schreck. Die Rute Gottes trifft sie nicht. Die Kühe kalben und verwerfen nicht. Ihr Stier bespringt und fehlt nicht. Wie Schafe treiben sie ihre Kinder

aus. Ihre Kleinen tanzen und springen. Sie singen zu Pauke und Harfe, erfreuen sich am Klang der Flöte, verbringen ihre Tage im Glück und fahren voll Ruhe ins Totenreich. Und doch sagten sie zu Gott: Weiche von uns! Deine Wege wollen wir nicht kennen. Was ist der Allmächtige, daß wir ihm dienen, was nützt es uns, wenn wir ihn angehen?« (Hiob 21,7–15)

Und an anderer Stelle: *»Zum Spott der eigenen Freunde soll ich sein, ich, der Gott anruft, daß er mich hört, ein Spott der Fromme, der Gerechte. Dem Unglück Hohn!... Sicher sind der Gewaltmenschen Zelte, voll Sicherheit sind sie, die Gott erzürnen, die wähnen, Gott in ihrer Hand zu haben.«* (Hiob 12,4 und 6)

Denken nicht auch heute viele so, oft mit großer Bitterkeit, nachdem sie ein Leben lang versucht haben, »brav« und anständig zu bleiben? Nachdem sie sich für andere aufgeopfert haben, immer zurückstanden, wenn die Güter dieser Welt verteilt wurden, und es am Ende doch zu nichts gebracht haben? Wenn sie zusehen müssen, wie andere Luxus über Luxus häufen, betrügen, gegen das Recht verstoßen – und offensichtlich auch noch von Gott für ihre Schlechtigkeit belohnt werden? Jene, die sich von ihren Frauen trennen, wenn ihnen ein neues, jüngeres Glück winkt; jene, die nie etwas Positives leisten, sich nie anstrengen müssen und doch immer nur Glück haben, immer aus dem vollen schöpfen können. Wo bleibt da das göttliche Versprechen: Dem Guten soll es gut ergehen, dem Schlechten schlecht? Keine Spur davon!

An dieser Stelle muß man sich vergegenwärtigen, daß die Juden des Alten Testaments noch nicht auf eine Belohnung im Jenseits hoffen durften. Es gab für sie zwar ein Jenseits, doch dieses war, vergleichbar dem Hades der Griechen, ein Ort des bewußtlosen, glücklosen Dahindämmerns, eine Hölle. Leben und Glück waren mit dem Tod endgültig und für immer dahin.

»Laß ab«, fleht Hiob in seinem Schmerz, *»damit ich noch ein wenig heiter blicken kann, bevor ich fortgehe ohne Wiederkehr ins Land der Dunkelheit und des Todesschattens, ins Land, so finster wie die Nacht, wo Todesschatten herrscht und keine Ordnung, und wenn es leuchtet, ist es wie tiefe Nacht.«* (Hiob 10,20–22)

Der Lohn, den Gott seinem Volk für gläubige Gefolgschaft, für

Redlichkeit und Frömmigkeit verspricht, besteht in diesseitigen Werten: Schutz vor Feinden, Friede, Wohlstand, Reichtum, Gesundheit und Wohlergehen, zahlreiche Nachkommen. Das alles sollte und konnte auf Erden, und nur da, vor dem Tod, erlebt werden. Dahinter gab es nichts mehr, auch keine Wiedergeburt.

Um so härter mußte die Frage nach der Gerechtigkeit gestellt werden, und um so größer war das Ärgernis, wenn ein absolut redlicher Mensch erkrankte. Hier werden die Freunde Hiobs verständlich, die unbeirrt daran festhalten: Es kann gar nicht anders sein: Du mußt etwas verbrochen haben. Denn wäre das nicht der Fall, dann wäre Gott ein Lügner, dann hätte er uns getäuscht!

Zwischen den Geschichten des Alten Testaments, die von Gottes Treue Zeugnis ablegen, gibt es vereinzelt auch andere, die dem zu widersprechen scheinen. Beispielsweise das Schicksal des unglücklichen Königs Asarja von Juda (767–739). Von ihm heißt es in der Bibel ausdrücklich: »*Genau wie sein Vater Amazja tat er, was dem Herrn gefiel ... Doch der Herr schlug ihn mit Aussatz. Er mußte bis an sein Lebensende in einem abgesonderten Haus wohnen, während Jotam, der Sohn des Königs, Vorsteher des Palastes war und die Bürger des Landes regierte.*« (2. Könige 15)

Als einzige Erklärung für seine Krankheit weiß die Bibel nur zu berichten: Sein Fehler war, daß er die heidnischen Kulthöhen nicht strenger verbot, so daß dort noch Schlachtopfer und Rauchopfer dargebracht wurden. Doch was hatte König David demgegenüber angestellt! Die Verwunderung über die unerklärliche Strafe ist denn auch dem Bibeltext zu entnehmen.

Auch Hiob wird – und das offensichtlich mit Recht – sehr bitter, als er resigniert feststellt: Was hat es einen Sinn, sich mit Gott anlegen zu wollen? Er behält immer recht, auch wenn ich noch so viel Grund habe, mich zu beklagen. Ich bekomme von ihm ja doch keine Antwort. Er schweigt. »*Wär' ich im Recht, mein eigener Mund spräche mich schuldig. Wäre ich gerade, er machte mich krumm. Ich bin schuldlos, gut. Was nützt es mir? Es ist und bleibt nun mal so: Ob schuldig, ob unschuldig, er bringt mich um. Die Geißel tötet blindlings. Er amüsiert sich über die Verzweiflung der Unschuldigen ... Ich muß nun einmal schuldig sein, wozu soll ich mich noch abmühen? Wollt' ich auch mit Schnee mich waschen, meine Hände mit Lauge reinigen, du würdest mich doch in die Grube tauchen, daß meine Kleider vor mir ekelt. Du bist kein Mensch, dem ich entgegnen könnte: Laß uns zusammen vor Gericht gehen. Gäbe es doch einen Schiedsmann zwischen uns!«* (Hiob 9,20–23 und 29–33)

Das ist wiederum keine Ketzerei, keine Beschimpfung Gottes, wie dieser am Schluß der Geschichte ausdrücklich feststellt. Es ist lediglich die etwas resignierende Einsicht: Gott ist so groß, wir Menschen sind ihm gegenüber so winzig. Wie wollten wir uns anmaßen, wir könnten von ihm Rechenschaft für sein Handeln fordern? Und es ist auch ein Ahnen, daß es neben der Schuld, dem gegenseitigen Aufrechnen: Das habe ich getan, das darf ich deshalb von dir erwarten, noch etwas anderes geben muß. Hiob sieht ein: Wohlverhalten scheint nicht immer eine Garantie für Gesundheit und Wohlergehen zu sein. Und umgekehrt darf man auch nicht unbedingt darauf warten, daß Menschen, die sich scheußlich benehmen, stets und sofort bestraft werden. Hiob beklagt: Es ist nicht mit anzusehen, wie lange es oft dauert, bis der Übeltäter bestraft wird – vorausgesetzt, er wird überhaupt bestraft. *»Warum hat der Allmächtige keine Fristen bestimmt? Warum schauen, die ihn kennen, seine Gerichtstage nicht?«* (Hiob 24,1)

Kann man schuldlos schuldig werden?

»Gottes Mühlen mahlen langsam.« Das ist so ein Spruch, mit dem man sich damals wie heute zu trösten versucht, wenn man es kaum mehr ertragen kann, daß Frevel so lange ungesühnt bleibt. In uns steckt wie in den alten Juden das Verlangen nach Gerechtigkeit. Und es kann einfach nicht gerecht sein, wenn der Große, Reiche sein Leben verpraßt und trotzdem steinalt wird, während so viele hoffnungslose, vom Idealismus getragene junge Menschen aus dem Leben gerissen werden, bevor sie noch richtig zu leben begonnen haben.

Hiobs Freunde glauben eine Erklärung auch auf solche Fragen gefunden zu haben: Man kann schuldig werden, ohne bewußt und absichtlich eine Schuld auf sich geladen zu haben. Solche Vorstellungen geisterten lange durch die Geschichte Israels – und sie waren auch bei vielen anderen alten Völkern anzutreffen. Wie ÖDIPUS in der griechischen Sage, der, ohne darum zu wissen, seinen Vater erschlug und die Mutter heiratete, so kann der Mensch in Schuld verstrickt werden, die er büßen muß.

Ein Beispiel solcher schuldlosen Schuld bietet die Erzählung von ABRAHAM und dem PHARAO; eine Episode, die wir heute kaum mehr begreifen können:

Auf der Wanderung mit seinen Herden war ABRAHAM, durch schlechte Witterungsverhältnisse gezwungen, in das Herrschaftsgebiet des Pharao gekommen. Er wußte: Seine Frau SARAH ist schön, und gerade für die Ägypter besitzt sie einen unwiderstehlichen exotischen Reiz. Es war aber auch bekannt, daß der Pharao jede Frau besitzen wollte, die ihm gefiel. Und seine Späher waren ständig unterwegs, für ihn »frisches Blut« aufzutreiben...

Die Situation war für Abraham lebensbedrohend. Der Pharao hätte ihm seine Frau nicht einfach weggenommen, so einfach ging das damals nicht. Es hätte ja sein können, daß er damit einen bösen Fluch auf sich zieht! Und Abraham eilte der Ruf voraus, er besitze einen besonderen Schutz und verfüge selbst über Zauberkräfte. Deshalb gab es nur eine Möglichkeit, Sarah zu bekommen: Abraham mußte aus dem Weg geschafft werden. Um dieser Gefahr zu entgehen, beschloß Abraham, sich als Bruder seiner Frau auszugeben. Das war nicht einmal ganz unrichtig, denn Sarah war eine Stiefschwester Abrahams.

Es kam, wie Abraham vorhergesehen hatte: Dem Pharao wurde von der schönen Frau berichtet – und er ließ sie sich holen. Abraham wurde dafür reichlich belohnt.

Doch nun erkrankte der Pharao und seine Familie. *Es kam eine schlimme Plage über sein Haus,* wie es in der Bibel heißt. Daraufhin ließ der Pharao den Abraham rufen und fragte ihn: »*Was hast du mir angetan? Warum hast du mir nicht gesagt, daß Sarah deine Frau ist? Warum hast du behauptet, es sei deine Schwester, so daß ich sie mir zur Frau nahm? Nun, da hast du deine Frau wieder. Nimm sie und geh.*« *Dann ordnete der Pharao seinetwegen Leute ab, die ihn, seine Frau und alles, was ihm gehörte, fortgeleiten sollten.* (Genesis 12,18–20)

Der Pharao ist daraufhin wieder gesund geworden.

Diese Geschichte wird im Alten Testament gleich in zwei Variationen erzählt: Einmal soll sie sich in Ägypten, einmal in Gerar bei König ABIMELECH ereignet haben. In der zweiten Fassung greift Gott sogar persönlich ein, erscheint dem König im Schlaf und erklärt ihm, warum er krank geworden ist und daß er sterben muß, wenn er Sarah nicht wieder freigibt.

Das ist schon merkwürdig: Nicht Abraham wird krank, der seine Frau des eigenen Wohlergehens wegen in fremde Hände gibt – und sich dafür auch noch belohnen läßt –, sondern der König, der überhaupt nicht wußte, daß er etwas Unrechtes tut!

Die Probleme von Schuld und Sühne waren in früheren Zeiten durchaus gegenwärtig: So gab es in Israel sogenannte Asylstädte. In ihnen konnte jeder Zuflucht finden, der versehentlich, also ohne Vorsatz, einen anderen getötet hatte. An einem solchen Ort war er sicher vor Blutrache, denn der schuldlos Schuldige durfte nicht ausgeliefert werden, solange er glaubhaft machen konnte, daß der von ihm Umgebrachte einem Unfall zum Opfer fiel und nicht absichtlichem Mord, also *ohne ihn vorher gehaßt zu haben.* (Joshua 20,5) Und wenn der Hohepriester verstarb, der gerade das Amt versah, dann durfte er sogar ungestraft in seine Heimat zurückkehren. Denn für die Schuld, die nicht aus dem eigenen Herzen kam, gab es keine irdische Strafe, keine menschliche Rache; sie war Gott vorbehalten!

So heißt es im Gesetz MOSES: *Wenn Männer in Streit geraten und einer den anderen mit einem Stein oder einer Hacke verletzt, so daß er zwar nicht stirbt, aber bettlägerig wird, später wieder aufstehen und mit Krücken umhergehen kann, so ist der freizusprechen, der geschlagen hat. Nur für die Arbeitsunfähigkeit des Geschädigten muß er Ersatz leisten, und für die Heilung muß er aufkommen …*

Wer einen Menschen so schlägt, daß er stirbt, wird mit dem Tode bestraft. Wenn er ihm aber nicht aufgelauert hat, sondern Gott es durch seine Hand geschehen ließ, werde ich dir einen Ort festsetzen, an den er fliehen kann. (Exodus 21,18–19 und 12–14)

Krankheit aus dem Fluch

Schuldig, ohne selbst Schuld zu haben, und somit krank werden konnte man nach Vorstellung der Juden der Bibel vor allem durch einen Fluch, der einen unversehens traf und der auch dann wirksam werden konnte, wenn man ihn nicht durch eigene Schlechtigkeit provoziert hatte.

Zu den ersten Worten, die Gott an seinen Auserwählten Abraham richtet, gehört deshalb die Zusicherung: Du brauchst dich vor Flüchen und Verwünschungen nicht zu fürchten; ich weise sie zurück: *»Ich will segnen, die dich segnen; wer dich verwünscht, der sei verwünscht, den will ich verfluchen.«* (Genesis 12,3)

Wir modernen Menschen am Ende des zwanzigsten Jahrhunderts tun oft und gerne so, als wären wir über solchen Aberglauben erhaben. Vielleicht ist aber zu keiner früheren Zeit so viel geflucht worden – mit der festen Absicht, einem anderen zu schaden, wie gerade heute. Immer wieder und durchaus ernsthaft kann man die besorgte Frage hören: »Wer könnte mir nur so viel Böses an den Hals gewünscht haben?« Seitdem die Parapsychologen nachgewiesen haben, daß es Seelenkräfte gibt, die den Wünschen, ob gut oder böse, den Weg zur Erfüllung bahnen können, ist auch auf den Fluch ein ganz neues Licht gefallen. Seitdem wir tiefere Einblicke gewonnen haben in die magischen Zauberpraktiken von Naturvölkern, sind weithin zumindest Zweifel aufgetaucht, ob es so etwas nicht vielleicht doch gibt.

Wie viele Kranke rätseln heute darüber nach, wer ihnen das Leid durch Verwünschungen zugefügt haben könnte! Manche Menschen sollen sogar die Hilfen von Schwarzmagiern und Hexen in Anspruch nehmen, um anderen zu schaden. Wir beginnen wieder zu ahnen – was früher ganz selbstverständlich gewußt und gespürt wurde –, welche Macht von starkem Haß ausgehen kann.

In den Gesetzen Moses gibt es einen eigenen Abschnitt, der illustriert, wie der Fluch vor zweieinhalbtausend Jahren von Priestern gehandhabt wurde, um untreue Frauen zu überführen. Der eifersüchtige Mann, der sich nicht sicher war, ob seine Frau ihn nun betrügt oder nicht, der konnte sie zum Priester bringen.

Er nimmt heiliges Wasser in einem Tongefäß. Dann nimmt er etwas Staub vom Fußboden der Wohnstätte und streut ihn in das Wasser. Dann stellt der Priester die Frau vor den Herrn, löst ihr das Haar und legt ihr das Ermittlungsopfer, das heißt das Eifersuchtsopfer (Gerstenmehl), *in die Hände. Dann beschwört der Priester die Frau und sagt zu ihr: »Wenn kein Mann mit dir geschlafen hat, wenn du deinem Mann nicht untreu gewesen, also nicht unrein geworden bist, dann wird sich deine Unschuld durch dieses bittere, fluchbringende Wasser erweisen. Wenn du deinem Mann aber untreu geworden bist, wenn du unrein wurdest, und wenn ein anderer als dein eigener Mann mit dir geschlafen hat, dann wird der Herr dich zum sprichwörtlichen Beispiel für einen Fluch und Schwur deinem Volke machen. Der Herr wird deine Hüften einfallen und deinen Bauch anschwellen lassen. Dieses fluchbringende Wasser wird in deine Eingeweide eindringen, so daß dein Bauch anschwillt und deine Hüften einfallen.« Darauf soll die Frau antworten: »Amen, amen.«*

Der Priester aber schreibt diese Flüche auf und wischt die Schrift dann in das bittere Wasser. Dann gibt er der Frau das Wasser zu trinken, damit es in sie eindringt und ihr bittere Schmerzen bereitet... Wenn sie aber nicht unrein geworden ist, sondern rein ist, dann wird sich zeigen, daß sie unschuldig ist. Und sie kann weiterhin Kinder bekommen... Wenn der Priester dieses Gesetz auf sie anwendet, dann ist der Mann frei von Schuld, die Frau aber muß die Folgen ihrer Schuld tragen. (Numeri 5,17ff.)

Eine Mischung aus Fluch und Gottesurteil, so könnte man die Handlung bezeichnen. Das »heilige Wasser« war in diesem Fall kein »Weihwasser«, wie es heute in der katholischen Kirche verwendet wird, sondern ein Kräutersud mit giftigen Zutaten, die zwar nicht töteten, das Opfer aber unfruchtbar machen konnten!

Der Psalm 109 ist ein anderes Beispiel, das die Angst vor Fluch andeutet, aber auch unter Beweis stellt, wie kraftvoll man sich seinerzeit zu wehren wußte. Das sehr poetische Lied, David selbst zugeschrieben, stellt einen sehr deftigen Fluchpsalm dar, vergleichbar den Verwünschungsgesängen im Ägyptischen Totenbuch und verwandt mit manchem Orakelspruch, der auch heute noch bei

Naturvölkern angewendet wird. Es diente nicht dazu, einem anderen zu schaden, sondern es war eine Art Notwehr gegen Haß, gegen Falschheit, gegen böse Gedanken und Anschuldigungen. Gesprochen hat es beispielsweise einer, der vor Gericht falsch beschuldigt wurde und keinen Zeugen für seine Unschuld beibringen konnte. Gesprochen oder gesungen hat diesen Psalm aber auch der Patient, der hinter seinem Leiden einen bösen Fluch vermutete.

Am Anfang wird die eigene Bedrängnis, die Notwendigkeit, sich wehren zu müssen, dargelegt: *Ein Lügenmaul hat sich gegen mich aufgetan. Sie reden mit falscher Zunge gegen mich, umgeben mich mit Worten voller Haß ... Sie vergelten mir Gutes mit Bösem, mit Haß und Liebe ...*

Dann folgt die massive, keineswegs zimperliche Gegenwehr, der eigentliche Fluch: *Selbst sein Gebet werde zur Sünde. Nur gering sei die Zahl seiner Tage. Sein Amt soll ein anderer erhalten. Seine Kinder sollen zu Waisen werden und seine Frau zur Witwe. Unstet sollen seine Kinder umherziehen und betteln, aus den Trümmern ihres Hauses vertrieben. Sein Gläubiger reiße all seinen Besitz an sich. Fremde sollen plündern, was er erworben hat. Niemand sei da, der ihm die Gunst bewahrt, keiner, der sich der Waisen erbarmt. Seine Nachkommen soll man vernichten, im nächsten Geschlecht schon erlösche sein Name. Der Herr denke an die Schuld seiner Väter, ungetilgt bleibe die Sünde seiner Mutter ...*

Da wird kein Übel ausgespart, keines vergessen! Der Fluch zielt auf die vollständige Vernichtung des Feindes ab – und macht auch vor dessen Nachkommen nicht halt.

Solche Fluchpsalmen hatten natürlich in erster Linie den Sinn, Mitbürger abzuschrecken. Jeder, der ein Verbrechen plante, mußte von vorneherein damit rechnen, auf diese Weise verflucht zu werden, sobald sein Opfer weiß, daß er dahintersteckt! Und die Juden der Bibel waren von der Kraft des Fluches absolut überzeugt. Sie wußten, daß starke Gefühle, vor allem Liebe und Haß, das Unmögliche machbar machen. Segen und Fluch erwiesen sich immer wieder stärker als Peitsche und Schwert. Deshalb nahmen sie beide, wir werden noch darauf zurückkommen, sehr ernst.

»Den Toren bringt der Ärger um...!«

Aber auch das erklärt noch nicht alles: Hiob hatte vielleicht Neider, aber keine Feinde, die ihn so sehr haßten, daß ein Fluch hätte wirksam werden können. Nur so dahingesprochen ist er ja sowieso nichtig. Nur übermächtige Emotionen können Wünsche zur Wirklichkeit transportieren, und die hatte der gerechte Hiob nicht zu fürchten.

Doch da gab es noch etwas anderes, das für ihn als Krankheitsursache in Betracht gezogen werden muß: Er machte sich sehr viel Sorgen um seine lebenslustigen Kinder. Immer, wenn sie wieder einmal ein ausgelassenes Fest gefeiert hatten, eilte er zum Tempel, um sie zu entsühnen, also seine Opfer darzubringen, um sie vor Strafe zu schützen, falls sie sich etwas hatten zuschulden kommen lassen. Er war zweifellos in seiner Güte ein überbesorgter Vater. Und er bekennt auch: *»Was mich erschreckte, das kam über mich. Wovor mir bangte, das traf mich auch. Noch hatte ich nicht Frieden, nicht Rast, nicht Ruhe, fiel neues Ungemach mich an.«* (Hiob 3,25 bis 26)

Das liest sich doch, als hätte dieser Mann bei aller Lauterkeit seines Herzens zu jenen Menschen gehört, die pausenlos den »Teufel an die Wand malen«, sich damit abquälen, was wohl wieder passieren könnte, und so das Unheil geradezu auf sich ziehen.

Die Juden waren sich bewußt, daß solche Angst nicht nur ein mangelndes Gottvertrauen darstellt, sondern darüber hinaus so etwas wie ein Fluch ist, der sich gegen den richtet, der sich derart ängstigt. Die Verfechter der Autosuggestion lehren später: Jeder Gedanke, der von starken Emotionen begleitet wird, hat die Tendenz, wahr zu werden...

Und auch die Freunde Hiobs wußten: *»Den Toren bringt der Ärger um, Leidenschaft töten den Narren!«* (Hiob 5,2) Und daran kann es nun wirklich keinen Zweifel geben: Wer sich über jede Kleinigkeit mächtig aufregt, als gerate die ganze Welt aus den Fugen, wer Anstoß nimmt an jedem winzigen Fehler anderer und es nicht schafft, die Dinge ihrer Bedeutung entsprechend einzuordnen und auch darüber zu stehen, wer sich von seinen Leidenschaften beherrschen läßt, ungeregelt, maßlos lebt, der braucht sich wirklich nicht zu wundern, wenn er krank wird. Denn die leidende Seele wird früher oder später auch den Körper krank machen.

Solche Zusammenhänge, wir haben schon darauf hingewiesen, werden in jüngster Zeit wieder deutlicher. Ein Großteil der Erkrankungen ist das Ergebnis einer solchen Schuld. Denn sie verursacht nicht nur organische Fehlfunktionen, sie bereitet auch den Boden für Infektionen und Ansteckungen. Angst schwächt die Abwehrkräfte, so wie sinnloses Ausleben aushöhlt, erschöpft. Ein Krebskranker, der um sein Leiden nicht weiß – oder ihm gefaßt ins Auge sieht –, ist weit besser dran und besitzt die weit günstigeren Voraussetzungen, wieder gesund zu werden, als einer, der gesund ist, sich aber einbildet, krebskrank zu sein oder in ständiger Furcht davor lebt, sagen heute die Mediziner. Die Geschichte hat immer wieder unter Beweis gestellt: Der eine ging zuversichtlich, furchtlos, unerschrocken mitten unter Patienten mit hochansteckenden Krankheiten – und blieb gesund. Andere trafen alle Vorsorgen und Schutzmaßnahmen – und steckten sich trotzdem an.

Es ist eine innere Haltung, die Schutz verleiht und gesund erhält. Die alten Juden hätten gesagt: das feste Gottvertrauen.

Leiden hier – Belohnung dort?

Hiob in seiner Not, in seinem Hader gegenüber Ungerechtigkeit und soviel unerklärlichem Leid auf der Welt, kommt ein verwegener, für seine Zeit geradezu sensationeller Gedanke: Vielleicht wird doch einmal, nicht jetzt und nicht hier auf dieser Welt, sondern drüben, nach dem Tod, abgerechnet? Vielleicht gibt es so etwas wie ein Gericht, in dem die Anständigen ihren Lohn, die Gewissenlosen die Strafe bekommen?

»Doch ich, ich weiß, daß mein Erlöser lebt. Als letzter erhebt er sich über dem Staub. Ohne meine Haut, die zerfetzte, und ohne mein Fleisch werde ich Gott schauen. Ihn selber werde ich dann für mich schauen. Meine Augen werden ihn sehen, nicht mehr fremd. Danach sehnt sich mein Herz in meiner Brust.« (Hiob 19,25–28)

Bei ihm ist das erst eine stille Sehnsucht, eine Hoffnung, die sich bis dahin auf keinerlei Versprechen Gottes gründen kann. Die Ungerechtigkeit der Welt fordert es, daß Schuld nicht ungesühnt bleiben kann. Denn damit, so meinen auch heute noch viele, steht und fällt Gott selbst. Wenn er nicht gerecht, nicht vollkommen ist und somit auch seinen Geschöpfen keine Gerechtigkeit widerfahren läßt, dann wird er undenkbar.

So ähnlich empfanden schon Völker, die Jahrhunderte vor dem Judenvolk lebten. Im Gilgamesch-Epos beispielsweise, einer überaus eindrucksvollen Erzählung babylonischen Ursprungs, wird die Unterwelt geschildert. Im Traum schaut der Gefährte des Gilgamesch diesen Ort: Die Toten kauern beieinander in ihrem eigenen Kot, stumpfsinnig, hoffnungslos, armselig, ohne Rang und Namen. Wer und was sie einmal auf Erden waren, das spielt hier keine Rolle mehr. Aber: Über ihnen thront die Göttin der Unterwelt mit einem Buch, in dem alle Taten und Untaten der Verstorbenen verzeichnet stehen.

Wozu, wenn es doch allen gleich ergeht? Ist damit nicht das erste zaghafte Hoffen angedeutet, daß irgendwann doch ein Gericht stattfinden wird?

Im Ägyptischen Totenbuch gelangt der Verstorbene im Jenseits sofort vor ein Gericht, das darüber entscheidet, ob er bleiben darf und später zum göttlichen Wesen werden kann, oder ob er an den Ort der Verdammten hinabgestürzt wird.

In fernöstlichen Glaubensvorstellungen ist das Problem der Gerechtigkeit ganz anders gelöst: Der Verstorbene wird wiedergeboren, und je nach Verdienst oder Schuld muß er im nächsten Leben seine Schuld abtragen, oder er darf seinen Verdiensten entsprechend einen höheren Rang einnehmen, bis er die letzte Vollkommenheit erreicht hat: Er geht ins Nirwana, in den Zustand der grenzenlosen Glückseligkeit ein, in dem alle Werte und Vorstellung in einen Punkt, in das Nichts, das alles enthält, zusammenfallen...

Für die Juden des Alten Testaments waren beide Vorstellungen kein Thema, das sie brennend interessieren sollte. Gott hatte ihnen nichts darüber gesagt, nichts versprochen – also mußte dieser Punkt unwesentlich sein, nichts, worüber sie sich den Kopf zerbrechen sollten. JAHWE wollte, daß sie hier, auf dieser Erde, leben und nicht pausenlos »nach drüben« schielen. Sie sollten ihre Fähigkeiten hier entfalten und ihm voll vertrauen – einfach vertrauen, mehr nicht!

Vertrauen, ohne darauf zu achten, ob es anderen unverdientermaßen vielleicht besser geht! Schon der Gedanke, Gott könnte den einen bevorzugen, einen anderen benachteiligen, ist ein Vertrauensbruch! Man muß vertrauen, ohne gleich unglücklich und trübsinnig zu werden oder gar zu verzweifeln, wenn einmal etwas nicht ganz nach Wunsch verläuft, ohne an Gott zu zweifeln und zu glauben, er hätte sein Geschöpf vergessen, wenn es von Krankheit oder Unglück heimgesucht wird.

Ist das nicht eine ganz wundervolle Gläubigkeit? Eine, die einzig und allein auf Vertrauen basiert: Er hat mir sein Wort gegeben, daß alles gut wird. Ich kann mich voll darauf verlassen, ohne Einzelheiten zu fordern, ohne »Zeichen« und Beweise zu fordern; ohne Gott enträtseln zu wollen, um seiner sicher zu sein. Er ist so groß, so unfaßbar – aber auch so gut, daß alles, was er tut, seinen Sinn hat und letztlich für mich zum Segen wird.

So lösen sich auch HIOBS Fragen am Schluß seiner Geschichte: Gott erscheint dem Geplagten und spricht mit ihm. Er liefert in diesem Gespräch keine theologisch großartigen Rechtfertigungen. Er verweist lediglich auf die Schönheiten und Wunder dieser Welt und fragt sein Geschöpf: *»Wo warst du, als ich die Erde gegründet? Sag es denn, wenn du Bescheid weißt. Wer setzte ihre Maße? Du weißt es ja. Wer hat die Meßschnur über ihr gespannt? Wohin sind ihre Pfeiler eingesenkt? Oder wer hat ihren Eckstein gelegt, als alle Morgensterne jauchzten, als jubelten alle Gottessöhne? Wer verschloß das Meer mit Toren, als schäumend es dem Mutterschoß entquoll, als Wolken ich zum Kleide ihm machte, ihm zur Windel dunklen Dunst?«* (Hiob 38,4–9)

Und Hiob gibt zu: *»Ich hab' erkannt, daß du alles vermagst. Kein Vorhaben ist dir verwehrt... So habe ich denn im Unverstand geredet über Dinge, die zu wunderbar für mich und unbegreiflich sind.«* (Hiob 42,2 und 3)

Hiob wird wieder gesund; die Freunde aber, die ihm eine Schuld einzureden versucht hatten, werden zur Buße aufgefordert: *Der*

Herr wendete das Geschick Hiobs, als er Fürbitte für seine Freunde einlegte. Der Herr mehrte den Besitz Hiobs auf das Doppelte... Der Herr segnete die spätere Lebenszeit Hiobs mehr als seine frühere. Er besaß 14000 Schafe, 6000 Kamele, 1000 Joch Rinder und 1000 Esel. Auch bekam er sieben Söhne und drei Töchter... Er lebte danach noch 140 Jahre. Er sah seine Kinder und Kindeskinder, vier Geschlechter. Danach starb Hiob hochbetagt und satt an Lebenstagen. (Hiob 42,10–12, 16–17)

In der Rahmengeschichte zum Schicksal des Hiob erfährt der Leser, daß Satan vor Gott getreten war und ihm vorgeworfen hatte: Es ist doch kein Kunststück, gut und gottesfürchtig zu sein, wenn man so wie Hiob von dir beschützt wird. *»Streck nur deine Hand gegen ihn aus, und rühr an all das, was sein ist. Wahrhaftig, er wird dir ins Angesicht fluchen!«* (Hiob 1,11)

Und später, nachdem Hiob trotz Verlust seines Wohlstands und seiner Familie immer noch gottergeben geblieben war, forderte er: Gut, diese Probe hat er bestanden. Doch du wirst sehen: Sobald er selbst krank wird, ist es auch mit seiner Gläubigkeit zu Ende.

Krankheit als Chance

Hier sind wir am Kernpunkt der Frage um Gesundheit und Krankheit angelangt: Krankheit, so schwer und leidvoll sie sein mag, ist letztlich kein Unglück, keine Katastrophe – sondern eine riesige Chance. Man hat gerne das Wort Prüfung dafür verwendet, doch dieser Begriff ist mißverständlich und trifft das Wesen nicht: In einer Prüfung muß man unter Beweis stellen, was man gelernt hat und nun kann. Gott kennt uns und braucht uns nicht wie ein Lehrer »abzufragen«.

Die Krankheit dagegen kann, wenn sie recht begriffen und angenommen wird, weiterführen, uns über den bisherigen Zustand hinauswachsen lassen. Als schwere Lebenskrise, in der man gezwungen wird, einzuhalten und nachzudenken, gibt sie den Anstoß dazu, das bisherige Verhalten zu korrigieren, neue Einsichten zu gewinnen und geläutert daraus hervorzugehen wie

Gold, das im Schmelzofen von seinen Schlacken und Verunreinigungen befreit wird.

Die Krankheit ist der massivste Druck, unter den ein Mensch geraten kann – und damit die Chance zur größten Befreiung. Erinnern wir uns an den Verlust des Paradieses und die damit gewonnenen Möglichkeiten, die sich den Menschen auftaten: Wer krank wird, ist in einer ganz ähnlichen Situation wie Adam und Eva: Das Glück scheint dahin. Der Verlust ist herb, vielleicht sogar kaum zu ertragen. Doch zugleich mit dem Leid, den Mühsalen und der Bedrängnis – auch und nicht zuletzt mit der inneren Not, die man nun erfahren muß – eröffnet sich ein neues, ein größeres Glück. Vieles, was bisher so wichtig und bestimmend schien, wird plötzlich als nebensächlich, ja nichtig erkannt. Manches, dem man verbissen nachjagte, entpuppt sich als Irrtum, vielleicht sogar als Schaden.

Bevor ich leiden mußte, irrte ich. Nun aber halte ich dein Wort. Du bist so gut und handelst gut... Mir war es heilsam, daß ich litt, singt der Psalmist (Psalm 119,67). Und damit meint er genau das: Die Krankheit kann zum wichtigen Wendepunkt im Leben werden. Man darf sich nur nicht mit Fragen nach einer Schuld herumquälen, sofort an Strafe, Schande, Verlorenheit und Verworfenheit denken: Ich bin der geborene Pechvogel; habe ich schon bisher im Leben kein Glück gehabt, nun auch noch das! Eine solche Einstellung müßte naturgemäß das Leiden verschlimmern und die Heilung verhindern. Sie würde die Einsicht in die eigentliche Krankheitsursache, das Erkennen der notwendigen Lebenskorrektur, verbauen.

Wir müssen von der Schuld loskommen, sonst zieht sie uns immer tiefer in das Leid. Fehler müssen nicht unbedingt eine Schuld darstellen, brauchen noch lange kein Grund sein, sich zu schämen, Gewissensbisse zu haben. War bisher etwas falsch, gut, dann gilt es zu ergründen, wie es in Zukunft geändert werden könnte. Völlig abwegig wäre die immer noch verbreitete Vorstellung: Man wird mit der Krankheit stets an dem Teil des Körpers bestraft, mit dem man gesündigt hat. So als müßte ein Voyeur erblinden, wer gerne und gut ißt, Magenkrebs bekommen, wer Ehebruch begeht, an einem Unterleibsleiden erkranken. Eine solche völlig falsche Meinung, für die es nicht den geringsten Hinweis gibt, wäre allein schon deshalb verhängnisvoll, weil man nach einem Fehltritt ängstlich auf die nachfolgende Erkrankung warten könnte – und weil man zu schnell geneigt wäre, von einer Erkrankung her auf eine Verfehlung eines Kranken zu schließen. Und damit würde man ihm bitteres Unrecht antun.

Krankheit darf auch nicht zum stillen, resignierten Hinnehmen werden: Nun ist es also soweit; es hat ja doch keinen Sinn mehr, sich dagegen aufzubäumen. Das ist eben mein Schicksal, mit dem ich mich abzufinden habe. Nein, wir müssen uns regelrecht auflehnen, so wie es Hiob getan hat: Ich will wissen, was der Hintergrund der Schmerzen, der Lebenskrise ist!

Der Sinn des Lebens und der Sinn des Leids

Nicht grübeln, aber nachdenken, und das gewissenhaft, absolut ehrlich und im Detail. Wie gesagt geht es dabei nicht um das Aufdecken von Sünden in dem Sinne, wie sie in den letzten zwei Jahrtausenden vor allem verstanden wurden, sondern um Fragen wie die nach dem Frieden mit sich selbst, um die Freude und wie und wo man sie bisher gefunden, um Partnerschaftsprobleme und Berufssorgen, kurz um die Frage nach dem Lebensziel, und wie man bisher versucht hat, es anzustreben, und nach dem Lebenssinn, und inwieweit es gelungen ist, ihn zu finden und zu verwirklichen.

Ganz wichtig ist in diesem Punkt ganz bestimmt die Auseinandersetzung mit dem Verhältnis zur Umwelt: Wie stehe ich zu meinen Mitmenschen? Was bedeuten sie mir? Wo kränke ich – und wo werde ich immer wieder gekränkt, ohne mich zu wehren? Wieviel Gram »fresse« ich in mich hinein, ohne einmal lebhaft zu explodieren? Wieviel unnötige Sorgen mache ich mir – und wie könnte ich es in Zukunft anstellen, daß sie mich nicht mehr bedrängen? Wovor habe ich eigentlich Angst? Und dergleichen mehr.

Das ist gar nicht so schwierig, wie es sich hier anhören mag. Denn im Ernstfall weiß man sehr schnell, woran es hapert, was einen so unerträglich belastet, daß man es nicht mehr durchstehen konnte und krank wurde. Schwieriger wird dann schon, die entsprechenden Konsequenzen zu ziehen, nämlich dann, wenn es einem ein bißchen bessergeht, nicht wieder in den alten Schlendrian zu verfallen, sondern wirklich das zu tun, was man als richtig erkannt hat.

Gesund sein heißt im Sinne der Bibel heil sein. Und heil ist, wer den Weg zur Vollendung des Heils, zur Heiligkeit geht. Heiligkeit wiederum nicht im Sinne einer puritanischen, blutleeren Zurückhaltung, die vor lauter Angst, etwas Falsches zu tun, überhaupt nichts mehr tut oder die sich nur »brav« verhält, um einmal drüben den Lohn dafür zu kassieren, sondern im Sinne der Bibel, noch genauer gesagt im Sinne der Bergpredigt:

»Selig, die arm sind vor Gott, denn ihnen gehört das Himmelreich. Selig die Trauernden, denn sie werden getröstet werden. Selig, die keine Gewalt anwenden, denn sie werden das Land erben. Selig, die hungern und dürsten nach Gerechtigkeit, denn sie werden Erbarmen finden. Selig, die ein reines Herz haben, denn sie werden Gott schauen. Selig, die Frieden stiften, denn sie werden Söhne Gottes genannt werden. Selig, die um der Gerechtigkeit willen verfolgt werden, denn ihnen gehört das Himmelreich.« (Matthäus 5,3–10)

Der Apostel PAULUS, der bei seinen Missionsreisen wahrhaftig viel Not, Leiden, Mißhandlungen auszustehen hatte, schrieb an seine Gemeinde in Korinth:

Wir wollen euch die Not nicht verschweigen, Brüder, die in der Provinz Asien über uns kam und uns über alles Maß bedrückte. Unsere Kraft war erschöpft, so sehr, daß wir am Leben verzweifelten. Aber wir haben unser Todesurteil hingenommen, weil wir unser Vertrauen nicht in uns setzen wollten, sondern auf Gott, der die Toten erweckt. Er hat uns aus dieser großen Todesnot errettet und rettet uns noch. Auf ihm ruht unsere Hoffnung, daß er uns auch in Zukunft retten wird…

Von allen Seiten werden wir in die Enge getrieben und finden doch noch Raum. Wir werden gehetzt und sind doch nicht verlassen. Wir werden niedergestreckt und doch nicht vernichtet… Darum werden wir nicht müde. Wenn auch unser äußerer Mensch aufgerie-

ben wird, der innere wird von Tag zu Tag verjüngt. (2. Korinther 1,8–10 und 4,8–16)

Und an die Römer schrieb Paulus die bedenkenswerten Sätze, die ganz vom starken Glauben der alten Juden geprägt sind: *Das alles überwinden wir durch den, der uns geliebt hat. Denn ich bin gewiß: Weder Tod noch Leben, weder Engel noch Mächte, weder Gegenwärtiges noch Zukünftiges, weder Gewalt der Höhe oder Tiefe noch irgendeine andere Kreatur können uns scheiden von der Liebe Gottes, die in Christus Jesus ist, unserem Herrn.* (Römer 8,37–39)

Das ist der Geist, der die Gesundheit bewahrt und der heilt!

III

Dein Glaube hat dir geholfen
(Matthäus 9,22)

Die heilende Kraft des Gottvertrauens

Man muß sich das einmal vorstellen: Da ist ein ganzes Volk unterwegs; die Bibel spricht von mehr als einer halben Million Menschen: *Es waren an die sechshunderttausend Mann zu Fuß, nicht gerechnet die Kinder. Auch ein großer Haufen anderer Leute zog mit, dazu Schafe, Rinder, eine sehr große Menge Vieh.* (Exodus 12,37–38)

Diese Zahl ist sicher übertrieben, doch an die zehntausend Menschen dürften es schon gewesen sein. Sie waren aus Ägypten geflohen, der Verfolgung glücklich entkommen. Nun wollten sie zur neuen Heimat hinüberziehen, die ihnen von Gott versprochen war: ein Land, in dem Milch und Honig fließen sollen.

Aber: Diese neue Heimat, das Land Kanaan, war selbstverständlich nicht menschenleer. Das Judenvolk konnte nicht einfach hineinspazieren und sich niederlassen. Dort lebten viele und wehrhafte Völker, die keineswegs bereit waren, das, was sie aufgebaut, gepflanzt, kultiviert hatten, einem fremden Volk zu überlassen – nur weil es behauptete: Das gehört jetzt mir; mein Gott hat es mir gegeben!

Ist der Glaube dieses heimatlosen Volkes nicht einmalig, bewundernswert? Hat Gott nicht zuviel verlangt, ein irrsinniges Unternehmen? Da lagerten sie in der ungastlichen Wüste, bekamen von Gott Gesetze und Vorschriften, hungrig danach, endlich einmal wieder etwas Vernünftiges zu essen und ein Dach über dem Kopf zu haben. MOSES schickte Kundschafter in die künftige Heimat: »*Seht, wie das Land beschaffen ist und ob das Volk, das darin wohnt, stark oder schwach ist, ob es klein oder groß ist; . . . wie die Städte angelegt sind, in denen es wohnt, ob sie offen oder befestigt sind und ob das Land fett oder mager ist, ob es dort Bäume gibt oder nicht. Habt Mut, und bringt Früchte des Landes mit!*« (Numeri 13,17–20)

Die Kundschafter kehrten tatsächlich mit prächtigen Früchten zurück: Trauben, Granatäpfel, Feigen. Doch die Männer waren

Granatäpfel – das Fiebermittel

Von den Ägyptern haben die Israeliten den Brauch übernommen, Blüten und Früchte des Granatapfelbaums in den Opferkult einzubauen.
Aus Granatäpfeln bereiteten sie eine erfrischende Limonade. Als Medizin verwendeten sie Blütentee gegen Durchfall und Ruhr: Ein Teelöffel der getrockneten Blüten wird mit einer Tasse kochendem Wasser überbrüht, sofort abgeseiht und nicht zu heiß getrunken. Die sogenannte Grenadine, ein Sirup, hergestellt aus dem Fleisch der Granatäpfel und Zucker, diente als wirksames Fiebermittel.

maßlos enttäuscht und mutlos: Dieses Land kriegen wir nie! »*Aber das Volk, das in dem Land wohnt, ist stark, und die Städte sind befestigt und sehr groß . . . alle Leute, die wir dort gesehen haben, sind hochgewachsen. Sogar die Riesen haben wir dort gesehen . . . Wir kamen uns selbst klein wie Heuschrecken vor . . .*« (Numeri 13,28–33)

Ist es ein Wunder, daß dem armen Volk der Schreck in die Glieder fuhr? Daß Stimmen laut wurden, die die Rückkehr nach Ägypten forderten und nicht länger Moses gehorchen wollten?

Die Antwort des Herrn: Ich werde dieses Volk mit der Pest schlagen, weil es kein Vertrauen zu mir hat! Alles scheint umsonst gewesen zu sein.

In dieser schier ausweglosen Situation wird Moses wieder einmal zum großen Fürbitter. Und er weiß sehr wohl, wie er Gott

»packen« kann: *Die Völker werden sagen: »Weil Jahwe nicht imstande war, dieses Volk in das Land zu bringen, das er ihnen unter Eid zugesichert hatte, hat er es in der Wüste abgeschlachtet.« Gerade jetzt sollte sich die Kraft meines Herrn in ihrer ganzen Größe zeigen, wie er gesagt hat: »Ich bin Jahwe, langmütig und reich an Huld, der Schuld und Frevel wegnimmt...«* (Numeri 14,15–18)

Diesen Argumenten kann sich Gott nicht verschließen. Er gibt nach.

Doch Strafe muß sein: Keiner von denen, die Zweifel aufkommen ließen, dürfen das Land betreten, die ganze Generation muß erst aussterben, ehe der Einzug ins Gelobte Land möglich wird. Vierzig Jahre lang muß das Judenvolk in der Wüste warten, bis die Alten, Verzagten verstorben und die Kinder herangewachsen sind...

Sie haben dann das Unmögliche geschafft. Und wie! Die »Riesen« flohen entsetzt, die mächtigen Mauern der Städte barsten von selbst – wie die in Jericho, nachdem die Juden trompetenblasend siebenmal um die Stadt herumgezogen waren. Niemand und nichts war dem heranstürmenden, siegesgewissen Volk gewachsen, so wie Gott es versprochen hatte: *»Keiner wird eurem Angriff standhalten können. Dem ganzen Land, das ihr betretet, wird der Herr, euer Gott, Schrecken und Furcht vor euch ins Gesicht zeichnen...«* (Deuteronomium 11,25)

Aber auch der große Fürsprecher und Führer, Moses, durfte selbst das Land nicht betreten. Auch sein so starker Glaube war einmal ins Wanken geraten: *»Denn ihr* (Moses und Aaron) *seid mir untreu gewesen inmitten der Israeliten beim Haderwasser von Kadesch in der Wüste Zin und habt mich inmitten der Israeliten nicht als den Heiligen geehrt. Du darfst das Land von der anderen Talseite aus sehen. Aber du darfst das Land, das ich den Israeliten geben werde, nicht betreten.«* (Deuteronomium 32,51–52) Was hatte sich beim Haderwasser ereignet, daß Moses derart bestraft wurde?

Der rettende Blick zur Kupferschlange

Schon ganz zu Beginn der mühseligen Wanderung durch die Wüste, im ersten Monat nach dem Aufbruch, meuterte das Volk gegen MOSES, weil es unter Durst litt. »Warum habt ihr uns von Ägypten hierher geführt? Nur um uns an diesen elenden Ort zu bringen, eine Gegend ohne Korn und Feigen, ohne Wein und Granatäpfel? Nicht einmal Trinkwasser gibt es!« Die Wüste sah ja nun wirklich nicht aus wie das Land, das Gott seinem Volk versprochen hatte.

Wein – das Stärkungsmittel

»Noah wurde der erste Ackerbauer. Und er pflanzte einen Weinberg.« (Genesis 9.20) Melchisedek, »König von Salem« und »Priester des höchsten Gottes« (Genesis 14,18), bot Abraham als Zeichen des Friedens und der Freundschaft Brot und Wein. Brot und Wein wurden zur Abendmahlspeise, verwandelt in das Blut Christi.

In alten Zeiten war der Wein immer mehr Medizin als Getränk. Heilmittel zur Stärkung, das vor allem Alten und Kranken gereicht wurde, Desinfektionsmittel, das man über frische Wunden goß, »Trägersubstanz« für Heilkräuter zur Herstellung der beliebten Kräuterweine.

Der Wein als Medizin wurde in Kanaan in der Regel mit Wasser verdünnt oder nur in winzigen Mengen getrunken, weil er zu süß und zu stark war. Man trank ihn zur besseren Verdauung, zur Heilung innerer Geschwüre und zur Verteilung schwerer und fetter Speisen.

In dieser prekären Situation sind offensichtlich auch Moses selbst Zweifel gekommen: Warum hat Gott sie nicht auf dem direkten Weg nach Kanaan geführt, sondern hierher in die felsige Öde, in der man nicht leben konnte – geschweige denn ein ganzes Volk ansiedeln! War das ganze Unternehmen nicht wirklich sinnlos? Würden sie nicht alle verhungern und verdursten, elend zugrunde gehen?

Moses brachte es nicht fertig, seinen Leuten zu sagen: Wie dumm seid ihr! Gott führt uns doch. Er zieht in einer Wolke vor uns her und zeigt uns den Weg. Glaubt ihr wirklich, daß er uns dem Verderben überläßt? – Nein, er geht zu Gott und fragt um Rat. Von ihm erhält er die Anweisung, mit seinem Stab gegen den Felsen zu schlagen. Vermutlich war es die Aufforderung, die Wünschelrute zu benutzen, um Wasser aufzuspüren. Moses fand Wasser, erhielt aber gleichzeitig die Ankündigung, er dürfe sein Volk seines mangelnden Glaubens wegen nicht in das Land Kanaan führen (Numeri 20).

Es wird offensichtlich: Hinter den Erzählungen, im Schicksal des Volkes und seines Führers wird ein Gesetz erkennbar, das Erfolg oder Mißerfolg, Gesundheit oder Krankheit bestimmt. Und dieses Gesetz heißt: Letztlich sind die Ziele des Lebens nur erreichbar, wenn man bedingungslos glaubt – und zwar gerade dann, wenn es der Vernunft unmöglich, widersinnig erscheint, wenn alle Tatsachen dagegen sprechen und nach menschlichem Ermessen ein Erfolg völlig ausgeschlossen ist. Wer nur auf die eigene Vernunft vertraut, nur das tut, was nach den Gesetzen der Logik möglich sein könnte, wird verlieren. Ja, das Denken, Berechnen, Ausklügeln kann geradezu zum Hindernis für den Erfolg werden, denn es blockiert die Glaubenskraft. Es ruft den Zweifel auf den Plan, und wo auch nur der geringste Zweifel in der Seele laut wird, werden alle Bemühungen nutzlos. Denn der Zweifel tötet den Glauben. Er läßt irre werden, vernichtet die Seelenkraft, die den Glauben trägt. Wer aber nicht mehr glauben kann, der hat sich versündigt.

Dieses Gesetz des Erfolgs und der Heilung wird besonders deutlich an der scheinbar so widersinnigen Erzählung von der kupfernen Schlange, die Moses errichtete, um damit sein Volk vom Tod durch den Schlangenbiß zu retten:

Die Israeliten hatten gerade den König von Arad besiegt und seine Städte zerstört. Sie zogen weiter auf ihre neue Heimat zu, wobei sie einen Bogen um das starke Land Edom herum schlugen. Eigentlich hätten sie Grund zur Zuversicht haben müssen. Doch der Weg führte erneut durch die Wüste. Da wurden sie wieder einmal von der Mutlosigkeit befallen und begannen zu zweifeln:

Wir schaffen es ja doch nicht. Und dieses Leben in Hitze und Staub, diese elenden Manna-Mahlzeiten haben wir satt. Prompt bekamen sie die Quittung: *Da schickte der Herr Giftschlangen unter das Volk. Sie bissen die Menschen, und viele Israeliten starben.* (Numeri 21,6)

Der Zusammenhang war ihnen so klar, daß sie sich umgehend zu Moses begaben, um ihn zu bitten: *»Wir haben gesündigt, denn wir haben uns gegen den Herrn und gegen dich aufgelehnt. Bete zum Herrn, daß er uns von den Schlangen befreit.« Da betete Moses für das Volk. Der Herr antwortete: »Mach dir eine Schlange und häng sie an einer Stange auf. Jeder, der gebissen wird, wird am Leben bleiben, wenn er sie ansieht.« Moses machte also eine Schlange aus Kupfer und hängte sie an eine Stange. Wenn jemand von einer Schlange gebissen wurde und zu der Kupferschlange aufblickte, blieb er am Leben.* (Numeri 21,7–9)

Wenn doch alle Heilungen so einfach wären, denkt man bei dieser Geschichte unwillkürlich! Und doch: Steckt nicht eine ganz wichtige Wahrheit in dieser Episode? Die Juden haben das Schlangengift verkraftet, weil sie an das gegebene Wort glaubten, weil sie zur Schlange aufblickten und felsenfest davon überzeugt waren, daß das hilft. Die Schlange am Stab, der sogenannte Äskulap-Stab, ist zum Symbol der Heilkunst geworden. Der griechische Gott der Heilkunst, Äskulap, hat den Stab mit der sich darum herum windenden Schlange als Zeichen seiner Kunst getragen – er war offensichtlich nicht nur den Juden, sondern vielen alten Kulturkreisen bekannt, galt als Symbol der Lebenskraft, der Heilkraft und auch der Wiedergeburt.

Jahrhunderte nach dem Exodus der Juden aus Ägypten und der Überwindung der Schlangenseuche mit Hilfe der kupfernen Schlange (vielleicht war sie auch aus Bronze oder Eisen), mußte der König Hiskija (728–699 v.Chr.) die kupferne Schlange auf einer Anhöhe bei Jerusalem zerschlagen, weil sein Volk, in Erinnerung an die wunderbare Rettung der Israeliten in der Wüste, das Gebilde inzwischen anbetete und ihm Brandopfer darbrachte. Der wahre Glaube war zum Aberglauben abgesunken ...

Die Kraft des Glaubens

Ebenso alt wie die kupferne Schlange, die heilt, vorausgesetzt, man blickt sie voll Glauben an, ist der sogenannte Placeboeffekt in der Medizin: Sehr oft werden Menschen gesund, gibt man ihnen statt eines wirksamen Medikamentes eine Tablette, Pille, ein Dragee, das genauso aussieht wie das Medikament, das aber nur aus der leeren Hülle der Pille besteht. Bei Spritzen wird ähnlich verfahren: Statt des Wirkstoffes enthalten sie bestenfalls ein harmloses Stärkungsmittel, sonst nichts.

Solche Placebos müssen vor allem dann – mit Zustimmung der Patienten – verabreicht werden, wenn ein neues Medikament auf seine Wirksamkeit getestet werden soll. Dann gibt der Arzt – meistens ohne selbst zu wissen, welche Packungen die wirksamen Medikamente, welche Placebos enthalten – einer Gruppe seiner Patienten das Medikament, der anderen das Scheinmedikament. Hinterher, nach Wochen oder Monaten der Behandlung, wird dann statistisch erfaßt, wie viele in der einen, wie viele in der anderen Gruppe sich besser fühlen, vielleicht sogar geheilt wurden.

Das Merkwürdige nun an diesen Tests – und das macht sie fast schon fragwürdig – ist die Tatsache, daß sehr oft die Placebogruppen nicht deutlich schlechter abschneiden als die Medikamentengruppe: In der Regel werden dreißig, manchmal auch vierzig Prozent der Patienten oder noch mehr mit Hilfe der Placebos gesünder oder ganz gesund! Sie haben sich eingebildet, ein starkes Medikament zu bekommen und stark darauf gehofft, vielleicht sogar geglaubt, daß es ihnen helfen würde.

Das heißt aber: Am Anfang jeder Heilung muß wiederum der Glaube stehen. Das muß wohl nicht unbedingt der Glaube an Gott sein – aber doch der unerschütterliche Glaube an jemanden oder etwas, das helfen wird. Dieser Glaube muß so stark sein, so frei von jedem Zweifel, daß das »Wunder« wahr werden kann. Ein Glaube, wie ihn die Israeliten hatten, die zur kupfernen Schlange aufblickten. Ein Glaube wie der von PAULUS: Keine Macht auf Erden, im Himmel und in der Hölle kann mich davon abbringen: Mir wird geholfen, mag mir die Vernunft auch das Gegenteil einzureden versuchen. Die Vernunft ist menschlich, begrenzt, mit Irrtümern behaftet; der Glaube ist etwas Göttliches, unbegrenzt in seinen Möglichkeiten.

JAHWE hat das seinem Volk immer wieder ganz deutlich vor Augen gehalten: Wenn ihr euch einbildet, ihr könntet etwas ausrichten, indem ihr euch auf eure Klugheit, eure Tapferkeit, eure Genialität verlaßt, dann werdet ihr eure Schwäche alsbald zu spüren bekommen. Wenn ihr dagegen wider aller Vernunft mir vertraut, dann kann euch nichts schiefgehen.

Glauben wider alle Vernunft

Nachdem die zwölf Stämme Israels die neue Heimat unter sich aufgeteilt und sie wieder aufgebaut hatten, vergaßen sie – wie das nun mal so ist, wenn man der Not entronnen und satt geworden ist – relativ schnell die guten Vorsätze und die Verträge mit Gott. Sie verfielen der faszinierenden Macht, den Verlockungen fremder Kulturen. Und schon hatten sie vergessen, wer wirklich ihr Gott ist.

Man könnte das auch so formulieren – und das war damals ganz sicher kaum anders als heute: Die vertriebenen Völker, die ihren Schock überwunden hatten, versuchten zurückzukehren und zurückzuholen, was man ihnen weggenommen hatte. Außerdem erstarkten die vorübergehend schwachen Machtblöcke rechts und links und machten sich daran, ihren Herrschaftsbereich über das Land Kanaan, also bis zum Mittelmeer, auszudehnen.

Solche Eindringlinge waren die Leute aus Midian, einem Land ganz im Süden, die, laut Bibel, die Israeliten sieben Jahre lang terrorisierten, ohne auf energischen Widerstand zu stoßen. Wenn die Truppen wieder einmal einfielen, zogen sich die Israeliten in Schluchten, Höhlen, auf unzugängliche Berghöhen zurück, konnten zwar ihr Leben retten, doch ihre Ernten wurden in schöner Regelmäßigkeit vernichtet, das Vieh abgeschlachtet.

Als das Unglück am größten geworden, berief Gott einen jungen Burschen, der gerade beim Dreschen war, und gab ihm den Auftrag: Befreie das Land! Dein Volk hat mich zwar vergessen, doch es wurde genug bestraft. Ich will es ja nicht vernichten. Kühn vernichtete Gideon bei Nacht einen Baalsaltar. Die eigenen Leute wollten ihn schon an den Feind ausliefern, denn der führte ein riesiges Herr herbei, verstärkt noch durch Freunde, die ihre Chance witterten, dem angeschlagenen Judenvolk den Gnadenstoß zu geben.

Gideon rief die Nachbarstämme um Hilfe und diese kamen auch, bereit, das Land zu befreien oder zu sterben. Die Aussicht auf Erfolg war denkbar gering. Denn der Feind war in riesiger Übermacht.

Dennoch sagte Gott zu Gideon: Du hast viel zuviele Leute, so kannst du nicht gewinnen. Außerdem würdet ihr euch hinterher doch nur rühmen: Wir haben uns selber befreit. Los, sage deinen Leuten, wer Angst hat, der soll verschwinden. Daraufhin sind zwanzigtausend Soldaten heimgekehrt, Gideon hatte noch zehntausend.

Nicht genug damit; Gott war immer noch nicht zufrieden: Führe deine Männer hinunter zum Wasser. Wer dort seinen Durst stillt wie ein Hund, indem er das Wasser einfach aufleckt, der soll bei dir bleiben. Wer sich umständlich hinkniet, um mit der Hand Wasser aufzunehmen und zum Mund zu führen, den kannst du heimschikken. Dem guten Gideon blieben jetzt ganze dreihundert Mann! Mit ihnen hat er nachts das Lager der Feinde überfallen – hat dabei mit Hörnern einen ohrenbetäubenden Lärm verursacht und mit Krügen, in denen Fackeln brannten, die Midianiter so erschreckt, daß sie in Panik flohen, sich gegenseitig erschlugen. Dreihundert Mann gegen ein Heer, *so zahlreich wie Heuschrecken.* (Richter 6,5)

Das ist die Einstellung, die Jahwe von seinem Volk erwartete: an das Unmögliche glauben – und es wagen, im Wissen, daß es gelingen wird. Glauben, ohne den geringsten Anlaß, ohne den kleinsten, vernünftigen Grund.

»Frau, dein Glaube ist groß«

Und das ist bei Jesus genauso:

Jesus hatte sich ganz in den Norden begeben, in das Land von Sidon und Tyrus, das Land des Purpurs, wie man damals sagte, den heutigen Libanon. Dort lebten die Kanaanäer, ein heidnisches Volk, das sich schon vor den Juden hier angesiedelt hatte. Die Stämme Israels trieben gelegentlich Handel mit diesem Volk, doch im Grunde verachtete man es. Unmöglich, mit einem Kanaanäer auf der Straße ein Gespräch zu beginnen, völlig ausgeschlossen, sich von einer Frau dieser Rasse ansprechen zu lassen!

Als eine Kanaanäerin hinter Jesus und seiner Gruppe herlief und laut zu schreien begann: *»Hab Erbarmen mit mir, Herr, du Sohn Davids! Meine Tochter wird von einem Dämon gequält«* – da reagierte auch Jesus nicht. Er tat, als würde er die Frau überhaupt nicht hören. Seine Jünger drängten: Schick sie doch weg, tu etwas, sie schreit ja fürchterlich hinter uns her. Da sagte er, scheinbar völlig ungerührt, ja kalt: *»Was geht sie mich an? Ich bin nur zu den verlorenen Schafen des Hauses Israel gesandt.«*

Die Frau gibt nicht so schnell auf. Sie wirft sich vor ihn hin und bittet noch dringender: *»Herr, hilf mir!«* Und noch einmal weist er die arme Frau ziemlich barsch, ja hart zurück: *»Es ist nicht recht, den Kindern das Brot wegzunehmen und den Hunden vorzuwerfen.«*

Unfaßbar! Er vergleicht die Kanaanäerin, ihre Tochter, mit Hunden, benützt das schlimmste Schimpfwort, das Israeliten für Andersgläubige zur Verfügung hatten! Er tut so, als stünden ihm, wie einem Vater, nur begrenzte Mittel zur Verfügung, mit denen er sparsam umgehen muß, als hätte er nur eine begrenzte Zahl von Wundern zur Verfügung, die nicht wahllos verschleudert werden darf, als müßte er streng darauf achten, daß der Patient, den er heilt, auch aus der rechten Familie stammt, den richtigen Glauben besitzt – als wären Kanaanäer keine Menschen!

Die Kanaanäerin steckt den Vergleich mit dem Hund, der im Gegensatz zu Kindern keinen Anspruch auf Liebe hat, ein. Mehr noch, sie knüpft daran an und belehrt Jesus: *»Ja, du hast recht, Herr. Aber selbst Hunde bekommen von den Brotresten, die vom Tisch ihres Herrn fallen.«*

Dann endlich wendet sich Jesus ihr zu, so, als hätte er nur auf diesen Satz, auf soviel Hartnäckigkeit gewartet, und sagte: *»Frau, dein Glaube ist groß. Was du willst, soll geschehen.«* Von dieser

Stunde an, so berichtet der Evangelist Matthäus (15,22–28), war ihre Tochter geheilt.

Jesus lobte die Mutter ihres Glaubens wegen. Was hat er aber damit gemeint? Was versteht er in diesem Fall unter Glaube? Gewiß, sie hat Jesus als Sohn Davids bezeichnet. Doch das war sicherlich nicht mehr als eine Freundlichkeitsfloskel: Als Sohn des berühmten, vielbewunderten Königs bist du sicher ein edler, hilfsbereiter Mensch, ein Jude in bestem Sinn. Die Heidin weiß es nicht und hätte es wahrscheinlich auch nicht geglaubt, den Sohn Gottes vor sich zu haben, den Messias. Nein, sie hat lediglich davon gehört: Da zieht ein Mann durch die Gegend, der ganz unfaßbare Wundertaten vollbringt. Als dieser Mann in die Nähe ihres Wohnortes kam, da konnte sie als Mutter die Gelegenheit einfach nicht verstreichen lassen, ohne alles zu versuchen. Und als richtige Mutter hat sie sich weder abweisen noch durch Beleidigungen abschrecken lassen. Sie blieb, und sie wäre wahrscheinlich Jesus und seiner Schar noch lange nachgelaufen. Sie wußte: Wenn es eine Hoffnung für ihre Tochter geben sollte, dann war das dieser ungewöhnliche Mann. Ihre Hoffnung hat nicht getrogen, weil sie sich mit allem, was ein Mutterherz vermag, an diese Chance geklammert hat und fest blieb, bis sie erreicht hatte, was sie wollte.

Das aber, nicht der Glaube an Jahwe, nicht etwa das Versprechen: Wenn du mein Kind heilst, werde ich Jüdin – nein, der Glaube daran, daß ihr geholfen wird, hat das »Wunder« bewirkt.

Hat nun eigentlich Jesus die Tochter der Kanaanäerin geheilt, oder war es die Mutter selbst? Oder wirkten in diesem Fall beide zusammen, sie mit ihrem unerschütterlichen Glauben und er, der aufgrund dieses Glaubens handeln durfte?

Oder brauchte sie ihn nicht viel mehr gewissermaßen als Haken, an dem sie ihren Glauben, ihre Hoffnung aufhängen konnte? Als Auslöser und Verstärker ihres Glaubens?

Der Glaube, der Berge versetzt

Matthäus erzählt in seinem Evangelium auch die Geschichte von der Verfluchung des Feigenbaumes: Am Tag nach seinem triumphalen Einzug in Jerusalem, dem »Palmsonntag«, also nur wenige Tage vor seinem Tod, kam JESUS von Bethanien her wieder auf Jerusalem zu. Er hatte Hunger, berichtete Matthäus, ging deshalb auf einen Feigenbaum zu und suchte ihn nach reifen Früchten ab. Doch er fand nichts als üppig wuchernde Blätter. Da verfluchte er den Baum: *»In Ewigkeit soll keine Frucht mehr an dir wachsen!« Und auf der Stelle verdorrte der Baum.* (Matthäus 21,19)

Der Evangelist MARKUS erzählt die Episode ein wenig anders. Seiner Darstellung nach (Markus 11,12–14) war der Feigenbaum erst verdorrt, als sie abends wieder an ihm vorbeikamen. Markus setzt seinem Bericht auch die offensichtlich verwunderte Bemerkung hinzu: Der Baum konnte ja gar keine Früchte tragen – es war ja noch nicht einmal Ostern, nicht Erntezeit. Ein ungerechter, geradezu überheblicher Fluch: Wenn ich komme, hast du reife Feigen zu tragen?

Gewiß nicht: Aus anderen biblischen Erzählungen und Gleichnissen wissen wir, daß der Baum krank und unfruchtbar war. Er trug so viel Laub, wie es ein gesunder Feigenbaum nur dann trägt, wenn bereits die Früchte reifen. Der krankhafte Blatt-Trieb, der Fruchtbarkeit vortäuschte, der die Kraft des Bodens nur in Blätter statt in Früchte saugte, war für Jesus Sinnbild des unfruchtbar gewordenen Glaubens in Jerusalem: Alles war nur noch Schein nach außen, so tun als ob, leere Form ohne Inhalt. Er war ja gerade dazu gekommen, diese Falschheit zu entlarven!

Für Jesus wurde der Feigenbaum aber auch zum Anlaß, seinen Jüngern etwas ganz Wichtiges mitzuteilen. Als sie ihn nämlich fragten: Wie konnte nur der Feigenbaum so plötzlich verdorren? da antwortete er ihn beschwörend, ja feierlich. *»Amen, das sage ich euch. Wenn ihr den Glauben habt und nicht zweifelt, dann könnt ihr nicht nur so etwas vollbringen, wie ich es an dem Feigenbaum vollbrachte. Selbst wenn ihr zu diesem Berg sagt: Hebe dich hinweg und stürze dich ins Meer! wird es geschehen. Und alles, was ihr im Gebet erbittet, werdet ihr erhalten, wenn ihr glaubt!«* (Matthäus 21,21–22)

Das ist der Glaube, der Berge versetzt, die absolut feste Überzeugung: Was ich vorhabe, das wird gelingen.

Das ist der Glaube, der PETRUS über das Wasser gehen ließ, bis Zweifel auftauchten und ihn sinken ließen (Matthäus 14,30–31), worauf er sich den Vorwurf gefallen lassen mußte: »*Du Kleingläubiger! Warum hast du gezweifelt?*«

Das ist der Glaube, der bei der Begegnung mit Jesus so viele geheilt hat: »*Dein Glaube hat dir geholfen.*« (Matthäus 9,22) Das ist der Glaube, den Jesus von den zweiundsiebzig Jüngern erwartete, die er losschickte: »*Heilt die Kranken, die dort sind, und sagt den Leuten: Das Reich Gottes ist euch nahe.*« (Lukas 10,9) Sie hatten diesen Glauben und kehrten jubelnd zurück: Es hat geklappt! »*Herr, sogar die Dämonen gehorchen uns, wenn wir deinen Namen aussprechen.*« (Lukas 10,17) Das ist auch der Glaube, der die ersten Christen in ihrer feurigen Begeisterung beseelte: Sie wurden zu Geistheilern, zu Propheten. Sie konnten Gift trinken, ohne daß es ihnen geschadet hätte. Alles, weil ihr Glaube in der Autorität Jesus ganz fest verankert war.

Der verhängnisvolle Kampf gegen den »Aberglauben«

Um das Ärgernis »Wunder« endlich aus der Welt zu schaffen, die heilige Schrift von »altem Aberglauben« zu reinigen, machten sich die christlichen Kirchen ab den dreißiger Jahren daran, die Bibel zu »entmythologisieren«. Es sollte alles rein rational erklärbar, deutbar, verstehbar werden. Das Wasser bei der Hochzeit zu Kana (Johannes 2) ist also nicht wirklich zu Wein geworden; die guten Leute haben sich das, geblendet von der Figur Jesu, nur eingebildet. Der Blinde wurde nur deshalb sehend, weil der Schock der Begegnung irgendeinen »Knoten« in seinem Organismus gelöst hat, eine ganz natürliche Sache. Jesus ist auch nicht von den Toten auferstanden: Die Jünger und Apostel sind frommem Wunschdenken verfallen. Bis hin zur Feststellung: Es gibt auch keine unsterbliche Seele. Der Mensch ist bekanntlich aus dem Tier hervorgegangen. Da sie nicht unsterblich sind, kann es folglich der Mensch auch nicht sein; mit dem Tod ist alles endgültig aus. Wenn es doch ein ewiges Leben gibt, dann nur deshalb, weil Gott uns versprochen hat, uns zum zweitenmal zu erschaffen, dann eben unsterblich.

Um ganz auf dem Boden seriöser, nüchterner Wissenschaft zu stehen, sind Theologen zu solchen Äußerungen gekommen. Sie haben, so könnte man es formulieren, dem Glauben den Glauben weggenommen und ihn damit zerstört. Kein Staunen mehr, kein Raum mehr hinter der Welt des sinnlich Erfahrbaren, nichts Wundervolles mehr.

Wie armselig klein, wie unerträglich kalt ist diese Welt und diese Religion in ihr geworden! Wie wenig traut man Gott noch zu – vergleichbar dem Gott der alten Juden! Wie imponierend stark konnten jene noch glauben, gemessen an dem, was wir noch unter Glauben verstehen!

Schon lange vor den Theologen haben die Mediziner den Glauben aus den Kliniken, den Behandlungszimmern, den Krankenstuben verbannt. Sie sahen – ebenfalls als rein empirisch denkende Wissenschaftler – im kranken Körper nur noch das biologische Gebilde, das rein nach physikalischen und chemischen Gesetzen funktioniert, das man wieder zum richtigen Funktionieren bringen kann, wenn man herausgefunden hat, welche Substanzen fehlen, so daß diese ergänzt werden können; welche Stoffe schädlich sind, also entfernt werden müssen; welche Krankheitserreger eingedrungen sind und vernichtet werden müssen; wo etwas falsch heranwächst und deshalb wegzuschneiden ist. Der Patient war kein Mensch mehr, dessen Heilkräfte versagen und der Glauben und Zuversicht braucht, damit sie erstarken, sondern »der Magenkrebs Zimmer 7«, »die Leberzirrhose Zimmer 9« oder »das Lungenkarzinom Zimmer 2«.

Erst in jüngster Zeit hat sich das deutlich gewandelt. Während der berühmte Arzt vor hundert Jahren noch überheblich formulierte: »Ich habe viele tausend Körper aufgeschnitten und niemals eine Seele gefunden«, sagt der Wissenschaftler kurz vor der Wende ins dritte Jahrtausend eher demütig: »Wäre ich doch nur halbwegs so klug, wie meine Leber es ist! Welch ein Glück, daß ich nicht mit meiner beschränkten Einsicht die Vorgänge in meinem Körper steuern muß! Ich könnte keine Sekunde überleben.«

Gleichzeitig kommt man nicht mehr umhin zuzugeben, daß viele gute Heilpraktiker, die sich Zeit nehmen, ihre Patienten anhören, ihnen Mut machen und ihr Vertrauen wecken, oft erstaunliche, mitunter geradezu unmögliche Heilerfolge erzielen können. Und dann gibt es auch noch die Geistheiler, die »Wunderheiler«, offensichtlich begabte Menschen, die scheinbar überhaupt kein Medikament brauchen. Sie legen nur die Hände auf, oder sie stellen sogar aus der Ferne mit dem Patienten eine geistige Verbindung her – unbestreitbar gelegentlich mit gutem Erfolg. Sie heilen so, wie Jesus geheilt hat. Richtiger müßte man sagen: Sie helfen dem Kranken, so wie Jesus ihm geholfen hat, sich selbst zu heilen.

Die Weisheit der alten Ärzte

Heiler sind keine Wundermänner und keine Hexen, die mit dämonischen Mächten im Bund sind. Man kann sie heute auch nicht mehr generell als Scharlatane diskriminieren, bloß weil man nicht versteht, was sie wirklich tun, oder weil, wie oft behauptet wird, ihre Erfolge nur Scheinerfolge wären, vorübergehende Besserungen, die sich alsbald wie eine Luftblase in nichts auflösen. Andererseits darf man vom Heiler auch nicht zuviel erwarten. Er kann nicht in jedem Fall Erfolg haben. Denn nicht er heilt, sondern der Kranke heilt sich selbst.

Der Heiler gibt, wie schon PARACELSUS (1493–1541) erkannte, nur den ersten Anstoß, den zündenden Funken, der das dynamische Lebensprinzip, den »Archeus«, wie Paracelsus diese Kraft nannte, wieder entflammt, wenn dieses normalerweise starke Feuer zum kläglichen Flämmchen geworden ist. Aufgabe des Arztes und der Medikamente, so Paracelsus, ist es, die Flamme wieder zum Leben zu bringen. Meistens ist dazu kein mächtiges fremdes Feuer nötig, sondern nur ein winziger Funke. Wer einen ganzen Wald in Brand stecken will, so sagt Paracelsus, der braucht dazu nicht mehr als ein Streichholz!

Den winzigen Funken, der die Lebens- und Heilkraft aber wieder entzünden kann, findet man im »Arkanum«, in der »Seele« des Wortes, der Mineralien, der Metalle, der Pflanzen – und der

Dinkel – die Speise der Kranken

Das Dinkelgetreide, vielleicht die Urform des Weizens, ist eine der bekömmlichsten und reichhaltigsten Getreidearten. Bei den Israeliten stand der Dinkel in hohem Ansehen. Man pflanzte ihn vor allem für den Krankheitsfall, gab Dinkelbrei den Kranken, die sonst keine Speise bei sich behalten konnten.
Hildegard von Bingen empfahl den Dinkel im Sinne der Bibel: »Der Dinkel ist das beste Getreide. Er ist warm und fett und kräftig. Und er ist milder als andere Getreidearten. Er bereitet dem, der ihn ißt, rechtes Blut und rechtes Fleisch, und er macht frohen Sinn und Freude im Gemüt... Wenn einer so krank ist, daß er vor Krankheit nicht essen kann, dann nehme man die ganzen Körner des Dinkels und koche sie in Wasser. Unter Beigabe von Fett oder Eidotter des besseren Geschmacks wegen gebe man den Brei dem Kranken. Er heilt ihn innerlich wie eine gute und gesunde Salbe.«
Dinkel kann man im Reformhaus bekommen.

Gefühlsregungen. Überall. Der eine kann das Arkanum mit einem Medikament vermitteln, der andere versteht sich besser darauf, es mit Hilfe von Heilpflanzen zu übermitteln. Ein anderer legt die Hand auf oder spricht einen Segen.

Im selben Sinn und Geist schreibt schon die geniale Hildegard von Bingen (1098–1179) ihre Werke über die Heilkunst. Sie weiß sich, vergleichbar Abraham und Moses, unmittelbar von Gott inspiriert:

»Tu kund die Wunder, die du erfährst. Schreibe sie auf und sprich! O du gebrechliches Geschöpf, Staub von Staub. Asche von Asche, sprich und schreibe, was du siehst und hörst. Sprich und schreibe nicht nach menschlicher Darstellungsweise, sondern so, wie du es in Gott vernimmst, so wie der Schüler die Worte des Lehrers wiedergibt... Du also, o Mensch, der du das alles nicht in der Unruhe der Täuschung, sondern in der Reinheit der Einfalt empfängst, hast den Auftrag, das Verborgene zu offenbaren.«

Hildegard ist zunächst bestürzt, glaubt sich von bösen Geistern, von Alpträumen verfolgt. Sie wehrt sich gegen den Auftrag und versucht, sich ihm zu entziehen. Daraufhin wird sie krank und kann sich vor Schmerzen kaum mehr rühren – bis sie nachgibt. Und da kommt ein Licht, in dem Licht noch etwas Helleres, das ungemein wohltuend und befreiend auf sie wirkt und ihr die Texte der Bibel erklärt und ihr Auskunft gibt über die Geheimnisse des Lebens, den Sinn von Leid und Krankheit. Sie sieht in dem Licht den Menschen als Mitte des Kosmos, eingebunden in die ganze Schöpfung und unlösbar mit ihr verwirkt. Im Menschen ist die ganze Schöpfung existent, wirksam. Deshalb kann der Mensch nur gesund sein, wenn er in völliger Harmonie mit der Schöpfung lebt. Sünde ist Unordnung, der Versuch, aus dem komischen Verbund auszubrechen, die Schöpfung zu mißachten. Heilung ist Rückkehr in die Ordnung. Sie wird möglich, weil in allem, was lebt, derselbe Geist des Schöpfers, dieselbe »Seele« lebt. Gott hat somit die Heilkräfte in die Natur gelegt.

»Und so sind denn in allen Geschöpfen Gottes Wunderwerke geborgen, in den Tieren, in den Fischen und Vögeln, in den Kräutern und Blumen und Bäumen, verborgene Geheimnisse Gottes, die kein Mensch wissen und ergründen kann, es sei ihm denn von Gott eingegeben.«

Die Äbtissin Hildegard, deren Rezepte heute beliebter sind und häufiger angewendet werden denn je, hat ihre Zeit geprägt. Mutig trat sie Königen und dem Kaiser BARBAROSSA entgegen und verkündete ihnen, unerschrocken wie die Propheten des Alten Testamentes, Gottes Mahnungen und Warnungen. Sie schrieb zahlreiche Bücher, dichtete, komponierte, baute ein Kloster, reiste in alten Tagen noch predigend durch Europa, um die Menschen zur Besinnung zu rufen.

Was für eine Frau! Und was für ein Glaube!

Wider die Kleingläubigkeit

Die Jünger hatten offensichtlich einmal, als sie eine Heilung versuchten, Mißerfolg. Es gelang ihnen nicht, einen mondsüchtigen Jungen zu heilen. Da kam der Vater des Jungen zu JESUS und bat ihn: »*Herr, hab Erbarmen mit meinem Sohn! Er ist mondsüchtig und hat schwer zu leiden. Immer wieder fällt er ins Feuer oder ins Wasser. Ich habe ihn schon zu deinen Jüngern gebracht, aber sie konnten ihn nicht heilen.*«

Jesus wurde ungeduldig, ja richtig zornig: »*O du ungläubige und unbelehrbare Generation! Wie lange muß ich noch bei euch sein? Wie lange muß ich euch noch ertragen? Bringt ihn her zu mir!*« (Matthäus 17,15–17) Er heilte den kleinen Jungen.

Der Vater war mit ihm kaum gegangen, da wollten die Jünger nun doch wissen: Wie machst du das? Warum hat es bei uns denn nicht funktioniert? Er gab ihnen zur Antwort: »*Weil euer Glaube so klein ist. Amen, das sage ich euch: Wenn euer Glaube auch so groß ist wie ein Senfkorn, dann werdet ihr zu diesem Berg sagen: Rück von hier nach dort! und er wird wegrücken. Nichts wird euch unmöglich sein.*« (Matthäus 17,20)

Der Tadel der Ungläubigkeit hat ganz sicher nicht nur den Jüngern gegolten, deren Heilversuch mißlungen war, sondern dem Vater ebenso, der kein Vertrauen, keinen Glauben aufbringen konnte und deshalb den »Heiler« brauchte – und, wenn man so will, wohl uns allen, die wir immer noch nicht begriffen haben, was Glauben bedeutet, die wir immer noch, zweitausend Jahre später, kleingläubig, verzagt, voller Zweifel stecken.

Und das ist unsere Zuversicht, die wir zu ihm (Jesus) *besitzen, daß er uns hört, wenn wir nach seinem Willen um etwas bitten. Und weil wir wissen, daß er uns hört, um was immer wir bitten, so wissen wir auch, daß wir schon besitzen, was wir mit unserem Bitten erst erflehen,* versichert der Evangelist JOHANNES seinen Gemeinden. (1. Johannes 5,14–15)

Ein Loblied auf den Glauben, sein Verständnis vom Glauben, faßte der Apostel PAULUS in seinem Brief an die Hebräer zusammen: *Glaube aber ist: Feststehen in dem, was man erhofft, Überzeugtsein von Dingen, die man nicht sieht. Aufgrund dieses Glaubens haben die Alten ein ruhmvolles Zeugnis erhalten. Aufgrund des Glaubens erkennen wir, daß die Welt durch Gottes Wort erschaffen worden und daß so aus dem Unsichtbaren das Sichtbare entstanden ist.*

Aufgrund des Glaubens brachte Abel Gott ein besseres Opfer dar als Kain...

Aufgrund des Glaubens wurde Henoch entrückt und mußte nicht sterben... Ohne Glauben ist es aber unmöglich, Gott zu gefallen. Denn wer zu Gott kommen will, muß glauben, daß er ist und daß er denen, die ihn suchen, ihren Lohn geben wird.

Aufgrund des Glaubens wurde Noah das offenbart, was noch nicht sichtbar war. Er baute in frommem Gehorsam seine Arche zur Rettung seiner Familie...

Aufgrund seines Glaubens gehorchte Abraham dem Ruf, wegzuziehen in ein Land, das er zum Erbe erhalten sollte. Und er zog weg, ohne zu wissen, wohin er kommen würde...

Aufgrund seines Glaubens empfing selbst Sarah die Kraft, trotz ihres Alters noch Mutter zu werden, denn sie hielt den für treu, der die Verheißung gegeben hatte...

Aufgrund des Glaubens brachte Abraham den Isaak dar, als er auf die Probe gestellt wurde, und gab den einzigen Sohn dahin, er, der die Verheißung empfangen hatte...

Aufgrund seines Glaubens verließ Moses Ägypten, ohne Furcht vor dem Zorn des Königs. Er hielt standhaft aus, als sähe er den Unsichtbaren...

Und was soll ich noch aufzählen? Die Zeit würde nicht reichen, wollte ich von Gideon reden, von Barak, Simson, Jiftach, David und von Samuel und den Propheten. Sie haben aufgrund des Glaubens Königreiche besiegt, Gerechtigkeit geübt, Verheißungen erlangt, Löwen den Rachen gestopft, Feuersglut gelöscht. Sie sind scharfen Schwertern entgangen. Sie sind stark geworden, als sie schwach waren. Sie sind im Krieg zu Helden geworden und haben feindliche Heere in die Flucht geschlagen. Frauen haben ihre Toten durch Auferstehung zurückerhalten... (Hebräer 11,1 bis 35)

Und noch einmal das Versprechen Jesu selbst, kurz vor seiner Auferstehung: »*Und durch die, die zum Glauben gekommen sind, werden folgende Zeichen gesehen: In meinem Namen werden sie Dämonen austreiben; sie werden in neuen Sprachen reden; wenn sie Schlangen anfassen oder tödliches Gift trinken, wird es ihnen nicht schaden; und die Kranken, denen sie die Hände auflegen, werden gesund werden.«* (Markus 16,17–18)

Und Paulus: *Laßt uns mit aufrichtigem Herzen und in voller Gewißheit des Glaubens hintreten, das Herz durch Besprengung gereinigt vom schlechten Gewissen und den Leib gewaschen mit reinem Wasser. Laßt uns an dem unerschütterlichen Bekenntnis der Hoffnung festhalten, denn er, der die Verheißung gegeben hat, ist treu.* (Hebräer 10,22–23)

Mit dem Herzen glauben

Um es noch einmal ganz deutlich zu machen: Dieses Glauben ist nicht einfach ein Fürwahrhalten einer unbeweisbaren, dem Wissen verschlossenen Aussage, so wie man vielleicht glaubt, es könnte morgen regnen, weil sich das Abendrot einschwärzt. Dieser Glaube geht, wie Paulus sagt (Römer 10,10), auch nicht als Denkersatz vom Kopf aus, sondern kommt aus dem Herzen. Es ist das unerschütterliche Vertrauen – so wie bei Abraham, bei Moses, bei all den imponierenden Gestalten des Alten Testamentes –, die totale Gewißheit, sicherer als jeder mathematische Beweis, daß Gott mir sein Wort gegeben hat und daß er einfach nicht zum Lügner werden kann. Er hat mir durch Jesus sagen lassen, daß ich Berge versetzen kann, solange ich nur daran glaube, ja daß es für mich nichts Unmögliches gibt.

Abgeleitet von diesem Urglauben, wie wir ihn einmal nennen wollen, gibt es diesen starken, unerschütterlichen Glauben nun aber auch für den, der nicht an Gott glaubt, der an die Stelle Gottes irgendeine andere Autorität setzt. Und so kann möglicherweise auch der Atheist dank seines Glaubens Berge versetzen, so wie die Mutter aus Kanaan. Das ist die Erklärung dafür, warum es nicht nur den Frommen, gläubigen Menschen gutgeht und sie Erfolge haben, sondern auch andere, die unter Umständen einen viel stärkeren, mit sehr viel mehr »Herzblut« verfestigten Glauben besitzen. Sie stehen mit ihrer ganzen Person, mit allem Denken und Fühlen und Wünschen hinter dem Satz, der immer sicherer und gewisser wird: Ich werde es schaffen!

Dabei kann es keinen Zweifel geben, daß der Glaube des Gläubigen eigentlich viel stärker sein müßte als der des Ungläubigen. Denn er kann sich auf die denkbar höchste, verläßlichste Autorität berufen, die es überhaupt gibt, auf das Wort Gottes. Schuld daran, daß es so oft nicht so ist, sind die zahllosen kleinen Skrupel und Bedenken, die den Glauben auslöschen: Mit so einem Anliegen kann ich Gott doch nicht belästigen! Oder: Ich muß bescheiden sein. Es wäre unrecht, zuviel zu erwarten. Oder: Ich habe mein Schicksal ergeben hinzunehmen. Es kommt von Gott. Er weiß ja, wie es um mich steht. Man darf gegen das, was bestimmt ist, nicht angehen...

Reden und denken nicht viele so?

Wie viele, die sich heute für besonders gut, fromm, gottergeben halten, wären stumm im Hintergrund sitzen geblieben und hätten aus lauter Bescheidenheit und Verzagtheit nicht gewagt, Jesus zuzurufen: Herr, heile mich? Wie viele hätten sich, wenn sie wie die Kanaanäerin gesehen hätten, daß er einfach weitergeht, still zurückgezogen, ohne die Bitte noch einmal zu wiederholen? Hand aufs Herz: Wer glaubt schon wirklich daran, daß er mit seinem Glauben Berge versetzen könnte – oder auch nur einen kleinen Stein ins Rollen bringen könnte?

Sind wir heute nicht noch viel kleingläubiger, als die Juden es seinerzeit gewesen sind, die von Jesus so hart getadelt wurden?

Die Sünde der Verzagtheit

»Wer zweifelt, endet früher oder später in der Verzweiflung«, schrieb Paracelsus um 1530. Und er fuhr fort: »Er wird mit sich uneins. In dieser Situation der inneren Zerrissenheit ist er unterworfen allen Geistern und satanischen Gespenstern, allen fliegenden Phantasien (Wahnvorstellungen) und allen leichtfertigen Dingen. Und er selbst wird diesen Wahnvorstellungen immer ähnlicher. Das ist eine schwere und schlimme Krankheit, die lange dauert. Die Kranken enden auf die merkwürdigsten Todesarten oder siechen elend dahin. Denn sie wandeln nicht auf dem Weg Gottes, der ihnen vorgezeichnet war.«

Ist das nicht eine ganz andere, gewichtigere Vorstellung von dem, was Sünde ist, als das ängstliche Sichhüten, daß ja kein Fehltritt unterläuft – und hinterher das Versinken in Selbstvorwürfen und Minderwertigkeitsgefühlen?

»Nicht das macht uns krank, was uns gegenwärtig begegnet, sondern die Schuld, die uns aus der Vergangenheit her belastet, und die Angst vor dem, was uns morgen widerfahren könnte.« So formuliert eine amerikanische Psychiaterin die »Sünde.«

Beides, ständige Schuldgefühle und Angst, sind eklatante Verstöße gegen den Glauben. Beides macht nicht nur krank, unsicher, unattraktiv, sondern auch erfolglos.

Da hatten die alten Juden schon eine beinahe geniale Methode gefunden, sich von Schuld zu befreien, um sie für immer los zu sein: den Sündenbock. Man mag darüber schmunzeln oder sich auch aufregen, daß ein Tier so schlecht behandelt wurde, doch geholfen hat es. Rein psychologisch war das eine absolut befreiende Lösung: In regelmäßigen Abständen versöhnten sich die Israeliten mit ihrem Gott, indem sie ihm ein »Sündopfer« darbrachten. Das wurde zur feierlichen Zeremonie: Sie nahmen zwei Ziegenböcke. Der eine wurde Gott geopfert, auf dem Altar verbrannt. Der andere wurde zum Wüstendämon Asasel geschickt, beladen mit allen Sünden. Die Leute traten zu dem Tier, legten ihm die Hand auf und luden somit symbolisch ihre Schuld auf den Bock. Dann jagte man ihn hinaus in die Wüste. (Levitikus 16)

Ob man es wahrhaben will oder nicht: Solches »Abladen« braucht der Mensch. Ob man sich nun ausspricht, einem anderen das Verfehlen anvertraut, ob man, vorausgesetzt, man kann das, zum Priester geht, seine Sünden bekennt und von ihm die Lossprechung im Namen Gottes bekommt: Loswerden muß man alles, was auf der Seele lastet, sonst zwingt sie in ihrer Not den Körper dazu, falsch zu funktionieren.

Religion und Fortschritt

Die Geschichte lehrt uns, wie solche ganz persönlichen Lebenseinstellungen, »kleinste Ursachen«, letztlich die Welt bewegen. Für die Völker des Fernen Ostens, die an eine Wiedergeburt glauben, ist es völlig unwesentlich, vielleicht sogar, im Hinblick auf die nächste Inkarnation, nachteilig, sich auf der Erde häuslich einzurichten, große Anstrengungen zu machen, die Lebensqualität zu verbessern und Wohlstand anzustreben. Sie bemühen sich, das Leben möglichst schnell, möglichst unbeschadet hinter sich zu bringen, damit der Weg zur neuen, besseren Existenz nicht verbaut wird. Vielleicht sind deswegen jene Völker trotz ihres ursprünglichen Vorsprungs in der Entwicklung weit hinter dem Westen zurückgeblieben?

Ein Christ, der ebenfalls ganz auf die nächste, glücklichere Existenz ausgerichtet ist, sie nach dem Tod in der ewigen Seligkeit erwartet, kann im irdischen Dasein nur einen schmerzlichen Weg durch das »Tränental« sehen. In Nächstenliebe und Opferbereitschaft versucht er, das Leid zu lindern, dem noch Schwächeren zu helfen. Doch auch er glaubt nicht wirklich daran, daß sich an den Zuständen jemals etwas ändern läßt. Vielleicht begrüßt er die Not sogar und sucht sie, weil er sich in ihr bewähren kann. Es versteht sich von selbst, daß auch er nicht allzuviel bewegen kann. Auch er kümmert sich letztlich um den Lohn im Jenseits. Und daneben müssen Anstrengungen, die auf ein besseres Leben hier ausgerichtet sind, schon fast sündhaft erscheinen.

So kann es nicht verwundern, daß namhafte Sozialhistoriker eine Verbindung zwischen dem technischen Fortschritt der Neuzeit mit dem Auftreten der Reformation herstellen: MARTIN LUTHER (1483–1546) hat betont, daß man sich den Himmel nicht »verdienen« kann, sondern daß es der Gnade Gottes vorbehalten bleibt, ob man zu den Auserwählten gehört oder nicht. Der schweizerische Reformator JOHANN CALVIN (1509–1564) ging dann noch einen Schritt weiter und bezeichnete die Kirche als das Volk der Auserwählten. Er griff die uralte Vorstellung der Prädestination, der Vorbestimmung, wieder auf: Gott ist absolut souverän. Er kann erwählen oder verdammen, wie es ihm gefällt, und deshalb hat er auch von Ewigkeit an die einen zur Seligkeit bestimmt, andere zur Verdammnis. Wer zu den einen oder zu den anderen gehört, das läßt sich aber schon am Erfolg im Leben, an der Gesundheit, am Reichtum, an der Lebenskraft eines Menschen erkennen.

Wer das glaubt, der wird sich mächtig ins Zeug legen, um sich selbst und anderen zu beweisen, daß er kein Verdammter ist von Anbeginn an. Denn: Bliebe er arm oder würde er krank, dann könnte ja – gleich wie im Alten Testament – jeder sofort erkennen, daß er nicht in Gottes Gunst steht!

Solche Einstellung hat die technische Entwicklung angekurbelt. Ein neues Verständnis für Wohlergehen, für Reichtum, für Macht geschaffen. Es mag deshalb kein Zufall sein, daß protestantische Völker wie England, die Vereinigten Staaten von Amerika, Preußen, teilweise auch Frankreich die Führung übernahmen, der Wirtschaft ganz neue Impulse verschafften und die Welt gründlich veränderten.

Was für die Völker gilt, das gilt gleichermaßen für jeden einzelnen, gleichgültig, in welchem Kulturkreis er heranwächst, ob er an Gott glaubt, an die Wiedergeburt oder daran, daß mit dem Tod alles für immer zu Ende ist: Sein Lebenserfolg und sein Wohlergehen hängen nicht von einem guten oder schlechten Schicksal ab, das bis in alle Details vorherbestimmt wäre. Eine Art Schicksalsrahmen mag es geben, in den er eingepaßt ist. Doch wie er diesen Rahmen füllt, das ist seine Sache.

Seiner Gesundheit mögen durch ererbte Konstitutionen und Anfälligkeiten, auch durch zufällige Ansteckungsrisiken, ebenfalls Grenzen gezogen sein. Ob er trotzdem einigermaßen gesund bleibt oder dahinsiecht, das allerdings wird wiederum weitgehend durch seine Grundeinstelllung zum Leben entschieden: Hält er sich für verworfen, für einen Pechvogel, dem alles mißlingt? Findet er sich vorschnell damit ab, krank zu sein? Kommt ihm die Krankheit vielleicht gar nicht so unwillkommen, weil er sich mit den Leiden den Himmel verdienen kann? Flüchtet er in die Krankheit, weil sie andere zwingt, sich um ihn zu kümmern? Es gibt tausend Möglichkeiten, und alle haben sie mit dem Glauben, mit der Selbsteinschätzung, mit den Erwartungen zu tun. Und genau darüber muß man sich Klarheit verschaffen, will man gesund bleiben – oder wieder gesund werden. Denn ohne diese Klärung gibt es keinen Glauben, der Berge versetzen könnte.

IV

Was aus dem Menschen herauskommt, das macht ihn unrein

(Markus 7,15)

Der Mensch in der Gemeinschaft

Das zweite Gesetz, das neben dem Glauben über Erfolg und Mißerfolg, Gesundheit oder Krankheit bestimmt, heißt in der Bibel: Du mußt rein bleiben, oder, falls du dich befleckt hast, sofort dafür sorgen, daß du wieder rein wirst!

Viele Kapitel des Alten Testaments, vor allem das Buch Levitikus, befassen sich mit Reinheitsvorschriften, Gesetzen, die bestimmen, was rein und was unrein ist und wie man die Reinheit zurückgewinnen kann. Denn: Wer unrein geworden war – und es gab zahllose Möglichkeiten, auch ohne jede Absicht unrein zu werden – der war nicht nur vorübergehend aus der Gemeinschaft ausgeschlossen. Er konnte sich auch nicht an Gott wenden. *»Denn ich bin der Herr, euer Gott. Erweist euch als heilig, und seid heilig, weil ich heilig bin.«* (Levitikus 11,44)

Gerade bei diesen Gesetzen, die uns heute großenteils als unsinnig erscheinen, wird deutlich, wie direkt und nahtlos Lebensführung, Gesundheitsvorsorge und Religion bei den alten Juden ineinander übergegangen sind. Die meisten religiösen Vorschriften, die sich mit der Reinheit befassen, sind nach unserem heutigen Verständnis reine Hygienevorschriften, ohne die das Volk in der Wüste und später in der neuen Heimat wahrscheinlich nicht hätte überleben können. Sinnlos geworden sind sie erst, nachdem sie überflüssig wurden. Sinnlos sind viele von ihnen, an denen wir, ohne die Hintergründe zu kennen, nach wie vor festhalten, vielfach ohne zu wissen, daß diese Vorstellungen von »Reinheit« auf das Alte Testament zurückgehen, teilweise sogar noch älter sind, weil Moses sie aus ägyptischen Heilsvorstellungen entnahm oder sogar Abraham sie schon aus dem mesopotamischen Kulturkreis mitgebracht hat.

Die einzigartige Leistung ABRAHAMS – es wurde darauf hingewiesen – war der Aufbruch in eine fremde Welt, das Ausscheiden aus einer Gesellschaft, die einer Vielzahl von Göttern Opfer darbrachte. Nur so konte er seinen Glauben an den einen Gott, sein ganz persönliches Gotteserlebnis, retten und weitergeben. MOSES hat diesen Glauben in Gesetzen verankert, schriftlich fixiert und untrennbar mit Moralgesetzen und Verhaltensnormen für eine gesunde Lebensweise verbunden.

Beides, der Monotheismus und das Verknüpfen von Religion und Ethik war nicht sensationell neu. Schon vor Abraham hat es Menschen gegeben, die den einen und einzigen Gott erahnten und verkündeten. Und auch die Einsicht, daß der Glaube wertlos bleibt, solange eine gottgefällige Haltung fehlt, war schon vor Moses da und dort aufgetaucht. Doch Abraham und Moses haben diese wesentlichen Glaubenselemente aus dem Wust vielgestaltiger, widersprüchlicher, unklarer Vorstellungen herausgehoben, gereinigt und als einzig gültige Wahrheit deklariert – gestützt auf die Autorität Gottes, der sich ihnen gegenüber in direktem Gespräch geoffenbart hat.

Ursünden und Erkrankung

Die Zehn Gebote des Moses unterscheiden sich nicht grundlegend von den Gesetzen des babylonischen Königs HAMMURABI (1728 bis 1686 v.Chr.), einem Zeitgenossen ABRAHAMS. Und wenn man alte babylonische Beschwörungsformeln liest, glaubt man, das Gesetzeswerk der Bibel vor sich zu haben.

»Hat er einen Gott geschmäht?« So wurden vom Priester die Umstehenden gefragt, wenn es galt, einen Kranken zu heilen und deshalb die Ursache seiner Erkrankung herauszufinden. »Empfand er Haß gegenüber seinen Vorfahren? Hat er Vater und Mutter mißachtet? Äußerte er Schändliches? Beging er tadelnswerte Handlungen? Stand er der Frau eines anderen allzu nahe? Vergoß er das Blut seines Nächsten? Hat er dessen Kleid gestohlen? Sagte er über etwas, das ist, es sei nicht? Hat sein Mund bejaht, was sein Herz verneinte?«

Hier sind dieselben Sünden wie in den Zehn Geboten bereits zusammengefaßt: Gottlosigkeit, Mißachtung der Eltern und Vorfahren, üble Nachrede, asoziales Verhalten, Ehebruch, Mord, Diebstahl, Lüge – wobei die Unwahrheit sogar zweigeteilt wird in die bewußte Täuschung und in die Mißachtung des Gewissens. Und im Ägyptischen Totenbuch weiß der Verstorbene, der vor seine himmlischen Richter treten und sich verantworten muß, auch bereits, daß er nur dann der Verdammnis entgegen kann, wenn er auf einen tadelsfreien Lebenswandel verweisen kann: »Ich habe mich nicht um die Opfergaben im Tempel gedrückt. Ich habe keinen umgebracht und nicht gelogen. Ich war nicht unzüchtig. Ich bin rein. Ich bin rein.«

Interessanterweise hat Moses die Forderung nach Reinheit übernommen, aber nicht das letzte Gericht im Himmel. Sein Verständnis von Reinheit war aber auch ein ganz anderes als das der Ägypter, so wie sein Gebet absolut nichts Beschwörendes mehr an sich hat.

Das ist – abgesehen vom Glauben an den einen Gott und vom Offenbarungscharakter der Religion – ein ganz entscheidender Unterschied des jüdischen Glaubens zu dem seiner Nachbarvölker: Religion ist nicht mehr der Versuch, den Himmel mit Magie und Zauber, mit allen möglichen Tricks und eigener Tüchtigkeit »dienstbar« zu machen, so wie man Macht bekommen kann über einen Geist, wenn man seinen Namen und die entsprechende Formel kennt, so daß er einem dienen muß, obwohl er doch so viel mächtiger und stärker ist.

Den Gott Moses' kann man nicht zwingen, nicht hereinlegen, nicht zu unüberlegten Handlungen verleiten, nicht betören. Die Reinheit, das einwandfreie Verhalten, vermittelt keine Macht über ihn, sondern ist zum eigenen Nutzen. Denn sie versetzt erst in den Zustand, sich ihm nähern zu können.

Der ganze Mensch ist heilig

Und zwar geht es bei dieser Reinheit nicht nur um eine gewisse Frömmigkeit, um das Einhalten von festgesetzten Gebetsstunden und um ein reines Gewissen, sondern um alles, was zum Leben gehört, von den einfachsten Ernährungsregeln über Gesundheitsmaßnahmen und Hygienevorschriften bis hin zu Regelungen, die ein Zusammenleben in der Gemeinschaft möglich machen und die Witwen und Waisen schützen, ist miteinbegriffen.

Der Gläubige, der nach MOSES' Gesetzen lebt, kann seinen Körper nicht vernachlässigen, um sich ganz auf die Pflege der Seele zu konzentrieren. Denn Gott lehnt diesen Körper nicht ab als etwas Sündhaftes, in dem die Seele eingesperrt wäre, wie der griechische Philosoph PLATO (427–347 v. Chr.) meinte. Gottes Partner ist der ganze Mensch, mit Leib und Seele. Der ganze Mensch muß rein, das heißt heilig sein. Er vermag Gott auch nicht zu gefallen, solange er seine Familie, seine Nachbarn, seine Freunde nicht als Freunde Gottes respektiert. Denn der Gott des Moses ist zugleich der König des Volkes, auf dessen Wohlergehen und Heil bedacht – und zwar hier auf Erden. Er muß dafür sorgen, daß dieser Menschenhaufen, den er aus Ägypten herausgeführt hatte, erst einmal zu einem Volk wird, daß dieses Volk gesund und stark heranwächst und erkennt, was Recht und Ordnung ist.

Wenn er auf der untersten Stufe der Reinheit die Tiere in reine und unreine einteilt und unter anderem den Genuß von Schweinefleisch verbietet, dann ist das keine Willkürmaßnahme, sondern eine Gesundheitsvorschrift: Schweine waren mit Trichinen verseucht. Hätten die Juden Schweine gezüchtet und sich vom Fleisch ernährt, wäre das Volk der Seuche zum Opfer gefallen. Außerdem gab es damals, speziell in der Wüste, noch keine Möglichkeit, Schweinefleisch über Wochen und Monate aufzubewahren, ohne daß es rasch verdarb und gefährliche Fleischvergiftungen auslöste. Möglicherweise wußte man damals aber auch schon, daß Schweinefleisch ungesund ist und Krankheiten wie die Gicht auszulösen vermag. Kurz: Dieses Verbot ist sicherlich kein absolut gültiges, für die Ewigkeit bestimmt, doch vor dreitausend Jahren hatte es seinen Sinn, ja war sogar notwendig.

Andere Tiere galten als unrein, weil sie bei manchen Nachbarvölkern als heilig verehrt wurden. Um von jeder Versuchung ferngehalten und von Gewissensfragen verschont zu bleiben, sollten die Israeliten mit diesen Tieren erst gar nicht in Berührung kommen.

»Reine« und »unreine« Sexualität

Ganz ähnlich war es mit den Sexualvorschriften, die, weil später falsch interpretiert, so manche Fehlentwicklung bis hinein in unsere Tage nach sich gezogen haben.

Bei MOSES ist die körperliche Liebe nirgendwo als etwas Unreines, im Grund Menschenunwürdiges herabgesetzt worden. Die Jungfrau war nicht von sich aus rein, weil sie noch unberührt war, während Eheleute etwas von dieser Reinheit verloren hätten – ganz im Gegenteil: Die Ehe wurde als heilig betrachtet, so heilig, daß man Ehebrecher mit dem Tode bestrafte – und zwar den Mann gleichermaßen wie die Frau, und nicht nur, wie später, die Frau. Man sah im Ehebruch den schwersten Vertragsbruch, einen nicht mehr gutzumachenden Vertrauensbruch. Damit sollte in einem Volk, das so großen Wert auf Abstammung, auf Geschlecht und Stammeszugehörigkeit legte, gewährleistet werden, daß jeder Vater sicher sein konnte, daß sein Kind auch sein eigen Fleisch und Blut ist und sein Erbe in die rechten Hände gelangt.

Streng verurteilt wurden außerdem die Blutschande, die Homosexualität und die Sodomie. Bei der Blutschande ging es wohl hauptsächlich darum, die Töchter vor den eigenen Vätern zu schützen.

»Ihr sollt nicht tun, was man in Ägypten tut, wo ihr gewohnt habt; ihr sollt nicht tun, was man in Kanaan tut, wohin ich euch führe.« (Levitikus 18,3)

Da die Homosexualität im Vorderen Orient weit verbreitet war, sah Moses sich veranlaßt, diese Form der Sexualität unter Todesstrafe zu stellen – doch nur, wenn sie von Männern praktiziert wurde. Man darf davon ausgehen, daß hierbei der homosexuelle

Mann betrachtet wurde als einer, der sich, ähnlich wie ONAN, der Sohn des JUDA, aus egoistischen Motiven und seinen natürlichen Anlagen zuwiderhandelnd, am Volk, vor allem an den Frauen versündigte, die ein Recht darauf hatten, geliebt zu werden und Kinder zu bekommen. Israel brauchte Kinder, viele Kinder, wollte es in der neuen Heimat, mitten unter Feinden überleben.

Onan, von dem das Wort »onanieren« stammt, ist von Gott nicht bestraft worden, weil er sich selbstbefriedigt hätte. Das hat er gar nicht getan. Er wurde von seinem Vater, wie das seinerzeit üblich war, aufgefordert, die Frau seines verstorbenen Bruders zur Nebenfrau zu nehmen, damit sie versorgt war und nicht kinderlos sterben mußte: *»Verschaff deinem Bruder Nachkommen!«* (sagte Juda) *Onan wußte also, daß die Nachkommen nicht ihm gehören würden. Sooft er zur Frau seines Bruders ging, ließ er den Samen zu Boden fallen und verderben, um seinem Bruder Nachkommen vorzuenthalten. Was er tat, mißfiel dem Herrn, und so ließ er auch ihn sterben.«* (Genesis 38,8–10) Das ist doch etwas völlig anderes. Onan hat gegen die Nächstenliebe verstoßen, seine Nebenfrau um Nachkommen betrogen – das war seine Schuld!

»Ein Mann, der mit seiner Frau während ihrer Regel schläft und ihre Scham entblößt, hat ihre Blutquelle aufgedeckt, und sie hat ihre Blutquelle entblößt. Daher sollen beide aus dem Volk ausgemerzt werden.« (Levitikus 20,18)

Diese Strafandrohung ist nur zu verstehen, wenn man weiß, daß einst das Blut mit der Seele gleichgesetzt wurde *»Die Lebenskraft des Fleisches sitzt nämlich im Blut.«* (Levitikus 17,11) Es war den Israeliten streng verboten, Blut in irgendeiner Form zu trinken oder zu verspeisen. Es gehörte Gott. Mit dem Blut des Schlachtopfers wurden Altar und Vorhang vor dem Altar besprengt. Wer zu Hause ein Tier schlachtete, mußte es »schächten«, also für ein völliges Ausbluten sorgen, das Blut in die Erde versickern lassen. Blut war heilig.

Von anderen Völkern wissen wir, daß sie das Blut ihrer getöteten Feinde und das starker Tiere tranken, damit deren Kraft, ihre Seele, in sie überging. Der griechische Epiker HOMER erzählt beispielsweise im achten Jahrhundert vor Christus, wie ODYSSEUS seine verstorbene Mutter im Hades »lebendig« macht, indem er ihr das Blut eines Schafes zu trinken gibt. Erst mit diesem Bluttrank erwacht in ihr das Bewußtsein, kann sie mit ihm über Vergangenes und Künftiges sprechen.

Die alten Griechen bestatteten vor rund viertausend Jahren ihre toten Könige in Mykene in mächtigen Kuppelgräbern. Über diesen Gräbern waren Altäre. Das Blut der Schlachtopfer floß durch eine Röhre direkt zum Mund des Verstorbenen, sollte ihm, wenigstens für einen Augenblick, die Lebenskraft zurückgeben.

Für die Israeliten hingegen war Blutgenuß, aber auch schon das Berühren von Blut ein Sakrileg.

Diese Einstellung ist sicherlich bestärkt worden durch die Beobachtung, daß während der Zeit des Monatsregel bei den damaligen schlechten hygienischen Voraussetzungen leicht Infektionen entstehen können. Und so war die Androhung des Gesetzes auch zu verstehen: Die »Sünder« sollten nicht getötet, etwa gesteinigt, werden, wie sonst bei großen Verbrechen, etwa dem Ehebruch, sondern das Gesetz warnt: Sie werden sterben, keine Kinder bekommen und so aus dem Volk ausgemerzt werden.

Gesundheitsregeln und die Pharisäer

Auch diese Sexualvorschriften sind, so zeigt es sich bei näherem Hinsehen, Wegweisungen zur gesunden, naturgemäßen Lebensweise. Und darum ging es dem Gesetzgeber letztlich: Sein Volk sollte von Krankheiten, von Seuchen, von Siechtum verschont bleiben. Deshalb befassen sich die meisten und ausführlichsten Reinheitsgesetze auch mit Vorbeugungsmaßnahmen gegen den Aussatz, gegen die Pest, gegen ansteckende Leiden ganz allgemein. MOSES sagte seinem Volk, wann die Kleidung gewaschen oder gar verbrannt werden mußte, wie man ein Haus »reinigt«, in dem ein Kranker gewohnt hat, wann ein Patient von der Gemeinschaft auszusondern war, damit er andere nicht anstecken konnte.

Und wenn er sehr dringend davor warnt, Tiere wie Mäuse und Ratten und Schalentiere des Meeres zu verspeisen, so hatte auch das ganz sicher seinen Grund in der Ansteckungsgefahr: Ratten sind

Zwischenträger der Pesterreger; Muscheln und Austern können leicht schlimme Leberentzündungen auslösen – Zusammenhänge, die erst Jahrtausende später erkannt wurden. Moses wußte nichts von Viren und Bakterien, doch er kannte Krankheitsrisiken, die mit bestimmten Verhaltensweisen und Essensgewohnheiten verbunden waren. Und weil die Krankheit für ihn die Folge der Sünde war, mußte es entsprechend reine und unreine Tiere, reine und unreine Handlungen geben.

Im Laufe der Jahrhunderte sind solche Gesetze allerdings vielfach zur Form erstarrt. Man hat sie dem Buchstaben nach beachtet, ohne ihren Sinn zu verstehen. Vieles ist zum bloßen Ritus geworden, um dem Gesetz genüge zu tun.

So tadelten eines Tages Pharisäer und Schriftgelehrte die Jünger JESU: *Sie sahen, daß einige seiner Jünger ihr Brot mit unreinen, das heißt mit ungewaschenen Händen aßen,* so schildert der Evangelist MARKUS (7,2) die Szene, die Jesus zum Anlaß nahm, auf die wahre Reinheit und die eigentliche Unreinheit hinzuweisen.

Die Pharisäer essen nämlich wie alle Juden nur, wenn sie vorher mit einer Handvoll Wasser die Hände gewaschen haben, wie es die Überlieferung der Alten vorschreibt. Auch wenn sie vom Markt kommen, essen sie nicht, ohne sich vorher zu waschen. Noch viele andere Vorschriften halten sie ein, wie das Abspülen von Bechern, Krügen und Kesseln. Die Pharisäer und die Schriftgelehrten fragten ihn also: »Warum halten sich deine Jünger nicht an die Überlieferung der Alten, sondern essen Brot mit unreinen Händen?«

Er antwortete ihnen: »Der Prophet Isaias hatte recht mit dem, was er über euch Heuchler sagte: Dieses Volk ehrt mich mit den Lippen, sein Herz aber ist weit weg von mir. Es ist sinnlos, wie sie mich verehren. Was sie lehren, sind Satzungen von Menschen. Ihr gebt Gottes Gebot preis und haltet euch an die Überlieferung der Menschen.«

Und weiter sagte Jesus: »Sehr geschickt setzt ihr Gottes Gebot außer Kraft und haltet euch an eure eigene Überlieferung. Moses hat zum Beispiel gesagt: Ehr deinen Vater und deine Mutter! Und: Wer Vater und Mutter verflucht, soll mit dem Tod bestraft werden. Ihr aber lehrt: Es ist erlaubt, daß einer zu seinem Vater oder zu seiner

Mutter sagt: Was ich dir schulde, ist Korban, das heißt eine Opfergabe. Damit hindert ihr ihn daran, noch etwas für Vater und Mutter zu tun ...«

Dann rief er die Leute wieder zu sich und sagte: »Hört mir alle zu und begreift, was ich sage: Nichts, was von außen in den Menschen hineinkommt, kann ihn unrein machen, sondern was aus dem Menschen herauskommt, das macht ihn unrein.«

Er verließ die Menge und ging in ein Haus. Da fragten ihn seine Jünger nach dem Sinn dieses rätselhaften Wortes. Er antwortete ihnen: »Begreift auch ihr nicht? Seht ihr nicht ein, daß das, was von außen in den Menschen hineinkommt, ihn nicht unrein machen kann? Denn es gelangt ja nicht in sein Herz, sondern in den Magen und wird wieder ausgeschieden.«

Damit, so der Kommentar des Evangelisten, *erklärte Jesus alle Speisen für rein. Denn von innen, aus dem Herzen der Menschen, kommen die bösen Gedanken, Unzucht, Diebstahl, Mord, Ehebruch, Habgier, Bosheit, Hinterlist, Ausschweifung, Neid, Verleumdung, Hochmut und Unvernunft. All dieses Böse kommt von innen und macht den Menschen unrein.* (Markus 7,3–23)

Reinheit und soziales Verhalten

Das hört sich an, als würde Jesus den Gesetzgeber Moses korrigieren. Doch tatsächlich verschiebt er nur Akzente, entsprechend der Zeitentwicklung, und tadelt das, was inzwischen aus dem ursprünglichen Gesetz entstanden war. Er klammert aus, was überholt ist.

Die alten Gesundheitsvorschriften, von Moses zum heiligen, religiösen Glaubenssatz erhoben, gehen im Mosaischen Gesetz nahtlos in das über, was Jesus sagt. Ja, es ist für das alte Gesetz geradezu typisch, daß scheinbar primitivste Anweisungen, Gebote des sozialen Verhaltens und Glaubensdogmen geradezu wahllos durcheinander gehen – so als wollte damit ganz deutlich dokumentiert werden, daß alles gleich wichtig, gleich bedeutsam zusammengehört, daß man das eine »unten« von dem »oben« nicht trennen darf. Moses spricht in einem Satz vom Dienst im Heiligtum, im nächsten von unreinen und reinen Tieren. Dann befaßt er sich mit dem Aussatz, mit Unzucht, mit Nächstenliebe, kehrt wieder zum Gottesdienst zurück – so wie die Probleme für ihn, den »Richter«, offensichtlich angefallen sind und ohne jedes Bemühen, die Fragen in eine Rangfolge zu bringen.

Dort aber, wo er sein Volk zur gegenseitigen Rücksichtnahme und zu einem vernünftigen Miteinander ermahnt, unterscheidet er sich nicht von den Evangelien:

Wenn ihr die Ernte eures Landes einbringt, sollt ihr das Feld nicht bis zum äußersten Rand abernten. Du sollst keine Nachlese von deiner Ernte halten. In deinem Weinberg sollst du keine Nachlese halten und die abgefallenen Beeren nicht einsammeln. Du sollst sie den Armen und den Fremden überlassen. (Levitikus 19,9–10)

Und: *Wenn bei dir ein Fremder in eurem Land lebt, sollt ihr ihn nicht unterdrücken. Der Fremde, der sich bei euch aufhält, soll wie ein Einheimischer gelten, und du sollst ihn lieben wie dich selbst...* (Levitikus 19,33–34)

Und: *Ihr sollt keine Witwe oder Waise ausnützen. Wenn du sie ausnützt, und sie schreit zu mir, werde ich auf ihre Klagen hören. Mein Zorn wird entbrennen, und ich werde euch mit dem Schwert umbringen, so daß eure Frauen zu Witwen, eurer Söhne zu Waisen werden.* (Exodus 22,21–23)

Und:*Wenn du dem verirrten Rind oder dem Esel deines Feindes begegnest, dann sollst du ihm das Tier zurückbringen. Wenn du siehst, wie der Esel deines Gegners unter der Last zusammenbricht, dann laß ihn nicht im Stich, sondern leiste ihm Hilfe!* (Exodus 23,4–5)

Es ist völlig falsch, setzt man das Gesetz des Moses immer gleich mit der Formel: *Auge für Auge und Zahn für Zahn* (Exodus 21,24; Matthäus 5,38) – damit wären die Moralgesetzte der alten Juden völlig falsch interpretiert. Mit der Forderung nach Gerechtigkeit – nicht nach Rache – hat Moses dem Urbedürfnis vor allem sehr einfacher, armer Menschen entsprochen, doch auch schon bei ihm sind erste Ansätze der Feindesliebe zu erkennen, die Jesus zwölfhundert Jahre später herausstellte.

Der Psalm 15 faßt zusammen, wie ein Mensch beschaffen sein muß, daß er sich Gott nahen, von ihm Hilfe erwarten darf, daß er »heil«, ja heilig ist:

Herr, wer darf Gast sein in deinem Zelt, wer darf weilen auf deinem heiligen Berg?

Der makellos lebt und das Rechte tut; der von Herzen die Wahrheit sagt und mit seiner Zunge nicht verleumdet;

der seinem Freund nichts Böses antut und den Nächsten nicht schmäht,

der den Verworfenen verachtet, doch alle, die den Herrn fürchten, in Ehren hält;

der sein Versprechen nicht ändert, das er seinem Nächsten geschworen hat;

der sein Geld nicht auf Wucher ausleiht und nicht zum Nachteil des Schuldlosen Bestechung annimmt.

Wer sich danach richtet, der wird niemals wanken.

Niemand kann immer »gut« sein

Selbstverständlich wußte der Gesetzgeber vom Berg Sinai, daß es nicht möglich ist, dieser Idealvorstellung stets zu entsprechen. Keiner könnte so leben, daß er immer und in jeder Situation das Rechte tut. Das Leben führt uns pausenlos in Konflikte. Und dann müssen wir wählen – und zwar in den meisten Fällen nicht einfach zwischen gut und böse, zwischen richtig und falsch, sondern zwischen Alternativen, die ebenso richtig wie falsch, gut wie böse sein können, ohne daß dies auf Anhieb erkennbar wäre.

Ein junger Mensch beispielsweise kann sehr schnell in den Konflikt geraten zwischen Gehorsam und Liebe den Eltern gegenüber und der als richtig erkannten Notwendigkeit, sich von ihnen loszulösen und einen eigenen Weg einzuschlagen, womit er den Eltern Kummer und Schmerz bereiten müßte. Ein Geschäftsmann muß vielleicht auf harten Forderungen gegenüber Schuldnern bestehen, weil er an seine eigenen Angestellten und deren Sicherheit denken muß.

Den Extremfall des Konflikts haben Moraltheologen während

des Zweiten Weltkriegs heftig diskutiert: Angenommen, ein Offizier macht bei einem Spähtrupp Gefangene, gerät mit ihnen aber in einen Hinterhalt. Sein Auftrag ist es, die eigenen Leute zu retten. Darf er, wenn es keinen anderen Ausweg gibt, die Gefangenen erschießen?

An diesem Beispiel wird deutlich, daß es nur ganz selten eine eindeutig absolut richtige Handlungsweise gibt. Fast immer sehen wir uns gezwungen, abzuwägen. Und dann verschieben sich die Gewichte zur einen oder zur anderen Seite, je nach der Fragestellung: Das Erschießen der Gefangenen könnte Mord sein. Das Opfern der eigenen Leute, um die Gefangenen zu retten, wäre aber vielleicht auch Mord und außerdem gröbste Vernachlässigung der Pflicht.

In ähnlich schwierigem Konflikt befinden sich Regierungen, die in erster Linie »das Wohl des Landes zu mehren« und dem Bürger Friede, Freiheit und Sicherheit zu erhalten haben. Dürfen sie aus diesem Auftrag heraus das Risiko einer nuklearen Katastrophe eingehen, um den potentiellen Gegner abzuschrecken oder auch um die Energieversorgung zu gewährleisten?

Glücklicherweise sind viele Konflikte für den einzelnen weniger gewichtig und weniger scharf. Doch müßten wir uns nicht bei so vielen Streitfragen immer wieder zuerst vor Augen halten, daß es der einen oder der anderen Seite nicht unbedingt an Einsichtigkeit fehlen muß; daß sie sich nicht aus reiner Bosheit, aus Leichtfertigkeit und Tollerei einen anderen Standpunkt einnimmt, sondern letztlich ebenso das Beste will, nur eben bei ihrer Entscheidung die Gewichte verlagert?

Gewissenskonflikte machen krank

Die Konflikte in der eigenen Brust aber, sie erweisen sich dank neuester Einsichten mehr und mehr als eine der folgenschwersten Krankheitsursachen. Wir dürfen und können Entscheidungen nicht ausweichen, weil nicht glasklar zu beantworten ist, was richtig wäre. Denn dadurch müßten wir nur auf uns ziehen, was wir gerade vermeiden wollten: die Schuld. Wir müssen handeln – und zwar so, wie es uns das Gewissen vorschreibt.

Auch dabei kann ein Fehler entstehen, doch keine Schuld, die man als Kainszeichen mit sich herumtragen müßte, um sich in Selbstvorwürfen zu zerfleischen.

Schuld, deren man sich zu schämen hätte – im moralischen, nicht im juristischen Sinn –, entsteht nur dort, wo man aus Angst vor Schuld überhaupt nichts tut und wo man wider bessere Einsicht handelt.

Alle, die sündigen, ohne das Gesetz zu haben, werden auch ohne das Gesetz zugrunde gehen, und alle, die unter dem Gesetz sündigten, werden durch das Gesetz gerichtet werden. Nicht die sind vor Gott gerecht, die das Gesetz hören, sondern er wird die für gerecht erklären, die das Gesetz tun. Wenn Heiden, die das Gesetz nicht haben, von Natur aus das tun, was im Gesetz gefordert ist, so sind sie, die das Gesetz nicht haben, sich selbst Gesetz. Sie zeigen damit, daß ihnen das Gesetz ins Herz geschrieben ist. Ihr Gewissen legt Zeugnis davon ab, ihre Gedanken klagen sich gegenseitig an und verteidigen sich – an jenem Tag, an dem Gott… das, was im Menschen verborgen ist, durch Jesus Christus richten wird. So lehrt der Apostel PAULUS seine Gemeinde in Rom. (Römer 2,12–16) *Alles, was nicht aus Glauben* (aus Überzeugung) *geschieht, ist Sünde.* (Römer 14,23)

Damit trifft Paulus zwei Feststellungen. Einmal: Es gibt ein Gewissen, das jedem Menschen innewohnt, ob er nun an Gott glaubt, religiös ist oder nicht, ob er schon einmal etwas von Geboten gehört hat oder völlig ohne sie aufgewachsen ist. Ein Gewissen, das sich irren kann, das aber stets Handlungsgrundlage bleiben muß, nach der man sich richten muß. Gegen dieses Gewissen darf niemals gehandelt werden, denn alles, was man gegen die Ermahnungen und Warnungen des Gewissens tut, richtet sich gegen einen selbst. Man richtet sich selbst.

Zum anderen: Für den einen Menschen kann so zur Sünde werden, was einem anderen durchaus erlaubt ist. Wenn also beispielsweise jemand glaubt, daß der Genuß von Schweinefleisch sündhaft ist, und sein Gewissen ihm sagt, daß er diese Speise nicht essen darf, dann sündigt er, sobald er es trotzdem ißt. Glaubt ein anderer nicht an das Gebot und sagt ihm sein Gewissen ganz ohne

Zweifel, daß dieses Gebot überholt ist, dann begeht er auch kein Unrecht.

Oder ein Problem unserer Tage: Wenn ein junges Paar in reiflicher Überlegung zur Überzeugung gelangt, daß es zumindest im Augenblick kein Kind in die Welt setzen darf, weil dabei doch nur alle drei, Mutter, Vater und Kind, unglücklich werden müßten, dann sind sie geradezu verpflichtet, mit Verhütungsmaßnahmen die entsprechende Vorsorge zu treffen, daß kein Kind gezeugt wird. Sollte ihnen ihr Gewissen aber sagen, daß dies unerlaubt, ja sündhaft ist, dann müßten sie auf Verhütungsmaßnahmen verzichten. Nicht weil sie sonst Gott beleidigen könnten, sondern weil sie das Risiko auf sich nähmen, krank zu werden.

Gerade die sehr unterschiedlichen Reaktionen des weiblichen Körpers auf die Pille – manche Frauen werden dick, andere büßen den Spaß an der Liebe ein, wieder andere fühlen sich durch sie befreit, so daß ihre Libido stärker ist – beweist, wie eng Körperreaktionen von Gedanken, speziell von emotional behaftetem Denken, abhängig sind. Die Angst, etwas falsch gemacht, Schuld auf sich geladen zu haben, kann die Körperfunktionen völlig durcheinanderbringen und sogar die Abwehrkräfte lahmlegen, so daß man anfällig wird für Infektionen.

Wie das geschehen könnte, demonstrierten in jüngster Zeit Wissenschaftler an der Universität Alabama: Versuchstiere wurden drei Stunden lang in eine Kampferwolke gehüllt – ein völlig harmloser Prozeß, bei dem den Tieren kein Leid geschah. Wie sich auch zeigte, reagierte der Körper der Tiere überhaupt nicht.

Nun wiederholte man den Versuch, setzte dem Kampferduft aber ein Medikament bei, von dem man weiß, daß es die Bildung von »Killerzellen« anregt. Der Körper der Tiere reagierte entsprechend mit der sofortigen Mobilisierung der Abwehrkräfte. Neunmal wurde dieser Versuch mit dem Medikament gemacht. Beim zehnten Mal kehrten die Wissenschaftler zur ursprünglichen Versuchsanordnung zurück: Kampferduft ohne Medikament.

Eigentlich hätte jetzt kein »Alarm« im Abwehrsystem der Tiere mehr erfolgen dürfen, genau wie beim ursprünglichen, ersten Versuch. Doch nun zeigte sich: Das Duftsignal allein genügte, den

Organismus der Tiere in Aufruhr zu versetzen, als wäre eine schlimme Gefahr gegeben. Der Körper erkannte das Duftsignal und wußte noch, daß es in früheren Fällen mit Gefahr verbunden war. Er reagierte, als wäre die Gefahr wirklich vorhanden.

Aus diesem Versuch geht hervor: Zwischen Sinneswahrnehmungen und Immunsystem gibt es eine Art Nachrichtenverbindung. Oder anders gesagt: Die Nervenzellen, die aus der Umwelt irgendein Signal auffangen, melden die Botschaft unter anderem auch an das Abwehrsystem weiter.

Eine Gefahr muß also gar nicht konkret existieren – die Angst vor ihr genügt, die Körperfunktionen zu verändern!

Ist das die Erklärung dafür, warum Angst, übermäßiger Streß und alle übrigen seelischen Belastungen, in ganz besonderer Weise schwere Konflikte, krank machen können?

»Wenn ihr nicht werdet wie die Kinder ...«

Doch offensichtlich funktioniert das auch umgekehrt, nämlich zur Heilung hin. Erst in den siebziger Jahren haben Wissenschaftler entdeckt, warum wir Menschen uns gelegentlich wie berauscht fühlen, warum der eine Schmerzen heftiger, der andere sie nur mäßig oder überhaupt nicht verspürt: Unser Gehirn produziert in seinem phantastischen »Labor« verschiedene Arten von Drogen, die ihrer chemischen Struktur nach den Rauschgiften ziemlich ähnlich sind, ihnen gegenüber aber den Vorteil besitzen, nicht süchtig zu machen. Diese Drogen können Schmerzen lindern oder ganz ausschalten; sie vermitteln aber auch Heiterkeit und das Gefühl des Glücks – allerdings nur dann, wenn sie »abgerufen« werden.

Wiederum sind die Sinnesorgane die eigentlichen Auslöser: Sie nehmen Reize auf und leiten sie als Signale an verschiedene Gehirnzentren weiter. Sobald der Reiz wahrgenommen wird, man sich beispielsweise freut, werden die Drogen ins Blut ausgeschüttet. Und dann stellt sich das erwähnte, berauschende Glücksgefühl ein, das ohne Alkohol, ohne die Einnahme von Drogen so plötzlich da sein kann, wenn man sich über eine schöne Blume oder ein entzückendes Kinderlächeln freut, wenn eine zärtliche Berührung richtig »angekommen« ist.

Auch diese körpereigenen Drogen haben wiederum einen Einfluß auf das Abwehrsystem: Wer glücklich ist, wer froh sein kann, der wird nicht so schnell krank. Seine Körperfunktionen sind intakt; der Organismus ist in der Lage, sich zu wehren. Das bedeutet aber, und die Alten haben sehr wohl darum gewußt: Wer gesund bleiben will, wer wieder »heil« werden möchte, der darf sich der Welt und ihrer Schönheit nicht verschließen, der darf vor allem nicht verlernen, sich auch über Kleinigkeiten zu freuen. Er muß seinem Körper die Chance einräumen, beglückende »Drogen« ins Blut zu geben und damit wirksam werden zu lassen. Er muß sich klarmachen, daß es keinen Grund zur Angst und übermäßigen Besorgnis gibt. Der Blick in strahlende Kinderaugen – wer hätte das nicht gewußt – kann heilsamer sein als stärkste Medikamente!

Das ist letztlich die Reinheit des Herzens, die uns von der Bibel ans Herz gelegt wird: Wir sollen unbekümmert, offen, vertrauensbereit sein, wie Kinder es noch sind: *Wenn unser Herz uns nicht verdammt, dann beseelt uns frohe Zuversicht auf Gott. Und alles, was wir von ihm erbitten, werden wir empfangen, weil wir seine Gebote bewahren und tun, was vor ihm wohlgefällig ist.* (1. Johannes 3,21–22)

Als die Jünger Jesus fragten: *»Wer ist im Himmelreich der Größte?« Da rief er ein Kind herbei, stellte es in ihre Mitte und sagte: »Amen, das sage ich euch: Wenn ihr nicht umkehrt und wie die Kinder werdet, könnt ihr nicht in das Himmelreich kommen. Wer so klein sein kann wie dieses Kind, der ist im Himmelreich der Größte.«* (Matthäus 18,2–4)

Die Juden des Alten Testaments jubelten in Psalmen:

Der Herr ist mein Licht und mein Heil: Vor wem sollte ich mich fürchten?

Der Herr ist die Kraft meines Lebens: Vor wem sollte mir bangen? (Psalm 27,1)

Und:

Ich will dich rühmen, Herr, denn du hast mich aus der Tiefe gezogen und läßt meine Feinde nicht über mich triumphieren. Herr, mein Gott, ich habe zu dir geschrien, und du hast mich geheilt.

Du hast mich herausgeholt aus dem Reich des Todes, aus der Schar der Todgeweihten, mich zum Leben gerufen.

Singt und jubelt dem Herrn, ihr Frommen, preist seinen heiligen Namen. Denn sein Zorn dauert nur einen Augenblick, doch seine Güte ein Leben lang.

Wenn man am Abend auch weint, am Morgen herrscht wieder Jubel... Du hast mein Klagen in Tanzen verwandelt, hast mir das Trauergewand ausgezogen und mich mit Freude umgürtet. Darum singt dir mein Herz und ich will nicht verstummen.

Herr, mein Gott, ich will dir danken in Ewigkeit. (Psalm 30,2 bis 13)

Hundertfünfzig Psalmen stehen in der Bibel: Klagerufe, Fluchgebete, demütige Bekenntnisse der Schwäche, Bitten um Heil und Befreiung von Not und Trübsal, Hymnen an Gott.

Der Anker des Stoßgebets

In früheren Zeiten hat sich jeder Gläubige seinen ganz persönlichen Psalm ausgesucht und zueigen gemacht. Und dieser Teil der Heiligen Schrift, den er auswendig beten konnte, war für ihn dann so etwas wie eine magische Rettungsformel, die er sprach, sobald er in Bedrängnis geriet oder Unheil befürchtete. Die alten Juden fanden »ihren« Psalm mit Hilfe der Zahlenkombination ihrer Geburtsdaten: Sie zählten die Zahlen des Geburtstages, des Monats und des Jahres zusammen und fanden somit die Nummern des Psalms.

Um das an einem Beispiel zu zeigen: Angenommen, jemand ist am 31. August 1942 geboren, dann sind seine persönlichen Zahlen: 31+8+19+42 = 100. Sein persönlicher Psalm wäre entsprechend der Psalm 100: *Jauchzt vor dem Herrn, alle Länder der Erde. Dient dem Herrn mit Freude. Kommt vor sein Antlitz mit Jubel...*

Es wäre völlig falsch, wollte man diese Form des Gebets als »Zauberritus« ablehnen oder sich darüber lustig machen. Für die Menschen früherer Zeiten gab es keinen Zufall. Auch die Geburtszahlen waren dementsprechend nicht zufällig zustande gekommen, sondern gehörten zum Leben und gaben Hinweise auf das Leben, denn: *»Du aber hast alles nach Maß, Zahl und Gewicht geordnet!«* (Weisheit 11,20)

Und tatsächlich denken auch heute noch viele Menschen so, ohne sich dessen bewußt zu sein. Die am häufigsten verwendeten Lottozahlen beispielsweise sind Geburtsdaten aus der eigenen Familie.

Auch in den christlichen Kirchen war das sogenannte Stoßgebet ganz im Sinne der alten Psalmen-Gebete noch bekannt und wurde in Gefahrensituationen gesprochen. In der Schule lernten die Kinder noch vor hundert Jahren den Anfang des Johannes-Evangeliums in lateinischer Sprache auswendig. Und der Pfarrer prägte ihnen ein: »Wenn es einmal ganz schlimm werden sollte, dann kniet euch hin und sprecht dieses Gebet. Dann werdet ihr gerettet.«

Am Ende des Zweiten Weltkriegs konnte man es noch erleben, daß alte Frauen während der Luftangriffe oder beim Einzug der Siegertruppen sich daran erinnerten und laut zu beten begannen: *»In initium erat verbum. Et verbum erat apud deum. Et deus erat verbum ... Am Anfang war das Wort ...«* (Johannes 1,1)

Man darf nicht übersehen, daß ein Mensch, der einen solchen »Anker« besitzt, nicht so leicht in Gefahr gerät, von der Angst davongeschwemmt und überwältigt zu werden.

Und solche Gebete erwiesen sich auch immer wieder als die denkbar wirksamste Hilfe, weil sie nun wirklich nicht so dahingeplappert wurden. Die ganze Person stand dahinter. Es war der »Schrei«, von dem das Alte Testament immer wieder spricht, der von Gott nicht überhört wird. Es wurde gebetet in unverbrüchlichem Vertrauen. Es war ein echtes, starkes Glaubensbekenntnis.

Man darf wohl sagen: Ein Kranker, der mit der Verzweiflung kämpft und in Gefahr gerät, sich selbst aufzugeben, der kann nichts Besseres tun, als in den Psalmen der Bibel zu lesen! Das ist das Wunderbare an diesen Gedichten, die alle Höhen und Tiefen des Glücks und der Verlorenheit in meisterlichen Farben erfassen, die mit Herzblut geschrieben sind: Jeder findet sehr schnell »seinen« Psalm – auch ohne mit den Geburtsdaten den Schlüssel zu suchen.

Den Text nämlich, der genau dem momentanen Denken und Empfinden, der eigenen seelischen Stimmung entspricht. Der das sagt, was man hinausschreien möchte. Der den Leser zum Mitschwingen zwingt und so den »Knoten« löst. Wohl nirgendwo sonst läßt sich so viel psychische Befreiung, so viel Hoffnung, so starke Zuversicht finden wie in den Psalmen. Und das verspürt selbst der Leser, der nicht an Gott glauben kann.

Eigentlich dürften die Psalmen in keinem Krankenzimmer fehlen!

V

Gott segnete den siebten Tag und erklärte ihn für heilig

(Genesis 2,3)

Sabbatruhe und Fastenopfer: Wege zur inneren Harmonie

Die Szene ist typisch menschlich: Das Judenvolk, bis vor wenigen Wochen in Ägypten fürchterlich geschunden, geschlagen, vom PHARAO sogar mit dem Verbot belegt, Söhne großzuziehen – sie mußten alle von den Hebammen unmittelbar nach der Geburt umgebracht werden, damit dieses Sklavenheer nicht übermächtig und zur Gefahr für das Land würde –, dieses Volk, eben wunderbar von seinen Verfolgern beim Durchzug durch das Rote Meer errettet, marschiert erst seit ein paar Wochen durch die Wüste, den Golf von Suez hinunter. Doch schon hat sich angesichts der Strapazen die Stimmung gründlich gewandelt: Die Lebensmittelvorräte gehen zu Ende.

In der Eile der Flucht konnte man nichts anderes mitnehmen als ungesäuerten Brotteig. Mit dem Gold und Silber, das man den Ägyptern abgenommen hatte, läßt sich in der Wüste nichts anfangen. Schon sieht die Vergangenheit gar nicht mehr so schlimm aus, wie sie einstmals empfunden wurde; viel belastender erschienen die Gegenwart und die unsichere Zukunft. Wer ist überhaupt dieser MOSES, der sich zum Führer aufgeschwungen hat? Er wollte sein Volk doch nach Kanaan führen! Aber nun ging es in eine völlig andere Richtung – nicht ostwärts, sondern nach Süden. Wußte der alte Mann überhaupt Bescheid?

Mißtrauen, Angst und Argwohn gewinnen die Oberhand, wie es wohl stets in solchen Situationen der Fall ist:

Koriander – das Heilmittel der Frauen

Das Manna verglichen die alten Juden mit Koriandersamen, der ihnen als Gewürz, vergleichbar unserer Petersilie, und als Heilmittel wohlbekannt war. Man kaute Koriandersamen, um damit den unangenehmen Knoblauchgeruch zu beseitigen. Koriander wurde im Brot mitgebacken, um ihm Würze zu verleihen. Mit Korianderpulver rieb man das Fleisch ein, um es vor dem Verderben zu bewahren.
Koriander, sowohl das frische Grün wie auch der Samen, war aber vor allem das potenzsteigernde Mittel für Männer und das Heilmittel gegen Regelstörungen bei Frauen. Eines der Rezepte war besonders einfach:
Man mahlt zwei, drei Koriandersamen zu Pulver, gibt es in ein Glas Weißwein und trinkt diesen.

Die ganze Gemeinschaft der Israeliten murrte in der Wüste gegen Moses und Aaron. Die Israeliten sagten zu ihnen: Wären wir doch in Ägypten durch die Hand des Herrn gestorben, als wir an den Fleischtöpfen saßen und Brot genug zu essen hatten. Ihr habt uns nur deshalb in die Wüste geführt, um alle, die wir hier versammelt sind, an Hunger sterben zu lassen. (Exodus 16,2–3) Verständlich, wenn der Magen knurrt, die Zunge vor Durst am Gaumen klebt, vergißt man alles andere und denkt nur noch an die köstlichen Mahlzeiten, die man einst verzehren durfte...

In dieser Situation kommt Hilfe vom »Himmel«: Abends trieb der Wind Wachteln über das Lager, so daß sie den ganzen Boden bedeckten, und morgens, *als sich der Tau verflüchtigt hatte, lag auf dem Wüstenboden etwas Feines, Knuspriges, fein wie Reif auf der Erde.* (Exodus 16,14) Das berühmte »Manna« war da, von dem sie von nun an vierzig Jahre lang leben sollten.

Worum es sich dabei wirklich handelte, das wußte bis heute niemand zu deuten. Es gibt auf der Sinaihalbinsel noch heute ein genießbares, süßliches Harz der Manna-Tamariske, die allerdings nur in sehr bescheidenen Mengen vorkommt. *Es war weiß wie*

Koriandersamen und schmeckte wie Honigkuchen. (Exodus 16,31) Dieses »Tamarix mannifera«, eine Substanz aus Glukose, Fructose und Pektin, tropft von den Bäumen. In der Kälte der Nacht wird es fest und bildet kleine weiße Kugeln, in der Sonne lösen sich diese wieder auf. Das stimmt überein mit der Anweisung, das Manna in den frühen Morgenstunden aufzusammeln und nicht zu versuchen, es zu lagern.

Wie auch immer: Mit dem »Brot vom Himmel« waren wichtige Anweisungen verbunden: *»Sammelt davon so viel, wie jeder zum Essen braucht, ein Gomer* (ein Gefäß von etwa vier Litern) *pro Kopf. Jeder darf soviel Gomer holen, wie Personen im Zelt sind!« Die Israeliten taten es und sammelten ein, der eine viel, der andere wenig. Als sie die Gomer zählten, hatte keiner, der viel gesammelt hatte, zuviel, keiner, der wenig gesammelt hatte, zu wenig. Jeder hatte so viel gesammelt, wie er zum Essen brauchte.* (Exodus 16,16 bis 18)

Es nützte also wenig, besonders eifrig Manna einzusammeln: Es reichte so und so immer genau, die Bedürfnisse zu stillen. Das ist ein erster, ganz wichtiger Hinweis darauf, daß der Mensch nicht Reichtümern nachjagen soll, die er dann doch nicht »verwerten« kann – schon gar nicht auf Kosten anderer, die dann zu kurz kommen müßten.

Übertriebener Eifer mag einen vorübergehenden Reichtum bringen, jedoch keinen dauerhaften!

Die zweite Anweisung lautet: *Das Volk soll hinausgehen, seinen täglichen Bedarf zu sammeln. Ich will es prüfen, ob es nach meiner Anweisung lebt oder nicht. Wenn sie am sechsten Tag feststellen, was sie zusammengebracht haben, wird es doppelt soviel sein, wie sie sonst täglich gesammelt haben.* (Exodus 16,4–5) Das war ein klares Verbot der Vorratshaltung, die Mißtrauen gegenüber Gott darstellt. *Doch sie hörten nicht auf Moses, sondern einige ließen etwas bis zum Morgen übrig. Doch es wurde wurmig und stank.* (Exodus 16,20)

Sie sammelten es Morgen für Morgen, jeder so viel, wie er zum Essen brauchte. Sobald die Sonnenhitze einsetzte, zerging es. Am sechsten Tag sammelten sie die doppelte Menge Brot, zwei Gomer für jeden. Da kamen alle Sippenhäupter der Gemeinschaft und berichteten es Moses.

Er sagte zu ihnen: Es ist so, wie der Herr gesagt hat. Morgen ist Feiertag, heiliger Sabbat zur Ehre des Herrn. Backt, was ihr backen wollt, und kocht, was ihr kochen wollt. Den Rest bewahrt bis morgen früh auf. Sie bewahrten es also bis zum Morgen auf, wie Moses angeordnet hatte, und es faulte nicht, noch wurde es madig. Da sagte Moses: Eßt es heute, denn heute ist Sabbat zur Ehre des Herrn. Heute findet ihr draußen nichts. (Exodus 16,21 bis 25)

Sabbat – aus vier Gründen

Das ist die erste Erwähnung des Sabbats in der Bibel. Das eigentliche Gebot, den Tag des Herrn heilig zu halten, folgt erst später innerhalb der Zehn Gebote.

Der Philsoph und Psychoanalytiker Erich Fromm (1900–1980) nennt den Sabbat »die wichtigste Idee innerhalb der Bibel und innerhalb des späteren Judentums... Es war das am striktesten befolgte Gebot in den zweitausend Jahren des Lebens in der Diaspora, obwohl gerade diese die Einhaltung erschwerte. Es ist kaum zu bezweifeln, daß der Sabbat ein Lebensquell für die in alle Winde zerstreuten, machtlosen und oft verfolgten Juden war; daß sich ihr Stolz und ihre Würde erneuerten, wenn sie wie Könige den Sabbat feierten.« (*Haben oder Sein,* 1976).

Der siebte Wochentag, der »Festtag«, an dem der Mensch ruhen sollte, so wie Gott nach den sechs Tagen der Schöpfung am siebten Tag ausruhte, wird von Gott gefordert als Tag der Freude, ein heiliger Tag, der sogar die Trauerzeiten nach dem Tod eines Angehörigen durchbrach und vorübergehend aufhob. Es ist ungeklärt, ob dieser Ruhetag tatsächlich erst auf den Augenblick des Manna-Regens in der Wüste zurückgeht, oder ob er nicht schon wesenlich älter ist: Einen ähnlichen arbeitsfreien siebten Tag gab es schon in Babylon zur Zeit Abrahams, den »Shapatu«. Doch jener Tag war genau das Gegenteil des Sabbats, ein Trauertag, ein Tag der Furcht und der Buße.

Mazza – das ungesäuerte Brot

Einzig aus grobgeschrotetem Mehl und Wasser – gelegentlich nur werden Eier oder etwas Olivenöl beigemischt – wird das ungesäuerte Brot seit dem Exodus des jüdischen Volkes aus Ägypten hergestellt. Man verzichtet also auf Sauerteig, Hefe, Backpulver. In der Regel ist die Mazza oder Mazze ein flacher Brotfladen, der früher auf heißen Steinen gebacken wurde.
Dieses Brot ist das Nahrungs- und Heilmittel schlechthin. Es erinnert an den überstürzten Aufbruch und daran, daß jede Form der Vorratshaltung ein Mißtrauen gegenüber Gott darstellt.
Zur Mazza darf nichts Saures gegessen werden. Zu Ostern essen die Juden auch heute acht Tage lang nur das ungesäuerte Brot. Auch Kranke bekommen es, wenn sie keine anderen Speisen vertragen.

Zur Begründung des Sabbats liefert die Bibel vier Versionen: Zuerst heißt es bei der Verkündigung der Zehn Gebote:

Gedenke des Sabbats: Halte ihn heilig. Sechs Tage darfst du schaffen und jede Arbeit tun. Der siebte Tag ist ein Ruhetag, dem Herrn, deinem Gott, geweiht. An ihm darfst du keine Arbeit tun. Du nicht, dein Sohn und deine Tochter nicht, dein Sklave und deine Sklavin, dein Vieh und der Fremde nicht, die in deinem Stadtbereich Wohnrecht hat. Denn in sechs Tagen hat der Herr Himmel und Erde gemacht und alles, was dazugehörte. Am siebten Tag ruhte er. Darum hat der Herr den Sabbattag gesegnet und ihn für heilig erklärt. (Exodus 20,8–11)

Dann erfahren wir, nur drei Kapitel später: *Sechs Tage kannst du deine Arbeit verrichten, am siebten Tag aber sollst du ruhen, damit dein Rind und dein Esel ausruhen und der Sohn deiner Sklavin und der Fremde zu Atem kommen.* (Exodus 23,12)

Wiederum nur wenig später wird erklärt: *Sag den Israeliten: Ihr sollt meine Sabbate halten. Denn das ist ein Zeichen zwischen mir und euch von Generation zu Generation, damit man erkennt, daß ich, der Herr, es bin, der euch heiligt. Darum haltet den Sabbat. Er* soll euch heilig sein. Wer ihn entweiht, soll mit dem Tod bestraft werden. Denn jeder, der an ihm eine Arbeit verrichtet, soll aus seinen Stammesgenossen ausgemerzt werden.

Milchig-fleischig-parve

»Du sollst ein Zicklein nicht in der Milch seiner Mutter kochen.« (Deuteronomium 14,21). Aus diesem Gebot ist die Speiseregel entstanden, niemals Fleisch zusammen mit Milchspeisen zu verzehren. Entsprechend darf beim Festmahl kein Dessert aus Milchgebäck, Milchpudding oder Milcheis aufgetragen und kein Kaffee mit Milch getrunken werden. Und zwar gilt die Regel: Zwischen Fleischspeisen und Milchspeisen muß ein Zeitraum von sechs Stunden liegen, doch bereits zwei Stunden nach dem Genuß von Milch darf wieder Fleisch gegessen werden.
Parve sind alle Speisen, die weder Fleisch noch Milch enthalten und deshalb zu allen anderen Speisen erlaubt sind.
Im Hinblick auf die Blutfettwerte und das Risiko von Arteriosklerose ist dies eine Regel, die von vielen Ernährungswissenschaftlern heute für nachahmenswert gehalten wird.

Sechs Tage soll man arbeiten. Der siebte Tag ist Sabbat, Ruhetag, heilig für den Herrn. Jeder, der am Sabbat arbeitet, soll mit dem Tod bestraft werden. Die Israeliten sollen also den Sabbat halten, indem sie ihn von Generation zu Generation als einen ewigen Bund halten. Für alle Zeiten wird er ein Zeichen sein zwischen mir und den Israeliten. Denn in sechs Tagen hat der Herr Himmel und Erde gemacht. Am siebten Tag ruhte er und atmete auf. (Exodus 31,13 bis 17)

Und schließlich: *Achte auf den Sabbat. Halte ihn heilig, wie es dir der Herr, dein Gott, zur Pflicht gemacht hat. Sechs Tage darfst du schaffen und jede Arbeit tun. Der siebte Tag ist ein Ruhetag, dem Herrn, deinem Gott, geweiht. An ihm darfst du keine Arbeit tun, du nicht, dein Sohn und deine Tochter nicht, dein Sklave und deine Sklavin nicht, dein Rind, dein Esel und dein ganzes Vieh nicht und auch nicht der Fremde, der in deiner Stadt Wohnrecht hat. Dein Sklave und deine Sklavin sollen sich ausruhen wie du.*

Denk daran: Als du in Ägypten Sklave warst, hat dich der Herr, dein Gott, mit starker Hand und hoch erhobenem Arm dort herausgeführt. Darum hat es dir der Herr zur Pflicht gemacht, den Sabbat zu heiligen. (Deuteronomium 5,12–15)

Demnach gibt es also vier Gründe, den Sabbat zu feiern: die Harmonie mit Gott und der Schöpfung herzustellen, den Untergebenen und Anvertrauten eine Verschnaufpause zu gönnen, Bekenntnis zu Gott abzulegen und sich an die Führung und Herrschaft und Befreiung durch Gott zu erinnern. Diese vier Gründe gehören untrennbar zusammen, weshalb die verschiedenen Begründungen auch keinen Widerspruch darstellen.

Nichts zerstören, nichts aufbauen...

Zum Punkt eins verweist Erich Fromm darauf, daß der Sabbat viel mehr ist als nur ein Ausruhen, als Befreiung von der Last und Mühe der Arbeit. Mehr aber auch als ein Tag der Vergnügungen, des Davonlaufens vor sich selbst, wie heute der Sonntag vielfach begriffen wird:

»Es geht um Ruhe im Sinne der Wiederherstellung der Ordnung vollständiger Harmonie zwischen den Menschen und zwischen Mensch und Natur. Nichts darf zerstört, nichts aufgebaut werden. Der Sabbat ist ein Tag des Waffenstillstandes im Kampf des Menschen mit der Natur. Sogar das Abreißen eines Grashalms wird ebenso als Verletzung dieser Harmonie angesehen wie das Anzünden eines Streichholzes. Auch keine gesellschaftlichen Veränderungen dürfen vorgenommen werden. Das ist der Grund, warum es verboten ist, etwas auf der Straße zu tragen, selbst wenn es so wenig wiegt wie ein Taschentuch, während es erlaubt ist, im eigenen Garten eine schwere Last zu tragen. Nicht das Tragen als solches ist verboten, sondern der Transport eines Objektes von einem privaten Grundstück zu einem anderen, da es sich bei einem solchen Transfer ursprünglich um die Veränderung von Eigentumsverhältnissen handelte.

Bessamim

Der Sabbat endet noch heute in jüdischen Familien mit der Hawdala, einer festlichen Gebetsstunde, in der eine Kerze angezündet und Wein getrunken wird. Dazu reicht man reihum eine Gewürzbüchse. Sie ist gefüllt mit köstlichem Duft von Zimt, Nelken, Balsam. Jede Familie besitzt ihre eigene »Mischung«. Jeder riecht an diesen Gewürzen und wünscht den übrigen eine gute Woche. Die Heilkraft des Duftes soll helfen, alle Widrigkeiten der Arbeitstage zu verkraften, sich in allen Situationen daran zu erinnern, daß am Ende der Woche wieder ein Sabbat steht, ein neuer Heiltag, an dem alles wieder gut wird.

Am Sabbat lebt der Mensch, als hätte er nichts, als verfolge er kein Ziel, außer zu sein, das heißt, seine wesentlichen Tätigkeiten auszuüben – beten, studieren, essen, trinken, singen, lieben.«

Fromm überlegt: »Man könnte fragen, ob es nicht an der Zeit wäre, den Sabbat als universalen Tag der Harmonie und des Friedens einzuführen, als den Tag des Menschen, der die Zukunft der Menschheit vorwegnimmt.«

Tatsächlich ist der Sabbat für die Juden so etwas wie der Hoffnungskeim, daß sie vielleicht doch eines Tages, nach dem Tod, mit und bei Gott »ausruhen«, den siebten Tag der Schöpfung in ewiger Freude erleben dürfen. Der Autor des Hebräerbriefes knüpft daran an, indem er den 95. Psalm zitiert, in dem es heißt: *Sie* (die verstockten Väter) *sollen nicht kommen in das Land meiner Ruhe.* Und er fährt fort: *Wir, die wir gläubig geworden sind, kommen in das Land der Ruhe.* (Hebräer 3,11 und 4,3)

Für die Juden ist der Sabbat immer ein Fest gewesen, belegt mit strengen Verboten, ein Tag, an dem man zu leben versuchte, als gäbe es keine Sorgen, kein Leid, keine Mühen, keinerlei Bedrohungen, als wäre ein Stück Paradies zurückgeschenkt. Ein heiliger Tag ohne Trauer, Geschäfte und Mühen; ein Tag, an dem Sünden jeglicher Art doppelt schwer wogen. Die Todesstrafe bedrohten den, der gegen die Heiligkeit dieses Tages verstieß. Entsprechend gab es geradezu die Verpflichtung zur Freude. Zum Sabbat gehört auch heute noch die festliche Kleidung, gehören wenigstens drei schmackhafte Mahlzeiten, begleitet von Segenssprüchen, Kerzenglanz, Gesang, Gebet.

An diesem Tag spricht man sich aus, vergibt man sich gegenseitig, verfallen Schulden. Und wenn auch Geschäfte und Bilanzen nicht auf den Tisch kommen, so denkt man doch nach über die Generallinie des Lebens und versucht herauszufinden, ob in der zurückliegenden Woche möglicherweise etwas in die falsche Richtung gelaufen sein könnte, so daß es in der neu beginnenden Woche korrigiert werden muß.

Der verlorene Heiltag

Der Sabbat ist der Heiltag, an dem es vor allem keine Konflikte, keinen Streß, keine Furcht geben darf. Denn nicht eine Betätigung, die Freude vermittelt, entweiht den heiligen, heilenden, heiligenden Charakter dieses Tages, sondern alles, was Ärger, Verdruß, Hoffnungslosigkeit, Verlust des Glaubens und Zerstörung der Liebe mit sich bringt.

Ganz gewiß ist der Verlust des Sabbats – und des im Geist des Sabbats gestalteten Sonntags – einer der Gründe für so viel Krankheit und Leid in unseren Tagen: Wir haben den Heiltag verloren.

In früheren Jahrhunderten und auch noch in der ersten Hälfte unseres Jahrhunderts haben sich die Kranken, notleidenden, von Sorgen gequälten Menschen an das Versprechen der Bibel gehalten: *»Alles, was zwei von euch auf Erden gemeinsam erbitten, werden sie von meinem himmlischen Vater erhalten. Denn wo zwei oder drei in meinem Namen versammelt sind, da bin ich mitten unter ihnen.«* (Matthäus 18,19–20) Das heißt doch: Gemeinsames Gebet ist stärker als das Gebet des einzelnen!

Die Menschen gingen am Sonntag zur Kirche. Schon unterwegs trafen sie sich. Aus Vereinzelten wurden Gruppen, die sich einstimmten. Aus den Gruppen wuchs die Gemeinde in der Kirche. Vor allem die einfacheren Menschen haben sich nicht damit aufgehalten, zu verstehen, was der Pfarrer am Altar vollzog. Die Messe war keine Angelegenheit der logischen Einsicht in Glaubensbekenntnisse. Man wußte: Gott ist da; gemeinsam kann man sich an ihn wenden.

Während der Priester in katholischen Kirchen seine lateinischen Texte las oder sang und Weihrauch den Raum erfüllte, betete das Kirchenvolk den Rosenkranz – jeder für sich und doch alle miteinander. Die stetige Wiederholung der gleichlautenden Texte schuf einen Rhythmus, in dem sie alle gemeinsam zu schwingen begannen. In den bekannten Text, der keinerlei geistige Anstrengung erforderte, flossen die persönlichen Anliegen ein. Die eigenen Nöte wurden verarbeitet; Geist und Seele befreiten sich von der allzu starren Bindung an den Körper und konnten wirksam werden – als Heilkräfte.

Wenn die Leute nach der Messe nach Hause gingen, dann war auf ihren Gesichtern so etwas zu sehen wie einst bei MOSES, als er nach der Begegnung vom Berg Sinai herabstieg: Ein Strahlen ging von ihren Gesichtern aus. Sie hatten Kraft geschöpft, heilende Kraft.

Das Verständnis für diese Form des Gottesdienstes ist leider in unseren Tagen weithin verlorengegangen. Das Gespür für seelisch-geistige Solidarität wurde dem sehr kalten, nüchternen Nebeneinander geopfert.

Das »unmögliche« Sabbatjahr

Für die alten Juden gab es laut Gesetz nicht nur den siebten Wochentag als heiligen Augenblick des Atemholens – sondern auch das siebte Jahr als Sabbatjahr.

Sechs Jahre kannst du in deinem Land säen und die Ernte einbringen. Im siebten Jahr sollst du es brach liegen lassen und nicht bestellen. Die Armen in deinem Land sollen davon essen. Den Rest mögen die Tiere des Feldes fressen. Das gleiche sollst du mit deinem Weinberg und deinen Ölbäumen tun. (Exodus 23,10–11)

Und: *Wenn ihr in das Land kommt, das ich euch geben werde, soll das Land Sabbatruhe zur Ehre des Herrn halten. Sechs Jahre sollst du dein Feld besähen, sechs Jahre sollst du deinen Weinberg beschneiden und seinen Ertrag ernten. Aber im siebten Jahr soll das Land eine vollständige Sabbatruhe zur Ehre des Herrn halten: Dein Feld sollst du nicht besäen und deinen Weinberg nicht beschneiden. Den Nachwuchs deiner Ernte sollst du nicht ernten, und die Trauben deines nichtbeschnittenen Weinstocks sollst du nicht lesen. Für das Land soll ein Jahr der Sabbatruhe sein. Und was das Land während der Ruhezeit hervorbringt, soll dich ernähren, dich, deinen Knecht, deine Magd, deinen Lohnarbeiter, deinen Halbbürger, alle, die bei dir leben. Auch deinem Vieh und den Tieren in deinem Land wird sein ganzer Ertrag zur Nahrung dienen.* (Levitikus 25,2–7)

Jedes siebte Sabbatjahr sollte darüber hinaus ein Jubeljahr sein: *Erklärt dieses fünfzigste Jahr für heilig, und ruft Freiheit für alle Bewohner des Landes aus. Es gelte euch als Jubeljahr. Jeder von euch soll zu seinem Grundbesitz zurückkehren. Jeder soll zu seiner Sippe heimkehren. Dieses fünfzigste Jahr gelte euch als Jubeljahr. Ihr sollt nicht säen, den Nachwuchs nicht abernten, die unbeschnittenen Weinstöcke nicht lesen. Denn es ist ein Jubeljahr, es soll euch als heilig gelten. Vom Feld weg sollt ihr den Ertrag essen.* (Levitikus 25,9–12)

Die Chance dieses Gesetzes ist leider verschenkt worden: So korrekt der Sabbat eingehalten wurde, so wenig sahen sich später die Besitzer des Landes Kanaan imstande, das Sabbatjahr zu feiern.

Hat Gott sein Volk durch Moses tatsächlich aufgefordert, alle sieben Jahre ein ganzes Jahr lang zu feiern und zu faulenzen? Die Felder brach liegen und die Trauben an den Weinstöcken verfaulen zu lassen? Schon für die alten Juden muß dieses Gesetz eine Zumutung gewesen sein. Für uns heute, die wir nur auf Profit ausgerichtet sind und mit allen Mitteln versuchen, noch größere Erträge aus den Böden zu zwingen, wäre die Forderung gar eine Utopie, fern jeder realistischen Lebens- und Betriebsführung, einfach unmöglich!

Doch genau um den Glauben an das Unmögliche, das Vertrauen in Gott geht es, der seinem Volk in der Wüste versprochen hatte: Am Freitag wird es jeweils ausreichend Manna auch für den Sabbat geben. Die Israeliten sollten darauf bauen, daß sie nicht in Hunger und Not geraten, wenn sie alle sieben Jahre nicht säen, nicht pflügen, nicht im großen Stil die Ernte einfahren, sondern leben, als wäre Sabbat, das heißt sich ernähren von den Vorräten in den vollen Scheunen und Tag für Tag von dem, was die Natur freiwillig anbietet.

Eine großartige, faszinierende Idee – für den, der glauben kann. Denken wir nur einmal daran, wie rasch und vollständig das Arbeitslosenproblem unserer Tage gelöst wäre, könnten wir alle uns dazu aufraffen, alle sieben Jahre eine Arbeitspause einzulegen, um jenen den Platz zu überlassen, die keine Arbeit finden. Würden wir nach der Pause nicht völlig »neu«, erfrischt, neu motiviert, voller Ideen und mit neuem Wissen in den Beruf zurückkehren? Wäre die Arbeit nicht gerechter verteilt? Müßten wir alle nicht wesentlich gesünder sein?

Wenn man es genau durchrechnet, dann würde das Sabbatjahr jeden einzelnen nur vier, höchstens fünf Jahre »kosten«. Aber gerade diese Jahre könnten sein Leben erfüllter, wesentlicher, glücklicher machen – wirklich nur Utopie?

Doch die Idee des Sabbatjahres hat noch eine wesentlichere Bedeutung: Auch die Natur braucht ihre Verschnaufpause. Angesichts unserer ausgelaugten Böden und der riesigen Butterberge und Milchseen beginnen wir es ganz langsam wieder zu verstehen: Es ist grundfalsch, immer nur an den momentanen Profit zu denken und daran, wie man ihn noch steigern könnte. Denn dieses Denken führt automatisch und ganz direkt in die Zerstörung der Natur. Wir dürfen die Natur nicht gnadenlos ausbeuten, als wäre sie unser Eigentum. »Das Land gehört mir«, sagte Gott immer wieder zu den Israeliten. »Ihr verwaltet es nur.« Und er droht sehr massiv: Wenn ihr ihm keine Sabbatruhe gewährt, *wird euer Land zur Wüste und eure Städte werden zu Ruinen. Dann erhält das Land seine Sabbate ersetzt, in der ganzen Zeit der Verwüstung, während ihr im Land eurer Feinde seid. Dann hat das Land Ruhe und erhält Ersatz für die Sabbate. Während der ganzen Zeit der Verwüstung hat es Sabbatruhe, die es an euren Sabbaten nicht hatte, als ihr noch darin wohntet.* (Levitikus, 26,33–35)

Klingt das nicht geradezu unheimlich modern? Ist es für uns nicht fast schon zu spät, zur Einsicht zu gelangen? Wenn heute Regierungen die Bauern dafür sogar bezahlen, daß sie ihr Land nicht bebauen, folgen sie dann nicht – gezwungenermaßen, wenn auch keineswegs ausreichend – dem, was die Bibel vor Jahrtausenden schon uns ans Herz gelegt hat? Der Mensch ist zum eigentlichen Feind der Natur geworden. Das Sabbatjahr hätte den Sinn gehabt, die Aussöhnung mit der Natur immer wieder zu bewerkstelligen.

Harmonie und Gesundheit

Aussöhnung mit Gott, Aussöhnung mit sich selbst, Aussöhnung mit den Mitmenschen, Aussöhnung mit der Natur, das ist der eigentliche Sinn des Sabbats, den es wiederzuentdecken gilt. Im Sabbatjahr sind dem Gesetz entsprechend Schulden verjährt, bekamen Sklaven ihre Freiheit, wurden alte Streitigkeiten endgültig aus der Welt geschafft. Der Sabbat war dazu da, sich die Hand zu reichen, um sich dann mit der ganzen Schöpfung wieder in Harmonie zu wissen.

Diese Harmonie aber ist die Voraussetzung für die Gesundheit. Gerade im Augenblick sind Wissenschaftler dabei, das neu zu entdecken, ein Wissen, das den Alten selbstverständlich war: Alles in der Schöpfung, vom Lauf der Planeten bis hinunter zum kleinsten Sandkorn, fügt sich in wohlklingenden Akkorden in die Gesamtnatur ein. Jede Lebensfunktion, jede Lebensäußerung stimmt mit der Melodie der Schöpfung überein, vorausgesetzt, es handelt sich um etwas Gesundes. Der griechische Philosoph PYTHAGORAS (580–500 v.Chr.) und seine Schüler haben aus diesem Wissen die Lehre von der Eurythmie geschaffen.

Ein österreichischer Musikwissenschaftler und ein deutscher Arbeitsmediziner haben solche Gedanken jetzt aufgegriffen und wissenschaftliche Nachweise dafür geliefert, daß das tatsächlich so ist:

Professor Dr. RUDOLF HAASE von der Wiener Hochschule für Musik und darstellende Kunst zeigte, ausgehend von der Musik, daß es ebenso wie dort übereinstimmende Gesetze in der Natur und im Menschen gibt, die mit den Musikintervallen übereinstimmen: Halbiert man eine Saite, die im Grundton C schwingt, erhält man wiederum ein C, eine Oktave höher. Der eine Ton steht zum anderen im Verhältnis eins zu zwei. Der erste und der fünfte Ton in der Tonleiter haben die Proportionen zwei zu drei, die Quarte drei zu vier, die große Terz vier zu fünf. Immer stößt man bei Akkorden, die einen Wohlklang ergeben, auf solche glatte Bruchzahlen.

Das Interessante dabei ist nun: Genau dieselben Verhältnisse finden sich im Aufbau der Kristalle, vergleicht man ihre Kantenlängen und Seitenflächen, dieselben in jedem Grashalm, jedem Blütenblatt, in der Körperform der Tiere, in den Bahnen der Planeten – und im menschlichen Körperbau. Alles in der Natur ist »harmonisch« konstruiert. Es gibt in der Natur keinen »Mißton«.

Professor Dr. Gunther Hildebrandt von der Universität Marburg zeigte in vielen Messungen, daß sich auch die Körperfunktionen beim gesunden Menschen in zueinanderstimmenden Rhythmen vollziehen. So stehen, um nur ein Beispiel zu nennen, während des gesunden Schlafs Herzrhtythmus der Blutversorgung zwischen Muskeln und Haut jeweils im Rhythmus vier zu eins zueinander. Auf einen Atemzug kommen vier Herzschläge, auf eine Blutdruckperiode vier Atemzüge, auf vier Blutdruckperioden ein Blutverteilungsrhythmus ... Bei gesunden Betätigungen, auch bei heftigsten Anstrengungen, bleiben diese Verhältnisse erhalten. Bei monotonen, unnatürlichen Arbeiten geraten die Rhythmen völlig durcheinander, bilden einen ohrenzerfetzenden Mißklang.

Das funktioniert offensichtlich so unmißverständlich, daß man aus den Rhythmen eines Schlafenden darauf schließen kann, ob er völlig gesund ist oder ob sein Organismus »aus dem Takt« geraten ist und demnächst erkranken muß. Jeder Ärger, jede Regung der Angst, jeder Streß wirft aus der Harmonie, schafft innerhalb der Körperfunktionen Mißklänge. Und sie machen krank: Ein aus dem gesunden Rhythmus geworfener Körper, auch das fand Professor Hildebrandt, braucht Stunden, bis er zur Harmonie zurückgefunden hat. Oftmals reicht der Schlaf einer Nacht nicht aus, die gesunden »Akkorde« der Funktionen wiederherzustellen, so daß man bereits »angeknackst« aufsteht und sich weiter ruiniert.

Haben wir damit nicht eine neue Definition gefunden für das, was »heilig« bedeutet? Heilig wäre demnach, was sich im Einklang befindet mit der Vorstellung Gottes, mit seinem zur Schöpfung gewordenen grandiosen Akkord. Und Sünde wäre entsprechend der Mißklang, die Disharmonie, die den Zusammenklang zerreißt.

Der Sonntag aber könnte zum Heiltag werden, wenn wir ihn in diesem Sinne wieder heiligen, damit er uns die verlorene Harmonie zurückgibt. Doch das wird damit ebenso deutlich: Es genügt nicht, vermeintlich mit Gott im reinen zu sein. Es kann keine Harmonie mit ihm geben, solange einer der anderen Akkorde, der zum Mitmenschen, der mit sich selbst oder der zur Natur, gestört ist.

So versteht auch JESUS den Sabbat in den Evangelien. Er hat geduldet, daß seine hungrigen Jünger unterwegs Ähren abrissen. (Matthäus, 12,1–7) Den Vorwürfen der Pharisäer begegnete er mit dem Prophetenwort: *»Barmherzigkeit will ich, nicht Opfer!«* (Matthäus 9,13; 12,7) Und kurz später, als er am Sabbat heilte und deshalb wiederum getadelt wurde: *»Wer von euch wird, wenn ihm am Sabbat ein Schaf in eine Grube fällt, es nicht sofort wieder herausziehen? Wieviel mehr wert als ein Schaf ist ein Mensch! Darum ist es erlaubt, am Sabbat Gutes zu tun.«* (Matthäus 12,11 bis 12) Und: *»Der Sabbat ist für den Menschen da, nicht der Mensch für den Sabbat.«* (Markus 2,27)

Wieder einmal also geht es nicht darum, starr ein Gesetz einzuhalten, um den Buchstaben zu erfüllen, sondern den Geist des Gesetzes zu erfassen und seinem Sinn entsprechend zu handeln.

Sonntag = Streßtag?

Es ist kein Zufall, daß aus dem Sabbat (Samstag) der Juden der Sonntag der Christen und der Freitag der Mohammedaner geworden ist. Sabbat war schon nach altbabylonischer astrologischer Einteilung der Tag des Saturns, und der Saturn galt als der Stern der Juden. Die drei Magier wurden von der »Messias-Konstellation« zu ihrer Reise nach Bethlehem geführt: Jupiter, der Königsstern, und Saturn, der Stern der Juden, standen am Himmel so nahe beieinander, daß es von der Erde aussah, als wären sie zu einem Stern verschmolzen. Das aber konte für den Sternkundigen nur heißen:

»Wo ist der neugeborene König? Wir haben seinen Stern gesehen und sind gekommen, ihm zu huldigen.« (Matthäus 2,2)

Schon die ersten Christen feierten dann neben dem Sabbat den Sonntag als den »Tag des Herrn«, weil JESUS am Ostersonntag von den Toten auferstanden ist. Kaiser KONSTANTIN DER GROSSE (280 bis 337), der in seiner Jugend den Sonnengott verehrte (Sonntag = Tag der Sonne), der im Zeichen Christi siegte und das Christentum im Römischen Reich zur Staatsreligion machte, erklärte im Jahre 321 den Sonntag zum geheiligten Tag. Diese Festlegung kam den abendländischen Kulturen, speziell den germanisch-keltischen Völkern, sehr entgegen. Und der Geburtstag des Herrn, Weihnachten, wurde auf den 25. Dezember verlegt, den Tag der Wintersonnenwende, an dem die Finsternis vom Licht besiegt wird. Christus und das Licht wurden einander gleichgesetzt.

Die Mohammedaner gehen hingegen am Freitag, dem Tag der Venus, in die Moschee. Venus und Mond sind, nach astrologischer Deutung, für diese Religion die beherrschenden Gestirne. In seinen Prophezeiungen hat der französische Seher MICHEL NOSTRADAMUS (1503–1566) angekündigt, um das Jahr zweitausend würde eine neue Religion gegründet, die den Donnerstag, den Tag des Jupiters, zu ihrem Festtag erheben würde...

Es scheint, als hätten der christliche Sonntag und der islamische Freitag niemals voll den Sinn und den Charakter des ursprünglichen Sabbats erreichen können. Vor allem unser Sonntag ist kein Heiltag mehr: Statt uns festlich zu kleiden, festlich zu speisen, uns zusammenzufinden in versöhnlicher, ausgleichender Atmosphäre, sind wir froh, endlich einen Tag lang die steife, korrekte Kleidung, die der Beruf erfordert, ablegen und in die Freizeitkleidung schlüpfen zu können. Wir setzen uns nicht mehr an die festlich gedeckte Tafel, sondern gehen zum »Brunch«. Und dann jagt jeder seinem Vergnügen nach...

Man könnte es auch so formulieren: Unser Gott ist die Arbeit geworden. Das Wochenende ist nur noch die Pause zwischen den Arbeitstagen, der Versuch, den Zwängen auszuweichen, sich zu »zerstreuen«, statt zu sammeln. Der Streß dabei ist oftmals noch größer als der der Arbeit. Möglichkeiten, etwas für die Gesundheit zu tun, sind zwar immer noch reichlicher gegeben, und sie werden auch wahrgenommen. Doch das eigentliche Zurückfinden zu sich selbst, das Zurückgewinnen der Harmonie mit Gott, den Mitmenschen, der Natur wird gänzlich verfehlt. Wer fände noch Minuten der Besinnung, ein Zusammenklingen in der Gemeinschaft?

Die Erholung bleibt, ebenso wie im Urlaub, bestenfalls auf den Körper beschränkt. Doch sie kann auch dort nicht wirksam werden, weil ohne Erholung von Geist und Seele der Körper nicht gesunden kann, sondern nur neu überfordert, neu gestreßt, aus der Harmonie geworfen wird. Ja, die Freizeit wird mehr und mehr zum gesundheitlichen Problem, zu der Zeit, in der die Krankheiten ausbrechen. Wohl weil wir viel zuviel von ihr erwarten, immer nur enttäuscht werden, mit uns selbst nichts anzufangen wissen.

Wir brauchen Animatoren, die uns mit lückenlosen Programmen beschäftigen, so wie das Fernsehen uns die Zeit vertreibt, wie Radio und Sportveranstaltungen uns mit Unterhaltung vollstopfen, damit wir ja nie mit uns selbst allein sind und Zeit finden, die eigentlichen, notwendigen Lebensfragen zu beantworten. So häufen sich die Konflikte. Und sie müssen allesamt ungelöst bleiben, bis es soweit ist, daß die Seele sie nicht mehr verkraften kann. Dann kann nur noch die Krankheit weiterhelfen – die letzte große Chance der Lebenskorrektur.

Wie beim Sabbatgebot, so müssen wir versuchen, bei jedem Verbot und Gebot den Segen zu entdecken, der uns ganz persönlich zuteil wird, wenn wir uns daran halten. Wobei es nicht um den eventuellen Lohn im Jenseits gehen kann. Wie dargelegt, bleibt dieses Thema in der Bibel des Alten Testaments ganz bewußt ausgespart, weil das Schielen danach den rechten Einsatz hier auf Erden behindern, den Sinn des Gesetzes verbiegen könnte.

Sühnefasten und Sühne durch Fasten

Erstaunlicherweise finden sich in den Gesetzen des Moses zwar sehr genaue Vorschriften über die Gestaltung der Feste – aber kein Fastenangebot, abgesehen von einem einzigen Fasttag am großen Versöhnungstag: *Folgendes soll euch als feste Regel gelten: Im siebten Monat, am zehnten Tag des Monats sollt ihr euch Enthaltung auferlegen und keinerlei Arbeit tun, der Einheimische nicht und ebenso der Fremde nicht, der in eurer Mitte lebt. Denn an diesem Tag entsühnt man euch, um euch zu reinigen. Vor dem Herrn werdet ihr von allen Sünden wieder rein. Dieser Tag ist für euch ein vollständiger Ruhetag, und ihr sollt euch Enthaltung auferlegen. Das gelte als feste Regel. Der Priester... soll die Sühne vollziehen. Das soll als feste Regel gelten: Einmal im Jahr sollen die Israeliten von allen ihren Sünden entsühnt werden.* (Levitikus 16,29–34)

Es gab also alljährlich einen Tag der großen Amnestie, an dem allen alle Schuld erlassen wurde. Der Priester vollzog ein Sühneopfer, und um seiner Wirkung teilhaftig zu werden, mußten die Israeliten einen Tag lang total fasten. Sie durften also an diesem Tag überhaupt nichts zu sich nehmen. Sie versammelten sich *in heiliger Versammlung* (Numeri 29,7), lasen die Schrift, sangen die Psalmen und waren am Ende des Tages von allen Sünden freigesprochen.

Es ist leicht einzusehen, daß einem Volk in der Wüste, das vierzig Jahre lang nichts anderes zu essen bekam als Manna und ab und zu Wachteln, kein strenges Fasten auferlegt werden mußte. Die vierzig Jahre Wüstendasein waren eine einzige, sehr harte Fastenzeit. Daran – in Erinnerung an die schwere Zeit der Prüfung – knüpft auch später das vierzigtägige Fasten an.

Im Umfeld der Zehn Gebote sind aber auch keine Fastenregeln für spätere Zeiten festgehalten. Es heißt nicht etwa, wie sonst gelegentlich: »Wenn ihr in das Land kommt, das ich euch geben werde, sollt ihr fasten« – nichts dergleichen. Doch das war auch nicht nötig und wäre von den alten Juden doch nur falsch verstanden worden. Für sie war das Fasten nämlich ein Akt totaler Demütigung vor Gott: Immer dann, wenn ihnen bewußt wurde, daß sie sich schwer versündigt hatten, zerrissen sie ihre Kleider, scherten sich die Haare ab, streuten Asche über sich und begannen derart verschmutzt, zerfetzt und hungrig zu klagen. Ein Bild der Erbärmlichkeit, mit dem sie hofften, wirksam an Gottes Erbarmen appellieren zu können.

Diese Geste hat Jahwe gelegentlich auch akzeptiert. Beispielsweise bei König Achab (873–853), der unbedingt den Weinberg seines Nachbarn Naboth besitzen wollte, um daraus einen Garten anzulegen. Naboth wollte ihn nicht hergeben, auch nicht gegen ein anderes Grundstück eintauschen. Auf Anraten seiner Frau ließ Achab ihn vor Gericht stellen, der Gottlosigkeit und der Majestätsbeleidigung anklagen und steinigen.

Sofort kam der Prophet Isaias, um Achab anzukündigen: Dir wird es genauso ergehen wie dem armen, unschuldigen Naboth, der so schändlich ermordet wurde; dein ganzes Geschlecht wird ausgerottet! *Als Achab diese Drohungen hörte, zerriß er seine Kleider, trug ein Bußgewand auf dem bloßen Leib, fastete, schlief im Bußgewand und ging bedrückt umher. Da erging das Wort des Herrn an Isaias: »Hast du gesehen, wie Achab sich vor mir gedemütigt hat? Weil er sich vor mir gedemütigt hat, will ich das Unglück nicht schon in seinen Tagen kommen lassen. Erst in den Tagen seines Sohnes werde ich das Unheil über sein Haus bringen.«* (1. Könige 21)

In ähnlicher Weise fasteten – korrekter müßte man wohl sagen: hungerten – die Israeliten, wenn sie eine Schlacht verloren hatten und sich neu zum Kampf formierten, um Gott damit zu bewegen, diesmal mit ihnen zu sein.

Strengere Fastenzeiten über Wochen und Monate sind für die Juden wohl erst in babylonischer Gefangenschaft aufgekommen (597–538). Der Prophet Zacharias berichtet nämlich, daß das heimgekehrte Volk, das sich daran machte, Jerusalem und den Tempel wieder aufzubauen, zu den Priestern und Propheten kam, um zu erfahren: *»Soll ich weiterhin im fünften Monat weinen und enthaltsam sein, wie ich es so viele Jahre getan habe?«*

Da erging an mich das Wort des Herrn der Heere: »Sag dem ganzen Volk auf dem Land und den Priestern: Ihr habt gefastet und Klage abgehalten im fünften und im siebten Monat, und das siebzig Jahre lang – aber bin ich es, für den ihr so streng gefastet habt? Und wenn ihr eßt und trinkt, eßt ihr dann nicht für euch, und trinkt ihr nicht für euch? Kennt ihr nicht die Worte, die der Herr durch frühere Propheten verkünden ließ, als man Jerusalem und die Städte ringsum sorglos bewohnte, als der Negeb und die Schefela noch bewohnt waren?« Und das Wort des Herrn erging an Zacharias: »So spricht der Herr der Heere: Haltet gerechtes Gericht. Jeder zeige seinem Bruder gegenüber Güte und Erbarmen. Unterdrückt nicht die Witwen und Waisen, die Fremden und Armen, und plant in eurem Herzen nichts Böses gegeneinander.« (Zacharias 7,3–10)

Eine klare Absage an das Fasten – zumindest an die Art des Fastens, wie sie bei den alten Juden betrieben wurde!

Gott mag keine Trauerklöße!

Die Pharisäer haben ihre eigenen Fastenordnungen eingeführt, ein zweimaliges Fasten pro Woche. Am Montag und am Donnerstag hüllten sie sich in Fetzen, stimmten Wehklagen an und hungerten, von Sonnenaufgang bis Sonnenuntertang.

JESUS tadelte diese Zurschaustellung privilegierter Frömmigkeit entschieden, die Heuchelei, die sich im Tempel überheblich der eigenen Verdienste und Leistungen brüstete: *»Gott, ich danke dir, daß ich nicht bin wie die anderen Menschen, die Räuber und Betrüger, Ehebrecher oder auch wie jener Zöllner dort. Ich faste zweimal in der Woche, gebe dem Tempel den zehnten Teil meines ganzen Einkommens.«* (Lukas 18,11–12)

»Wenn ihr fastet«, lehrt Jesus unmittelbar im Anschluß an das Vaterunser, *»macht kein finsteres Gesicht wie die Heuchler. Sie geben sich ein trübseliges Aussehen, damit die Leute merken, daß sie fasten. Amen, das sage ich euch, sie haben ihren Lohn bereits erhalten. Du aber salbe dein Haar, wenn du fastest, und wasche dein Gesicht, damit die Leute nicht merken, daß du fastest, sondern nur dein Vater, der auch das Verborgene sieht. Und dein Vater, der das Verborgene sieht, wird es dir vergelten.«* (Matthäus 6,16–18)

Also: Gerechtigkeit, Nächstenliebe, vor allem aber anständiges Verhalten gegenüber Schwachen und Armen sind wesentlich wichtiger und sinnvoller als das Bußfasten. Wenn aber schon Fasten als Selbstbestrafung, dann nur im verborgenen, ohne vergrämte Miene, ohne krankmachende Selbstzerfleischung. Gott mag keine Trauerklöße!

Doch das ist nur eine Seite des Fastens. Daneben gibt es in der

Bibel eine zweite Fastenform, die sehr wohl von Propheten, auch von Jesus, geübt wurde. Bevor er sich aufmachte, sein neues Evangelium zu verkünden, zog er sich in die Wüste zurück, genau wie einst Moses vor der Verkündigung der Zehn Gebote: *Moses blieb beim Herrn vierzig Tage und vierzig Nächte. Er aß kein Brot und trank kein Wasser. Er schrieb die Worte des Bundes, die Zehn Gebote, auf Tafeln.* (Exodus 34,28)

Jesus handelte in gleicher Weise: *Dann wurde Jesus vom Geist in die Wüste geführt. Dort sollte er vom Teufel in Versuchung geführt werden. Als er vierzig Tage und vierzig Nächte gefastet hatte, bekam er Hunger. Da trat der Versucher an ihn heran ...* (Matthäus 4,1–3)

Der steinige Berg Sinai und die Wüste sind Orte der Einsamkeit. Moses und Jesus ziehen sich in ihrem Fasten zurück von allem, was das Leben zu bieten hat. Sie verzichten auf Annehmlichkeiten, jede Abwechslung, auf alles, was zerstreuen könnte, um ganz mit sich allein zu sein. Sie fasten nicht, um ein besonders großes Opfer zu bringen, sondern um frei zu werden auch von den Bedürfnissen des Körpers, um eine gewisse Ekstase zu erreichen, die Gottes Nähe spüren läßt.

Das sind die Augenblicke absoluter Konzentration – oder auch totaler Leere, wie man das sehen mag –, die Kristallisationspunkte des Lebens, in denen die eigentlichen Entscheidungen fallen.

Das zeigt die Bibel besonders eindrucksvoll am Beispiel Jesu: Für ihn fällt in der Wüste die Entscheidung, ob er sich vom Volk zum König machen läßt, ob er die Weltherrschaft an sich reißt, was er aufgrund seiner Fähigkeiten wohl hätte schaffen können. Ob er also der Messias wird, den man erwartet, den König in der Nachfolge Davids, der die jüdischen Stämme einigt, der den Römern die Stirn bietet und die Judenherrschaft über die ganze Welt ausbreitet. Das ist nicht unbedingt eine »böse« Überlegung. Als König hätte er vielleicht viel bessere Möglichkeiten gehabt, seine Lehre von oben herab zu verbreiten. Man hätte ihm leichter geglaubt. Und es wäre den Gläubigen auch viel Leid erspart geblieben!

Jesus hat sich in der Meditation für den zweiten Weg entschieden, der weit über Moses hinausführen sollte, den Weg von unten, den

Weg der Demut und der Liebe. Das ist ihm sicherlich nicht leichtgefallen, denn er mußte wissen, wie schwer – nicht nur für ihn selbst, sondern für alle, die ihm nachfolgen würden – dieser Weg werden mußte. Doch er hat den Konflikt in der Einsamkeit der Wüste, in der Freiheit der Leere gelöst.

Befreiung aus der Abhängigkeit

Die christlichen Kirchen haben das vierzigtägige Fasten zwischen Aschermittwoch und Ostern übernommen und den Freitag als Abstinenztag eingeführt, an dem, in Gedenken an CHRISTI Tod, kein Fleisch verspeist werden sollte. Auch die Adventszeit war durch die Jahrtausende eine etwas sanftere Fastenzeit zur Vorbereitung auf das Weihnachtsfest. In der Fastenzeit, die früher sehr streng eingehalten wurde, waren nur eine sättigende Mahlzeit täglich und zwei kleine Zwischenmahlzeiten erlaubt.

Doch diese Kirchengebote sind im Laufe der Zeit mehr und mehr gelockert worden, nicht zuletzt deshalb, weil es den Kirchen nicht mehr gelang, das Fasten einsichtig zu machen. Weil die Kirchen selbst, schwankend zwischen der Vorstellung des Bußfastens und des Fastens zur Befreiung von materiellen Abhängigkeiten, sich nicht so recht entscheiden konnten, was sie nun eigentlich fordern sollten. Das Bußfasten stand, der Bibel entsprechend, nicht hoch im Ansehen Gottes. Das Fasten zur Herbeiführung einer Art Ekstase blieb dubios – und geriet mehr und mehr in Wiederspruch zu den Lebensrealitäten: Eine moderne Leistungsgesellschaft brauche keine Träumer, keine Mystiker, keine körperlich geschwächten Menschen, sondern solche, die mit beiden Händen zupacken können!

Erst in jüngster Zeit, seit dem zweiten Vatikanischen Konzil, ist man dem ursprünglichen Sinn des Fastens wieder nähergekommen und hat den Gläubigen gesagt: Ihr müßt euch frei machen von der Abhängigkeit der Genüsse und des Lustkonsums. Ihr müßt euch beweisen, daß ihr eine innere Freiheit besitzt gegenüber allen Gütern der Welt und nicht süchtig seid. Deshalb gehört zum rechten Fasten nicht nur das Einschränken von Speisen, sondern auch das Enthalten von typischen Genußmitteln wie Nikotin,

Alkohol, aber auch die Kraft, einmal ohne Fernsehen, ohne Radio, ohne die tausendfältigen Zerstreuungsmöglichkeiten unserer Tage auszukommen, damit ihr zu euch selbst finden könnt. Das nämlich entspricht, wenigstens in etwa, dem Rückzug in die Wüste.

Diese Botschaft ist allerdings bis heute wenig durchgedrungen. Wie immer geht der Mensch den Weg der Bequemlichkeit: Fastengebote im strengen Sinn gibt es nicht mehr; freiwillig aber kann ich tun, was ich will, ohne mich dabei zu versündigen!

Mit dem festgesetzten und geregelten Fasten speziell in der Zeit des Frühlings ist uns aber eine der wertvollsten Heilmaßnahmen verlorengegangen. Als die Kirchen die Fastenregeln zu lockern begannen, entdeckten die Ärzte den Segen des Fastens.

Man muß hier wieder zurückblicken: Unsere Vorfahren – noch unsere Urgroßeltern – besaßen einen festen, gesunden Lebensrhythmus. Ihr Dasein war nicht die graue Eintönigkeit, wie wir sie heute weithin praktizieren. Gewiß, sie haben sich weit mehr als der moderne Mensch abgeschunden, doch der Tag, die Wochen, die Monate und Jahre waren von Lichtpunkten durchsetzt, die alles überstrahlten. Schon jede Mahlzeit war ein kleines Fest, ein Innehalten in der Gemeinschaft, ein Zusammenfinden.

Der Sonntag wurde zur Sammlung und Überhöhung dieser Lichtpunkte. Im Mittelpunkt stand das Festmahl, ein Augenblick, in dem die Welt in Ordnung war. Die Zeit schien stillzustehen, und die Sorgen und Mühen waren für einen Augenblick vergessen. Das Haus war erfüllt von Bratenduft, die Straßen waren gefegt, die Leute sonntäglich gekleidet. Es gab keinen Lärm, keine Anspannung, keine Hetze, keinen Zeitdruck, sondern nur Ruhe und eine gewisse Feierlichkeit. Das war Sonntag.

Über diesen Sieben-Tage-Glücksrhythmus spannte sich der Festtagsrhythmus. Und jedes Fest hatte sein eigenes, unverwechselbares Gesicht, seine speziellen Gaumenfreuden: bunte Eier, Schmalzgebackenes, Osterlamm, Ente, Gans, Lebkuchen... Und damit die Feste auch wirklich zu Festen werden konnten, hatte man vor sie Zeiten der kargen Mahlzeiten gelegt, die aber durch die Sonntage immer unterbrochen wurden.

Wenn man weiß, wie viele Krankheiten heute als Wohlstandsleiden bezeichnet werden – das weite Spektrum reicht von Kreislauferkrankungen über Diabetes, Gicht, Leberleiden bis hin zu Arteriosklerose, Krankheiten, die es in harten Kriegszeiten kaum gegeben hat –, wenn man betrachtet, wie heute unsere Überflußgesellschaft mit großen Mühen versucht, überflüssige Pfunde loszuwerden, bekommt man eine Ahnung vom Segen der alten Fastenregeln.

Die große Reinigung und der Jungbrunnen

Unser menschlicher Körper benötigt täglich kaum mehr als achtzehnhundert Kalorien. Der Normalbürger in hochzivilisierten Ländern vertilgt aber mindestens doppelt soviel. Er überlastet den Organismus und macht ihn krank. Denn unsere Speisen sind nicht nur zu üppig und zu inhaltsreich, sie sind auch versetzt mit Giften, Chemikalien, Konservierungsstoffen, Verschönerungsmitteln – neuerdings auch mit erhöhter Radioaktivität. Es versteht sich von selbst, daß der weniger belastet wird, der von vorneherein weniger ißt – oder zumindest in regelmäßigen Abständen seinen Körper reinigt.

Es gibt aber keine wirksamere Reinigung als das Fasten. Wenn der Körper weniger Speisen angeboten bekommt, als er benötigt, sieht er sich gezwungen, »aufzuräumen«. Zuerst werden die im Blut kreisenden und in der Leber gespeicherten Nahrungsstoffe aufgebraucht. Das allein schon ist eine vorzügliche und mit keinem anderen Mittel erreichbare Blutreinigung!

Sobald diese Vorräte weggeschafft sind, muß der Organismus weitere Maßnahmen ergreifen. Er befindet sich in einer Situation, vergleichbar einem Menschen, dem das Heizmaterial ausgegangen ist: Zuerst verbrennt er das Gerümpel, das sowieso überflüssig ist und nur nutzlos herumsteht, dann geht er zu den Möbelstücken über. Ganz ähnlich macht es der Körper: Er ernährt sich zunächst von schädlichen Ablagerungen in den Blutgefäßen. Das Blut eines Hungernden, so sagt ein Experte, ist gierig wie ein scharfes Waschpulver. Es saugt und säubert. Es löst nicht nur oberflächliche Ablagerungen, sondern findet das Fett auch in versteckten Falten und selbst im Gewebe, wo es sich eingelagert hat und für Versteifungen sorgt. Bei einem Nulldiät-Großversuch in Hamburg, an dem sich 158 Freiwillige beteiligten, die zwanzig Tag lang überhaupt nichts essen durften, zeigte sich als auffälligste »Nebenwirkung« der Kur, daß sich die Blutbildung der Hungernden ganz erheblich verbesserte. Die Ärzte sprechen deshalb bei der Fastenkur von der »Operation ohne Messer« oder auch vom wirklichen »Jungbrunnen«.

Tatsächlich ist die Entwicklung bedrohlich: Immer mehr Menschen – auch Frauen, die früher als gefeit galten – müssen schon in verhältnismäßig jungen Jahren (ab dem 35. Lebensjahr) erfahren, daß ihre Blutgefäße sklerotisch verändert sind. Damit steigt das Risiko dramatisch an, einen Herzinfarkt oder einen Schlaganfall zu erleiden.

Nach Hungerkuren, die in Spezialkliniken über drei Wochen durchgeführt werden, sind die Ablagerungen großenteils verschwunden. Die Leute sehen um zehn Jahre jünger aus und fühlen sich entsprechend vitaler und leistungsfähiger.

In den Fastenkliniken beobachten Ärzte und Patienten aber eine geradezu phantastische Befreiung: Nach drei Tagen Hungergefühl sind alle Beschwerden und Leiden wie verflogen. Die Fastenden kommen sich vor, als wären sie plötzlich wie von einer schweren Last befreit. Die Gedanken beginnen zu sprudeln und sind unvorstellbar klar. In Fastenkliniken werden Romane geschrieben, Musikwerke komponiert, bedeutende Erfindungen gemacht. Doch auch der Körper ist durch das Hungern keineswegs entkräftet, die Stimmung keineswegs trübsinnig. Man geht täglich bis zu zwanzig Kilometer durch den Wald. Und man ist dabei ungewöhnlich heiter und vergnügt.

Die schlimmsten Tage kommen erst, wenn das sogenannte »Fastenbrechen« vorgenommen wird: Mit dem ersten Bissen nach dem Hungern kehren Müdigkeit, Trägheit des Geistes, Unwohlsein und Verstimmungen zurück. Viele, die drei Wochen lang überhaupt nichts gegessen haben, abgesehen von ein paar Vitaminen und Säften, würden am liebsten überhaupt nichts mehr zwischen die Zähne stecken ...

Freiheit aus der Freiwilligkeit

Und das ist wiederum der gewaltige Unterschied zwischen Hungern und Fasten: Wenn jemand gezwungenermaßen hungert, weil er nichts Eßbares finden kann, dann beginnt für ihn am vierten, fünften Tag eine unbeschreibliche Qual. Das Hungergefühl nimmt so schmerzliche Ausmaße an, daß er glaubt, verrückt zu werden. Er kann nur noch an eines denken: Essen! Seine Phantasie gaukelt ihm die leckersten Speisen vor, und er ist schließlich sogar überzeugt davon, sie wirklich vor sich zu haben. Er fängt an, alles, was greifbar ist, in den Mund zu stecken, und versucht selbst Erde und Stücke der Kleidung zu verzehren. Schließlich dämmert er nur noch vor sich hin. Er wird rasch schwächer und stirbt nach etwa vierzig bis fünfundvierzig Tagen völlig entkräftet.

Den Rekord beim freiwilligen Fasten dagegen, das sich so völlig anders in seinen Auswirkungen präsentiert – anders der anderen Einstellung wegen –, soll ein Schotte halten. Er hat angeblich 270 Tage lang nur von Wasser und Vitaminen gelebt. Eine Frau aus Ulm hungerte sich unter ärztlicher Aufsicht in hundert Tagen hundertundvier Pfund ab. Ein vier Zentner schwerer Arbeiter aus England konnte sein Gewicht mit Hilfe der Nulldiät in 185 Tagen genau halbieren...

Genau das ist es, was Jesus mit seiner Aufforderung gemeint hat: Wer fastet, soll nicht mit trübsinniger Miene daherkommen, weil sonst der Effekt gleich null ist, weil man nur unsinnig leidet und doch nichts bewirkt. Das ist auch die Erklärung dafür, warum so viele Schlankeitskuren von vorneherein scheitern müssen: Wer innerlich, vielleicht ohne darum zu wissen, gar nicht schlanker werden will, wer das Fasten als riesige Qual betrachtet, der »programmiert« seinen Körper falsch. Und dann kann das Vorhaben nicht funktionieren.

Was wir brauchen, ist eine neue Einstellung zum Essen, zu den Speisen – und der Freiheit ihnen gegenüber. Wir sollen die köstlichen Geschenke der Natur und der Kochkunst genießen – dürfen aber nicht abhängig davon werden, nicht süchtig.

Und was für das Essen gilt, das gilt in gleicherweise auch für alle anderen Genüsse und Schönheiten und Kostbarkeiten des Lebens: Sie sind da, um wahrgenommen zu werden, uns Freude zu schenken, aber nicht, daß wir uns an sie verlieren. Die regelmäßigen Fastenzeiten sollen helfen, den notwendigen Abstand, der vielleicht verlorenging, wiederzufinden.

Opfer, um frei zu sein

Genau das ist auch der Sinn des rechtverstandenen Opfers. Die ersten Früchte der Bäume, die erste Ernte der Felder, die erstgeborenen Kälber und Lämmer gehörten Gott. Die Israeliten opferten vom Wertvollsten, das sie besaßen, um »heilig« zu werden, daß heißt von Genuß und Besitz eine gewisse Unabhängigkeit zu bewahren und nie zu vergessen, daß jeder Erfolg, jede Einnahme, jede Ernte ein Geschenk ist.

Die besten Teile eines Tieropfers, nämlich Blut und Fett, gab man ebenfalls *zum beruhigenden Duft für den Herrn* (siehe Levitikus 1,1–17), also um Gott zu versöhnen, ihn zu besänftigen. Man könnte ebensogut sagen: um das eigene Gewissen zu beruhigen. Denn das war früher nicht anders als heute: Irgendwie wußte man sich immer schuldig. Die Trennung vom Kostbarsten, ohne über den Verlust zu klagen, führte ins doppelte Ziel: Versöhnung mit Gott und Freiheit gegenüber den Schätzen der Welt.

Wenn du in das Land hineinziehst, das der Herr, dein Gott, dir als Erbbesitz gibt, es in Besitz nimmst und darin wohnst, dann sollst du von den ersten Erträgen der Feldfrüchte, die du in dem Land ... eingebracht hast, etwas nehmen und in einen Korb legen. Dann sollst du zu der Stätte ziehen, die der Herr, dein Gott, auserwählt hat, indem er dort seinen Namen wohnen läßt...

Du aber sollst folgendes Bekenntnis ablegen: »Mein Vater (Abraham) *war ein heimatloser Aramäer. Er zog nach Ägypten, lebte dort als Fremder mit wenigen Leuten und wurde zu einem großen, mächtigen und zahlreichen Volk. Die Ägypter behandelten uns schlecht, machten uns rechtlos und legten uns harte Frontarbeit auf. Wir schrien zum Herrn, dem Gott unserer Väter. Und der Herr erhörte unser Schreien und sah unsere Rechtlosigkeit, unsere Ar-*

beitslast und unsere Bedrängnis. Der Herr führte uns mit starker Hand und hocherhobenem Arm unter großen Schrecken, unter Zeichen und Wundern aus Ägypten. Er brachte uns an diese Stätte und gab uns dieses Land, ein Land, in dem Milch und Honig fließen. Und siehe, nun bringe ich hier die ersten Erträge von den Früchten des Landes, das du mir gegeben hast, Herr.«

Wenn du den Korb vor den Herrn, deinen Gott, hingestellt hast, sollst du dich vor dem Herrn, deinem Gott, niederwerfen. Dann sollst du fröhlich sein und dich freuen über alles Gute, das der Herr, dein Gott, dir und deiner Familie gegeben hat. (Deuteronomium 26, 1–11) Das »Opfer« soll nicht schmerzen, es muß froh stimmen – weil es letztlich zum eigenen Segen wird. Das ist der Sinn des Gebotes.

So sagt auch der Engel zu TOBIAS, als dieser ihm die Hälfte der eingetriebenen Schulden abtreten will: *»Tut Gutes, dann wird euch kein Unglück treffen. Es ist gut, zu beten und zu fasten, barmherzig und gerecht zu sein. Lieber weniger und gerecht als viel und ungerecht. Besser barmherzig zu sein, als Gold aufzuhäufen. Denn Barmherzigkeit rettet vor dem Tod und reinigt von jeder Sünde. Wer barmherzig und gerecht ist, wird lange leben. Wer aber sündigt, ist er eigene Feind des Lebens.«* (Tobias 12,7–10)

Schon der Prophet HOSEA (um 750 v. Chr.) hat seinem Volk bestätigt, daß es sinnvoll ist, sich von Gütern zu trennen, vor allem von dem, was einem ans Herz gewachsen ist – wiederum nicht, um sich selbst Schmerz zuzufügen, um sich klein zu machen, um sich zu kasteien, sondern um den eigentlichen Sinn des Lebens nicht aus den Augen zu verlieren.

Er erinnert daran, daß es sinnvoller ist, Früchte und Tiere den Armen und Notleidenden zu geben, als sie zu verbrennen: Gott braucht keine Speisen und auch kein Rauchopfer:

Kommt, wir wollen zum Herrn zurückkehren. Denn er hat Wunden gerissen; er wird uns auch heilen. Er hat verwundet; er wird auch verbinden. Nach zwei Tagen gibt er das Leben zurück, am dritten Tag richtet er uns auf. Und wir leben vor seinem Angesicht. Laßt uns streben nach Erkenntnis, nach der Erkenntnis des Herrn. Er kommt so sicher wie das Morgenrot. Er kommt zu uns wie der Regen, wie der Frühjahrsregen, der die Erde tränkt... Liebe will ich, nicht Schlachtopfer, Gotteserkenntnis statt Brandopfer. (Hosea 6,1–6)

Diesen Satz greift JESUS auf. »*Nicht der Gesunde braucht den Arzt, sondern die Kranken. Darum lernt, was es heißt: Barmherzigkeit will ich, nicht Opfer. Denn ich bin gekommen, die Sünder zu rufen, nicht die Gerechten.*« (Matthäus 9,13)

Und er erklärt auch, warum es nötig ist, Abstand von den Gütern der Welt zu halten, ihnen gegenüber frei zu bleiben: »*Sammelt keine Schätze hier auf der Erde, wo Motte und Wurm sie zerstören und wo Diebe einbrechen und sie stehlen, sondern sammelt euch Schätze im Himmel, wo weder Motte noch Wurm sie zerstören und keine Diebe einbrechen und sie stehlen. Denn wo dein Schatz ist, da ist auch dein Herz.*« (Matthäus 6,19–21)

Und genau um diese Frage geht es letztlich: Woran habe ich mein Herz gebunden?

Wer sein Lebensziel falsch gesteckt hat, der weiß sehr wohl darum, selbst dann, wenn er es sich selbst nicht eingestehen will. Mag er sich nach außen hin noch so glücklich geben: Sein Inneres ist verwundet. Sein Gewissen plagt ihn pausenlos und muß mit immer neuen Tricks zur Ruhe gebracht werden.

Er weiß: Eigentlich müßte ich ganz anders leben. Eigentlich mache ich mich nur unglücklich. Eigentlich bin ich süchtig und müßte alles daransetzen, davon loszukommen.

Denn alles, was er sich gönnt, wirkt schal und läßt unerfüllt und unbefriedigt. Je mehr Lust er sich verschafft, desto größer werden Enttäuschung und Überdruß, desto deutlicher verspürt er die innere Zerrissenheit.

Dieser Zustand aber ist der direkte Weg in die Krankheit, und gegen sie vermag kein Medikament zu helfen, solange man nicht bereit ist, mit sich selbst Frieden zu schließen, das Leben dahingehend zu ändern, daß es einen Sinn bekommt, daß man abends glücklich in Schlaf sinken kann im Bewußtsein: Heute bin ich ein kleines Stück vorangekommen. Voran zu mir selber! Voran zur Harmonie mit Gott, mit den Mitmenschen, mit der Natur, mit mir.

Wer das schafft, der vermag plötzlich sogar seine Krankheit zu akzeptieren und als etwas durchaus Positives zu werten in der Haltung: so oder so. Ob ich nun wieder gesund werde oder nicht, mein Leiden hat mich zurückgeführt auf den richtigen Weg. Und den werde ich fortan beibehalten, ohne mich gegen das Schicksal aufzulehnen. Eine solche Haltung aber, ein inneres Glück auch bei äußeren Leiden, ist die beste Voraussetzung dafür, auch körperlich wieder gesund zu werden.

Vertrau auf den Herrn und tue das Gute, bleibe wohnen im Land und bewahre Treue!

Freue dich innig am Herrn! Dann gibt er dir, was dein Herz begehrt.

Befiehl dem Herrn deinen Weg und vertrau ihm; er wird es fügen. (Psalm 37,3–5)

VI

Entsündige mich mit Ysop, Herr!

(Psalm 51,9)

Heilung aus den Gaben der Natur

Aus Leidenschaft zur schönen BATSEBA ist DAVID zum Verbrecher geworden. Er hat die Frau seines Offiziers verführt – und den Offizier selbst in den Tod geschickt.

Da kommt der Prophet NATAN zum König und führt ihm mit einem wunderschönen Gleichnis die Abscheulichkeit seines Vergehens vor Augen: *In einer Stadt lebten einst zwei Männer. Der eine war reich, der andere arm. Der Reiche besaß sehr viele Schafe und Rinder. Der Arme besaß nichts außer einem einzigen kleinen Lamm, das er gekauft hatte. Es wurde bei ihm zusammen mit seinen Kindern groß. Es aß von seinem Stück Brot, und es trank aus seinem Becher. In seinem Schoß lag es und war für ihn wie eine Tochter. Da kam ein Besucher zu dem reichen Mann. Er brachte es nicht über sich, eines von seinen Schafen oder Rindern zu schlachten, um es für den Gast zuzubereiten. Er nahm dem Armen das Lamm weg und bereitete es für den Mann zu, der zu ihm gekommen war.* (2. Samuel 12,1–4)

Als David diese Geschichte hört, gerät er in heftigen Zorn – und fängt sich im Netz seiner eigenen Gerechtigkeit: *»Der Mann, der das getan hat, verdient den Tod. Das Lamm soll er vierfach ersetzen, weil er das getan und kein Mitleid gehabt hat!«* (2. Samuel 12,5–6)

Der Prophet deutet auf den König: *»Du selbst bist der Mann. So spricht der Herr, der Gott Israels: Ich habe dich zum König von*

Israel gesalbt... Warum hast du das Wort des Herrn verachtet?« (2. Samuel 12,7–9)

Es folgt der mehrfache Fluch: Kein Friede mehr im Land, Unheil im eigenen Haus, Aufstand der eigenen Söhne gegen den Vater. Nicht nur eine Frau, den ganzen Harem wird man ihm wegnehmen. Das Schlimmste aber zum Schluß: *»Du wirst nicht sterben. Weil du aber die Feinde des Herrn durch diese Sache zum Lästern veranlaßt hast, muß der Sohn, der dir geboren wird, sterben.«* (2. Samuel 12,13–14)

Ohne Zweifel: Die eigentliche Schuld Davids liegt nicht in der außerehelichen Betätigung. Er hat sein Königsamt, seine Macht, mißbraucht und dabei auf dreifache Weise gesündigt:

Er, der Reiche, der Mächtige, nahm dem Urias das einzige, was er besaß und liebte, seine Frau.

Er ließ den Urias, der ihm im Wege stand, auf hinterhältige Weise umbringen.

Und er ist zum schweren Ärgernis geworden: »Wie kann Gott es zulassen, wenn er gerecht ist, daß sein König solche Verbrechen begeht?« wird sich das eigene Volk gefragt haben. Und andere Völker dürften zur Überzeugung gelangt sein: »Nun ja, die Juden brauchen mit ihrem Glauben nicht so groß zu tun, sie verhalten sich auch nicht anständiger als unsereiner.«

Es ist die uralte Geschichte, daß einer, der sich für fromm und gläubig ausgibt, eine ganz besondere Verantwortung besitzt, weil er mit seinem Sturz immer gleich auch seinen Glauben mit herunterreißt.

David sieht seine Schuld ein und bereut sie. Daß er selbst weiterleben darf, mag ihm selbst nicht als Vergünstigung vorkommen. Denn Gott will ihm zur Strafe sein Kind wegnehmen. Und das kann für einen liebenden Vater ebenso schlimm sein wie für eine Mutter, schlimmer als der eigene Tod. Der König läßt nichts unversucht, das Kind zu retten. Er wirft sich vor Gott in den Staub, verweigert jede Nahrung, weint und betet. Nachts schläft er auf der harten, kalten Erde. Das hält er eine ganze Woche lang unbeirrt durch, während sein Sohn mit dem Tode ringt. Alle Bemühungen seiner Minister, den König zur Vernunft zu bringen, schlagen fehl.

Doch auch Davids Anstrengungen sind umsonst. Das Kind stirbt.

Und nun zeigt sich die wahre Größe Davids: Sobald er erfährt, sein Sohn sei gestorben, bricht er sein Fasten, Klagen, Beten ab. Er steht auf, badet und salbt sich, zieht frische Kleider an, geht in den Tempel, Gott seine unverbrüchliche Treue zu versichern. Dann kehrt er nach Hause und läßt sich auftischen. Sein Hofstaat ist verwirrt: Gerade jetzt müßte er doch erst recht traurig und verstört sein. Jetzt hätte er Grund, mit Gott zu hadern, denn der hat ihn ja nicht erhört: Das Kind ist tot!

David antwortet: *»Als das Kind noch am Leben war, habe ich gefastet und geweint. Denn ich dachte: Wer weiß, vielleicht ist der Herr mir gnädig, und das Kind bleibt am Leben. Jetzt, da es tot ist, warum sollte ich noch fasten? Kann ich es zurückholen?«* (2. Samuel 12,22–23)

David zweifelt nicht an Gott. Er fällt auch nicht in Verzweiflung. Er sucht auch nicht nach einem Sündenbock, auf den er die Schuld abwälzen könnte. Er schickte Batseba nicht weg, überhäuft sie nicht mit Vorwürfen: »Du bist an allem schuld. Du hast mich verführt. Deiner Schönheit bin ich verfallen.« Nein, er tröstet sie – und die beiden schenken einander einen zweiten Sohn: SALOMON, der Davids weiser und prachtvoller Nachfolger wird.

»Gott kann auch auf krummen Zeilen gerade schreiben«, wußten die Alten und verwiesen darauf, daß aus so manchem Verbrechen und viel Not letztlich ein Segen werden konnte, weil die »Sünder« sich nicht in Selbstvorwürfen verzehrten, sondern die Strafe akzeptierten, um aus dem Leben fortan das Beste zu machen.

Immer, wenn David seelisch stark bewegt war, wenn Freude sein Herz höher schlagen ließ oder Schmerz es zerriß, setzte er sich hin und schuf ein Gedicht, einen Psalm, ein kleines Meisterwerk, das ihn unsterblich gemacht hätte, wäre sonst nichts von ihm übriggeblieben. In seiner Not nach der Verfluchung durch den Propheten schrieb er den berühmten Psalm 51 (3–19; 10) die wohl bewegendste Bitte um Vergebung der Weltliteratur:

Gott sei mir gnädig nach deiner Huld, tilge meinen Frevel nach deinem reichen Erbarmen. Wasch meine Schuld von mir ab und mache mich rein von meiner Sünde!...

Verwirf mich nicht vor deinem Angesicht, und nimm deinen heiligen Geist nicht von mir!...

Herr, öffne mir die Lippen, und mein Mund wird dein Heil verkünden.

Schlachtopfer willst du nicht, ich würde sie dir geben; an Brandopfern hast du keinen Gefallen. Das Opfer, das Gott gefällt, ist ein zerknirschter Geist, ein zerbrochenes und zerschlagenes Herz wirst du, Gott, nicht verschmähen...

Sättige mich mit Entzücken und Freude! Jubeln sollen die Glieder, die du zerschlagen hast.

Kräuter der Heilung, Kräuter, die reinigen

In diesem Psalm (51,9) stehen auch die Verse: *Entsündige mich mit Ysop, dann werde ich rein; wasche mich, dann werde ich weißer als der Schnee.*

Ysop steht hier als Sammelbegriff für eine Reihe von Heilpflanzen, die bei den Juden des Alten Testaments in sehr hohem Ansehen standen. Man darf annehmen, daß das Volk Israel viel medizinisches Wissen aus der ägyptischen Schule mitgebracht hat. Ganz sicher besaß auch schon Abraham aus seiner mesopotamischen Heimat her Erfahrungen über den Umgang mit Heilkräutern.

Die Bibel aber macht auch die Heilpflanzen und Heilrezepte, die sie da und dort aufgegriffen hat, zu etwas ganz Eigenem: In der Bibel begegnen wir einem Naturverständnis, das himmelhoch über dem steht, was wir heute unter Natur und natürlichen Heilkräften verstehen.

Die Heilkräuter fügen sich voll in das ein, was bisher dargelegt wurde: Vor der Gesundheit und vor der Genesung steht das Reinwerden, das Heilwerden, das Heiligwerden.

Die Natur ist von Gott geschaffen und frei von jeder Verfehlung, also heilig. Nur deshalb vermag sie zu heilen.

Ysop, dabei handelt es sich wahrscheinlich um den ägyptischen Majoran (Origanum maru), eine haarige, sehr aromatisch duftende

Pflanze, die einen Meter hoch werden kann. Ihm begegnen wir in der Heiligen Schrift zum erstenmal beim ursprünglichen Paschafest der Juden in Ägypten, unmittellbar vor dem Exodus: Gott hatte beschlossen, die letzte und schlimmste Plage über die Ägypter kommen zu lassen, den Tod aller Erstgeborenen.

Es war im Frühjahr. Die Juden bekamen den Auftrag, ein Lamm zu schlachten und es in der Nacht restlos zu verzehren – und zwar reisefertig gekleidet, *eure Hüften gegürtet, Schuhe an den Füßen, den Stab in der Hand. Eßt hastig. Es ist die Paschafeier für den Herrn. In dieser Nacht gehe ich durch Ägypten und schlage in Ägypten jeden Erstgeborenen bei Mensch und Vieh.* (Exodus 12,11 bis 12)

Damit die Juden selbst verschont blieben, bekamen sie die Anweisung, die Türpfosten mit dem Blut des Osterlamms zu bestreichen: *Wenn der Herr das Blut am Türsturz und an den beiden Türpfosten sieht, wird er an der Tür vorübergehen.* (Exodus 12,23)

Blut ist heilig. Es darf nicht berührt werden. Auch das Hineintauchen eines Tuches, von Menschenhand gemacht, oder sonst eines künstlichen Gegenstandes wäre ebenfalls ein Sakrileg.

Deshalb gibt Moses den Befehl: *»Schlachtet das Paschalamm! Dann nehmt einen Ysopzweig, taucht ihn in die Schüssel mit Blut und streicht etwas davon auf den Türsturz und die beiden Türpfosten.«* (Exodus 12,21–22) Nur das irdene Gefäß, naturbelassen, und die heilige Pflanze durften mit dem Blut in Berührung kommen.

Diesem Verständnis der Heiligkeit der Natur begegnen wir in der Bibel auf Schritt und Tritt. So dürfen beispielsweise selbst Steine, aus denen ein Altar errichtet wird, nicht behauen werden. Unmittelbar im Anschluß an die Zehn Gebote spricht der Herr: *»Du sollst mir einen Altar aus Erde errichten und darauf deine Schafe, Ziegen und Rinder als Brandopfer und Heilopfer schlachten. An jedem Ort, an dem ich meinem Namen ein Gedächtnis stifte, will ich zu dir kommen und dich segnen.*

Wenn du dir einen Altar aus Stein errichtest, dann sollst du ihn nicht aus behauenen Quadern bauen. Du entweihst ihn, wenn du mit einem Meißel daran arbeitest.« (Exodus 20,24–25)

Und später: »*Dort* (auf dem Berg Garizim) *sollst du dem Herrn, deinem Gott, einen Altar bauen, einen Altar aus Steinen. Du darfst nicht mit Eisenwerkzeugen daran arbeiten. Aus unbehauenen Steinen sollst du den Altar des Herrn, deines Gottes, bauen.«* (Deuteronomium 27,5–6)

Schont die Bäume!

In gleicher Weise werden die Israeliten, die in das versprochene Land hineinziehen, davor gewarnt, Bäume zu vernichten:

Wenn du eine Stadt längere Zeit belagerst, um sie anzugreifen und zu erobern, dann sollst du ihrem Baumbestand keinen Schaden zufügen, indem du die Axt daran legst. Du darfst von den Bäumen essen, sie aber nicht fällen mit dem Gedanken, die Bäume auf dem Feld seien der Mensch selbst, so daß sie von dir belagert werden müßten. Nur den Bäumen, von denen du weißt, daß sie keine Fruchtbäume sind, darfst du Schaden zufügen. Du darfst sie fällen und daraus Belagerungswerk bauen gegen die Stadt, die gegen dich kämpfen will, bis sie schließlich fällt. (Deuteronomium 20,19–20)

Dieses Gebot steht in deutlichem Widerspruch zu sonstigen Anweisungen, im eroberten Land alles niederzumachen, zu zerstören, dem Erdboden gleichzumachen und nichts als Beute zu nehmen. An die Bäume durften die Eroberer nicht Hand anlegen – ausgenommen, sie brauchen Bauholz für Bollwerke und Kriegsmaschinen, und auch dann dürfen keine Obstbäume gefällt werden.

Das ist selbstverständlich ein sehr vernünftiger Rat: Wer in einem Land leben will, darf nicht zuvor die Bäume fällen, sonst zerstört er seine Lebensquellen. Die Bäume (Feigen, Datteln, Äpfel, Orangen, Zitronen, Granatäpfel, Oliven) liefern wichtigste Nahrungsmittel, ohne die es kein Überleben gibt. Die Bäume halten aber auch die Feuchtigkeit im Boden zurück, spenden Schatten, wehren dem Wind und schützen die Erde vor Errosion. Dem Volk, das so lange in der Wüste leben mußte, ist die Wichtigkeit des Baumes sehr nachdrücklich eingeprägt worden!

Balsam – das Wunderheilmittel

»Gibt es keinen Balsam in Gilead? Ist dort kein Wundarzt? Warum schließt sich denn nicht die Wunde der Tochter, meines Volkes?« (Jeremias 8,22). Angesichts des sittlichen Verfalls seines Volkes klagt so der Prophet. Und kurz später fordert er erneut seine Landsleute auf: »Holt Balsam für seine Wunden. Vielleicht ist es zu heilen?« (Jeremias 51,8)
Zwei von vielen Bibelstellen, die das Heilmittel Balsam erwähnen. Der Gilead- oder auch Mekka-Balsam war im Altertum berühmt und gesucht. Er wurde unter anderem zum Einbalsamieren verwendet – daher der Name. Man gewann den Saft der Bäume *Commiphora oppobalsamum*, verbrannte ihn zu heilsamem Rauch neben Kranken und bereitete daraus, wohl im Gemisch mit verschiedenen Heilölen, die Heilsalbe schlechthin. Diese Salbe löste man dann beispielsweise in Wein auf und goß diesen als Desinfektionsmittel über frische Wunden.
Balsam war auch ein besonders geschätztes Parfüm – das die Aufgabe besaß, heiter und froh zu stimmen. Man rieb sich die Salbe auf Stirn und Schläfe und ließ sie von der Sonne flüssig werden, so daß sie über das ganze Gesicht floß.

Doch das Gebot geht tiefer: Die Natur ist heilig. Ein Baum ist ein Stück vollendete, heiligste Natur, der man mit großer Ehrfurcht begegnet. Nicht nur unsere Vorfahren, die Germanen und Kelten, haben die Bäumen verehrt, sie als Sitz der Götter betrachtet. Auch die Juden zog es immer wieder zu heiligen Hainen. Sie bestatteten die großen Söhne ihres Volkes unter besonders stattlichen Bäumen. Die Verehrung der Bäume war so groß, daß Moses verbieten mußte: *Du sollst dem Herrn, deinem Gott, neben dem Altar keinen Kultpfahl errichten und keinen Hain von Bäumen pflanzen.* (Deuteronomium 16,21)

Doch dieses Gebot scheint den Israeliten sehr schwer gefallen zu sein. Immer wieder müssen Könige von den Propheten ermahnt werden, endlich etwas gegen die heiligen Haine zu unternehmen. Der Prophet Jeremias warnt: *Judas Sünde ist aufgeschrieben mit eisernem Griffel, mit diamantenem Stift eingegraben in die Tafel ihres Herzens und in die Hörner ihrer Altäre, damit auch deine Söhne noch denken an ihre Altäre und Kultpfähle bei den üppigen Bäumen auf den hohen Hügeln des Berglands. Dein Vermögen und all deine Schätze gebe ich zur Plünderung preis als Lohn für all deine Sünden in deinem ganzen Gebiet.* (Jeremias 17,1–3)

Der Baum übte eine mächtige Anziehungskraft auf die Menschen aus. Er war Sinnbild der Zuversicht und der Unsterblichkeit. Festverwurzelt in der Erde ist er fähig, verborgene Wasser zu ergründen, die Schätze des Bodens aufzunehmen und in köstliche Früchte zu verwandeln. Mit seiner Krone aber reicht er in den Himmel hinein, aufrecht, stark, fast unzerstörbar.

Der Dulder HIOB fühlt sich, gemessen an der Lebenskraft eines Baumes, geradezu armselig:

Der Mensch, vom Weib geboren, knapp an Tagen, unruhevoll, er geht wie die Blume auf und welkt, flieht wie ein Schatten und bleibt nicht bestehen ... Für den Baum besteht noch Hoffnung. Ist er gefällt, so treibt er wieder. Sein Sprößling bleibt nicht aus. Wenn in der Erde seine Wurzel altert und sein Stumpf im Boden stirbt, vom Dunst des Wassers sproßt er wieder. Und wie ein Setzling treibt er Zweige. (Hiob 14,1–9)

Entsprechend solcher Verehrung des Baumes hielten sich die Juden des Alten Testaments streng an die Gebote MOSES über Anpflanzung und Pflege der Bäume:

Wenn ihr in das Land kommt und einen Fruchtbaum pflanzt, sollt ihr seine Früchte behandeln, als ob sie seine Vorhaut wären. Drei Jahre lang sollen sie für euch etwas Unbeschnittenes sein, das man nicht essen darf. Im vierten Jahr sollen alle Früchte als Festgabe für den Herrn geheiligt sein. Erst im fünften Jahr dürft ihr die Früchte essen und den Ertrag für euch ernten. Ich bin der Herr, euer Gott. (Levitikus 19,23–25)

Das heißt also: In den ersten drei Jahren blieb jeder Baum »unberührt«. Er gehörte sich selbst. Erst im fünften Jahr nahm man ihn in Dienst.

Heilung mit dem Heiligen

Der zweite Bibeltext, der Ysop erwähnt, berichtet vom Reinigungsritus eines Aussätzigen. Wiederum bedeutet Reinigung die erste und letzte Form der Heilung. Die Anweisungen sind ein Beispiel dafür, wie Pflanzen und Tiere – nicht viel anders als heute noch bei Naturvölkern – zur endgültigen Heilung herangezogen wurden:

Das ist das Gesetz für den Aussätzigen, wenn er für rein erklärt wird: Man soll ihn zum Priester führen. Der Priester soll vor das Lager herauskommen (wohin die Aussätzigen verbannt waren). *Stellt er nach der Untersuchung fest, daß der Aussätzige von seinem Aussatz geheilt ist, soll er anordnen, daß man für den, der sich der Reinigung unterzieht, zwei lebende reine Vögel, Zedernholz, Karmesin und Ysop nimmt. Dann soll er anordnen, den einen Vogel über einem Tongefäß mit Quellwasser zu schlachten. Den lebenden Vogel, das Zedernholz, das Karmesin und den Ysop soll er nehmen und alles, auch den lebenden Vogel, in das Blut des über dem Quellwasser geschlachteten Vogels tauchen. Nun soll er den, der sich der Reinigung vom Aussatz unterzieht, siebenmal besprengen, nachdem er ihn für rein erklärt hat, den lebenden Vogel ins freie Feld fliegen lassen.* (Levitikus 14,1–7)

Der Geheilte mußte sich daraufhin waschen, sämtliche Haare scheren, auch die Augenbrauen, neue Kleider anziehen. Erst danach durfte er ins Lager, später in die Stadt, zurückkehren und wieder in der Gemeinschaft des Volkes leben.

Wieder scheint es, als hätte der Ysopstengel – oder auch ein ganzer Ysopbusch – nur als Wedel gedient, der es möglich machte, mit dem heiligen Blut, dem Quellwasser und dem roten Farbstoff in Kontakt zu kommen, ohne eine Sakrileg zu begehen.

In diesem Fall aber erfahren wir, daß der Geheilte sogar besprengt wird.

Der nächste Absatz schildert das Reinigungsopfer, das der Gesunde am achten Tag nach seiner Heilung darbringt. Und nun wird der Text noch deutlicher: Der Priester gibt sogar Tropfen des Opferblutes auf Ohrläppchen, Daumen und Zehen des ehemaligen Patienten. Und das ist nun offensichtlich kein Sakrileg, sondern sichtbares Zeichen der Errettung und der vollkommenen Versöhnung mit Gott. Der vom Aussatz Geheilte ist nicht nur heil – er ist durch Gottes Gnade heilig geworden. Gott hat ihn gesunden lassen und damit gezeigt, daß alle Schuld vergeben ist. Der Vogel, den man fliegen ließ, hat die letzten Spuren der Sünde davongetragen.

Ysop, das wundersame Kraut

Man könnte diese »Nachsorge« als besonders hilfreiche Therapie gegen einen Rückfall bezeichnen. Und dabei kommt dem Ysop neben dem Zedernholz nun doch eine echte Heilwirkung zu: Die Heilpflanze gibt ihre Duft- und Heilstoffe an das Blut und das Quellwasser ab – und wird somit – man könnte sagen zum homöopathischen Heil- und Stärkungsmittel. Als solche sind sowohl Ysop (Hyssopus officinalis) wie auch die verschiedenen Majorangattungen durch die Jahrtausende als Mittel gegen schwer heilende Wunden, gegen Pest, gegen Lungenleiden und viele andere besonders schlimme Übel immer wieder eingesetzt worden.

Karl der Grosse (768–814), der sich um die Heilpflanzen unschätzbare Verdienste erworben hat, brachte neben vielen anderen auch den Ysop in unsere Heimat und legte ihn Mönchen und Bauern besonders ans Herz. Seitdem ist er bei uns heimisch geworden, eine Pflanze, die den Boden geradezu aussaugt, so daß dort, wo eine Ysoppflanze gewachsen ist, zwei Jahre lang nichts anderes mehr recht gedeihen will.

Für Hildegard von Bingen galt Ysop als besonders heilkräftige Pflanze, die sie als reinigendes Gewürz vor allem zu fetten Fleischspeisen empfahl:

»Der Ysop ... ist von so großer Kraft, daß sogar der Fels ihm nicht widerstehen kann, wenn in seiner Ritze Ysop keimt. Wenn man ihn oft ißt, reinigt er den kranken, übelriechenden Schaum der Säfte, wie die Wärme im Topf den Schaum aufwallen läßt. Ysop ist für alle Speisen nützlich. Und zwar ist er gekocht wirksamer als roh, getrocknet und pulverisiert nützlicher als frisch. Ysop gegessen macht die Leber ›querck‹ (stabil) und reinigt etwas die Lunge. Aber auch wer hustet und an der Leber Schmerzen hat und wer

Minze – gegen Husten und Kreuzschmerzen

Minzeblätter und ganze Minzestauden streuten die alten Juden in die Synagogen, um den Raum mit dem aromatischen, erfrischenden Duft zu erfüllen. Minze als Gewürz – sie wurde auf Feldern angepflanzt – benutzten sie vorwiegend zu Milch- und Gurkenspeisen.
Minzeöl und Minzetee waren Heilmittel gegen Rückenschmerzen, Husten und Bronchitis.
Das Öl wurde folgendermaßen hergestellt: Man preßte aus frischen Minzeblättern den Saft, etwa eine halbe Tasse voll. Ihn vermischte man mit einer Tasse Olivenöl. Die Flasche wurde verschlossen vierzehn Tage lang an die Sonne gestellt.
Mit diesem Öl rieb man bei Husten und Bronchitis die Brust ein, das Kreuz bei Kreuzschmerzen. Gleichzeitig trank man Minzetee.

dämpfig ist (leicht schwitzt) und an der Lunge leidet, der soll Ysop mit Fleisch oder mit Fett essen, und es wird ihm besser werden.«

Man hat früher den Ysop – und das dürfte bei den biblischen Juden schon ebenso gebräuchlich gewesen sein wie bei den Ägyptern – ganz ähnlich verwendet, wie wir heute Petersilie und Schnittlauch verwenden: Die Blätter, aber auch die Blüten, wurden fein zerhackt über die Speisen gestreut oder man wickelte einen ganzen Büschel um den Braten. Und man trocknete die blauen, rosafarbenen oder auch weißen Blüten und die Blätter, zerrieb sie zu einem Pulver und gab dieses auf die Speisen.

Ganze Ysopstengel füllte man in Gefäße, übergoß sie mit Olivenöl und stellte das einige Wochen in die Sonne. Das Ysopöl wurde dann in kleine Fläschchen abgefüllt und als Einreibmittel für gelähmte und schmerzende Glieder verwendet. Bei hartnäckigem Husten und Lungenleiden, speziell bei Tuberkulose, rieb man damit die Brust ein und trank gleichzeitig einige Tropfen in Wasser oder Tee verdünnt.

Dieses Rezept wird auch heute noch von der Naturheilkunde

empfohlen – ebenso wie der Ysoptee: Man überbrüht einen Teelöffel des getrockneten Krautes mit einer Tasse kochendem Wasser und trinkt das vor dem Schlafengehen schluckweise. Dieser Tee soll vor allem das Herz stärken, Schweißausbrüche und Atembeschwerden lindern.

Ysop – in Essig gekocht – war in sehr alten Zeiten ein beliebtes Betäubungsmittel. Man gab das beispielsweise Schwerverletzten – oder auch Gekreuzigten – zu trinken, um ihre Schmerzen zu lindern. So ist auch der Vorgang bei Jesu Kreuzigung zu verstehen: *Um die neunte Stunde* (gegen drei Uhr nachmittags), so heißt es im Matthäus-Evangelium, *rief Jesus laut... Sogleich lief einer* (der Umstehenden) *hin, tauchte einen Schwamm in Essig und steckte ihn auf einen Stock und gab Jesus zu trinken.* (27,45) JOHANNES vermerkt genauer: *Ein Gefäß mit Essig stand da. Sie steckten einen Schwamm mit Essig auf einen Ysopzweig und hielten ihn an seinen Mund.* (19,29)

Die Soldaten, die zur Kreuzigung abkommandiert waren, wollten den Gekreuzigten also nicht zusätzlich verhöhnen und seinen Durst auf besonders sadistische Weise vergrößern, sondern sie versuchten, seine Schmerzen etwas zu betäuben. Das Gefäß mit Essig stand keinesfalls zufällig da. Es war Ysopessig, das damals bekannteste Schmerzmittel.

Und auch die »Galle«, die JESUS auf dem Golgotha unmittelbar vor der Kreuzigung mit Wein gereicht wurde, war ein Schmerzmittel – ein Heilkraut, das in sauerem Wein gekocht war, vielleicht wiederum Ysop. Auch dieses Rezept ist heute noch mancherorts, vor allem in abgelegenen Alpendörfern, bekannt: Bei Zahnschmerzen spült man den Mund mit Ysopessig oder Ysopwein.

Für die Israeliten des Alten Testaments war Ysop unverzichtbarer Bestandteil des sogenannten Reinigungswassers:

Sag den Israeliten, sie sollen dir eine fehlerlose, einwandfreie rote Kuh bringen, die noch nie ein Joch getragen hat. Übergebt die Kuh dem Priester Eleasar. Dann soll man sie vor das Lager hinausführen und sie vor seinen Augen schlachten. Der Priester Eleasar nimmt mit seinem Finger etwas von ihrem Blut und spritzt damit siebenmal gegen die Vorderseite des Offenbarungszeltes. Darauf verbrennt

Aloe – das Hautpflegemittel

Aloe dürfte eines der wichtigsten Schönheitsmittel jüdischer Frauen gewesen sein: »Von Myrrhe und Aloe und Kassia (Zimt) duften alle deine Gewänder« (Psalm 45,9). Aloe ist gleichzeitig auch zur Einbalsamierung benötigt worden.
Am häufigsten verwendete man das frische geleeartige Mark der stacheligen Blätter der Pflanze und bereitete daraus mit Honig ein Gelee, das als Hautpflegemittel benutzt, aber auch auf Wunden aufgetragen wurde, damit sie sich zusammenzogen und keine häßlichen Narben bildeten.
Mit Myrrhe vermischt bildete Aloepulver das Heilmittel gegen schlecht heilende, eitrige Wunden, gegen Fäulnis und Hautunreinheiten.
Aloesaft und Aloepulver ist heute noch in manchen Abführmitteln und Gallemedikamenten.

man die Kuh vor seinen Augen ... Der Priester nimmt Zedernholz, Ysop, Karmesin und wirft alles ins Feuer, in dem die Kuh verbrannt wird ...

Ein reiner Mann sammelt die Asche und legt sie an einen reinen Ort außerhalb des Lagers. Sie wird für die Gemeinde der Israeliten zur Zubereitung des Reinigungswassers aufbewahrt ... Für den Unreinen nimmt man etwas Brandasche vom Sündopfer, schüttet sie in ein Gefäß und gießt Quellwasser darüber. Ein reiner Mann nimmt Ysop, taucht ihn in das Wasser und bespritzt damit das Zelt sowie die Gefäße und die Menschen, die im Zelt sind ... Der Reine bespritzt den Unreinen am dritten und am siebten Tag und entsündigt ihn am siebten Tag. (Numeri 19,2–19)

Die Information zur Heilung

Die Heilung mit der heiligen Pflanze ist in der Reinigungszeremonie zur Heiligung geworden, zur Befreiung des Menschen von allem, was ihn von Gott trennen könnte. Das Heilen ist in eine neue, höhere Dimension gehoben: Der Gleichklang, die Harmonie mit der Natur kann auch gefunden werden, ohne daß man ein Stück heiliger Natur in sich aufnimmt und es im eigenen Körper wirken läßt. Es genügt, mit dem heiligen Wasser symbolisch besprengt zu werden, gewissermaßen »getauft« zu werden. Alleine schon bei diesem scheinbar so flüchtigen Kontakt mit dem Göttlichen vollzieht sich die Heiligung – und kann auch die körperliche Gesundung aus dem Innern heraus erfolgen.

Das ist das eigentliche Gesundwerden, denn: Kein Medikament, keine Heilpflanze, keine Heilmethode kann letztlich zum vollen Erfolg führen, solange diese »Reinheit« der Gedanken, der Gefühle, der Wünsche und Sehnsüchte, das Einswerden mit der Schöpfung, die Rückkehr in die kosmische Harmonie, in die gottgewollte Ordnung, nicht gegeben ist. Das wußten die Alten schon immer, das ahnten auch Völker, die keine Offenbarung besaßen wie die Juden.

Der Hebräerbrief im Neuen Testament versucht die Zeremonie der Reinigung auf diese Weise zu erklären: *Nachdem Moses jedes Gebot dem Gesetz gemäß dem ganzen Volk verlesen hatte, nahm er das Blut der jungen Stiere und der Böcke, dazu Wasser, rote Wolle* (Karmesin) *und Ysop, besprengte das Buch selbst und das ganze Volk und sagte: Das ist das Blut des Bundes, den Gott für euch eingesetzt hat ... Fast alles wird nach dem Gesetz mit Blut gereinigt. Ohne daß Blut vergossen wird, gibt es keine Vergebung.* (Hebräer 9,19–22)

JESUS spricht beim letzten Abendmahl beinahe dieselben Worte. Nachdem er den Wein im Kelch gesegnet hat, sagte er: *»Dieser Kelch ist der neue Bund in meinem Blut.«* (1. Korinther 11,25)

Im Gedenken an seinen Tod wird der Wein zum heiligenden Blut, es sind keine Tieropfer, kein Ysop und kein Zedernholz mehr nötig. Das ist eine erneute Steigerung, eine noch perfektere Loslösung vom »Material«, in dem die Heilkraft steckt. Der Geist der Heiligkeit kommt ganz unmittelbar zur Wirkung.

Hier sind wir zum Kern der Frage nach dem, was heil macht, vorgestoßen. Man wird an die homöopathische Heilkunst erinnert. Für sie gilt analog: Ein Medikament ist um so wirksamer, je weniger

»Wirkstoff« vorhanden ist. Homöopathische Heilmittel werden gewonnen, indem man Tinkturen von Heilpflanzen (auch von Giftstoffen) »potenziert«, daß heißt so lange verdünnt, bis die Tinktur nur noch in winzigsten Spuren oder auch überhaut nicht mehr nachgewiesen werden kann: Man verschüttelt einen Teil der Urtinktur mit neun Teilen Wasser oder Alkohol. Das nennt man dann D1. Wird D1 erneut mit neun Teilen Wasser oder Alkohol verschüttelt, so daß die Mischung nun 1:99 heißt, dann erhält man D2. Es gibt in der Homöopathie Potenzen bis zu D2000 – bei einer Menge mit 2000 Nullen besteht nur noch ein einziger Teil aus der Urtinktur; und diese »Verdünnung« ist nach der Erfahrung der Homöopathen zugleich die wirksamste. Bereits ab der Potenz D16 ist aber kein Molekül der Urtinktur mehr aufzuspüren; die chemische Analyse ergibt nur noch Wasser – mit tausend verschiedenen Verschmutzungen –, aber keiner Spur des Heilstoffs mehr.

Wieso das homöopathisch Medikament trotzdem wirken kann, das hat der Münchner Psychotherapeut THORWALD DETHLEFSEN mit einem treffenden Bild zu erklären versucht: Wenn jemand meine Telefonnummer benötigt, kann ich sie ihm auf einen Zettel oder auf Tonband zuschicken; ich kann sie auch einem Boten mitteilen. Im Endeffekt ist es völlig bedeutungslos, welche Methode ich wähle. Wichtig ist für den, der die Telefonnummer sucht, nur die Reihenfolge der Zahlen, nicht das Papier, nicht die Tinte, mit der sie geschrieben wurden, nicht die chemische Zusammensetzung von Tinte und Papier. Das allein aber kann eine chemische Analyse ermitteln, die Zahlen selbst nicht.

Anders gesagt: Der kranke Körper braucht nur eine »Information«, vergleichbar der Telefonnummer. Wie er sie bekommt, das ist völlig unwichtig. Sobald er die Information besitzt, vermag er sich wieder selbst zu heilen.

Die richtige »Information« – heute würden wir in moderner Computersprache vielleicht auch sagen, den »Code« – kann nur übermitteln, wer ihn selbst besitzt, weil er seinem Wesen nach heil, heilig ist: die Pflanze, das gesunde Tierorgan, das unzerstörte Mineral, das Wort, der Gedanke, der Segenswunsch des Geistheilers, die Hand des Magiers.

In der Homöopathie löst sich die »Information« beim kräftigen Schütteln während der Herstellung von seiner »Trägermaterie« und wird dabei immer freier und deshalb immer wirksamer. Aufgabe des Homöopathen ist es herauszufinden, welche Information der Patient braucht. Deshalb stellt sich ihm auch nicht die Frage: »Woran leidet der Patient? Welches Mittel hilft dagegen?« – sondern für ihn ist wichtig: »Was fehlt dem Patienten, daß er überhaupt krank geworden ist?« Im eingehenden Gespräch muß er herausfinden, welche falsche Lebensweise, welche »unheiligen« Gedanken, welche Fehler in der Lebenseinstellung, welche »Sünden« zur Disharmonie geführt haben. Kamillen, um nur ein Beispiel zu nennen, können für einen, der unter Magenkrämpfen leidet, je nach der Ursache des Leidens die richtigen oder auch die falschen »Informationen« liefern. Deshalb gibt es in der Homöopathie kein typisches Magenmittel, kein unbedingt heilsames Herzpräparat, kein absolut wirksames Schnupfenmittel.

Die Heilung kommt von Gott

Es gibt nur eine Heilung, und die kommt von Gott, lehrt die Bibel immer wieder. Wer sich voll auf Medikamente verläßt, ohne mit Gott, mit sich, mit der Natur ins reine zu kommen, der wartet vergeblich auf Heilung. Er kann sie nicht finden, weil er sich selbst im Wege steht.

So erging es König Asa von Juda (911–871 v. Chr.): *Im neununddreißigsten Jahr seiner Regierung erkrankte Asa an den Füßen. Die Krankheit war sehr heftig. Aber auch in der Krankheit suchte er nicht den Herrn, sondern die Ärzte. Asa entschlief seinen Vätern. Er starb im einundvierzigsten Jahr seiner Regierung.* (2. Chronik 16,12–13)

Im Buch der Weisheit wird betont: *Auch damals, als die schreckliche Wut wilder Tier über sie* (die Israeliten in der Wüste) *hereinbrach und sie durch die Bisse tückischer Schlangen umkamen, dauerte dein Zorn nicht bis ans Ende. Zur Warnung wurden sie nur kurz in Schrecken versetzt und bekamen ein Rettungszeichen, damit sie sich an die Vorschrift deines Gesetzes erinnerten. Wer sich dorthin wandte, wurde nicht durch das gerettet, was er anschaute* (die kupferne Schlange), *sondern durch dich, den Retter aller. Dadurch hast du unsere Feinde überzeugt, daß du es bist, der aus allen Übeln erlöst. Denn sie wurden durch die Bisse der Heuschrekken und der Stechmücken getötet, ohne daß es ein Heilmittel für sie gab. Sie verdienten es ja, durch solches Ungeziefer gezüchtigt zu werden. Deine Söhne aber wurden nicht einmal durch die Zähne giftspritzender Schlangen überwältigt.*

Denn dein Erbarmen kam ihnen zur Hilfe und heilte sie. Sie wurden gebissen, aber schnell wieder gerettet, damit sie sich an dein Wort erinnerten. Denn sie sollten nicht in tiefes Vergessen versinken, sondern sich ungehindert deiner Wohltaten erfreuen. Weder Kraut noch Wundpflaster machten sie gesund, sondern dein Wort, Herr, das alles heilt. Du hast Gewalt über Leben und Tod. Du führst zu den Toren der Unterwelt hinab und wieder herauf. Ein Mensch kann zwar in seiner Schlechtigkeit töten, doch den entschwundenen Geist holt er nicht zurück, und die weggenommene Seele kann er nicht befreien. (Weisheit 16,5–14)

Heilung kann also nur von Gott kommen. Zu ihm zurückführen kann nur, was selbst »heilig«, also in Ordnung ist. Die Natur ist heilig. Der Ackerboden wurde zwar bei der Vertreibung der Menschen aus dem Paradies der Menschen wegen verflucht: *»So ist verflucht der Ackerboden deinetwegen. Unter Mühsal wirst du dich von ihm ernähren alle Tage deines Lebens. Dornen und Disteln läßt er dir wachsen. Im Schweiße deines Angesichts sollst du dein Brot essen, bis du zurückkehrst zum Ackerboden ...«* (Genesis 3,17–19)

Doch die Pflanzen bleiben heil. Sie besitzen keinen freien Willen, können sich nicht, wie der Mensch, gegen den Plan des Schöpfers auflehnen und damit ihr Ziel verfehlen. Sie kennen keine krankmachenden Konflikte, keine Gewissensbisse.

Die Natur ist für den Menschen heilsam, weil sie die heile Welt umfaßt, aus der er ursprünglich hervorgegangen ist. Die Natur ist das fortlebende Paradies im Menschen, in dem es kein Leid, keine Krankheit, kein Dahinsiechen gibt.

Die moderne Biologie weiß, daß tatsächlich die Bausteine des Lebens in der Pflanze nach denselben Grundmustern aufgebaut sind wie menschliche Zellen. Sie funktionieren auch gleich. Jeder Biß in einen gesunden Apfel, jeder Schluck eines lebendigen Obst- oder Gemüsesaftes schenkt somit Heilkräfte, die Krankes, Schwaches ersetzen können und somit ein Teil von mir werden. Die Natur ist unsere Lebensquelle – bis wir uns am Ende der Tage wieder voll mit ihr vereinigen, zur Erde zurückkehren, aus der wir genommen sind. Eindrucksvoller und einfacher ist das Zusammengehören von Mensch und Natur wohl niemals dargestellt worden.

Die Zedern des Libanon

In der Bibel werden von der Akazie bis zu den Zwiebeln rund siebzig Bäume, Sträucher, Früchte, Heilpflanzen erwähnt. Immer dann, wenn es gilt, einen Menschen als besonders schön, stark, vital, gesund zu schildern, wählen die Autoren der Heiligen Schrift Vergleiche mit Pflanzen, Früchten, Blüten.

Die Liebe ist *süßer als Wein*, sein Name *hingegossenes Salböl.* Der Geliebte ruht *wie ein Beutel mit Myrrhe* an ihrer Brust. Er ist eine *Hennablüte*. Eine *Lilie unter Disteln* ist die Geliebte, ein *Apfelbaum unter Waldbäumen* der Geliebte, in dessen Schatten sie ruhen möchte. Seine Gestalt gleicht *dem Libanon, erlesen wie Zedern.* Ihr Leib *ist ein Weizenhügel, mit Lilien umstellt*, ihr Wuchs *wie eine Palme*. Ihre Brüste *sind wie Trauben, wie Granatäpfel.* (Das Hohelied).

Die Begeisterung, mit der die Bibel über den majestätischen Stolz der Zedern des Libanon schreibt, wird heute schon beinahe als maßlose Übertreibung empfunden – vielleicht weil wir den Blick für die Schönheit eines solchen Baumes verloren haben, im Baum nur noch das verwertbare Holz, aber nicht mehr das heilig Lebewesen sehen?

Man kann leicht verstehen, daß die aus der Wüste kommenden Juden von den mächtigen, fast vierzig Meter hohen Nadelbäumen mit Stämmen bis zu vier Metern Durchmesser stark beeindruckt waren.

Der Prophet Ezechiel, 593 v. Chr. zum Propheten berufen, kündigt dem Ägypten der Pharaonen den Untergang mit einem

Baumvergleich an: *Auf dem Libanon stand eine Zeder. Die Pracht ihrer Äste gab reichlichen Schatten. Hoch war ihr Wuchs, und in die Wolken ragte ihr Wipfel. Das Wasser machte sie groß. Die Flut in der Tiefe ließ sie hoch emporwachsen. Die Tiefe ließ ihre Ströme fließen rings um den Ort, an dem sie gepflanzt war. Sie leitete ihre Kanäle zu allen anderen Bäumen des Feldes. So war sie höher gewachsen als alle anderen Bäume des Feldes. Ihre Zweige wurden sehr zahlreich, und ihre Äste breiteten sich aus wegen des Reichtums an Wasser, als sie emporwuchsen. Alle Vögel des Himmels hatten ihr Nest in den Zweigen. Alle wilden Tiere brachten unter den Ästen ihre Jungen zur Welt. All die vielen Völker wohnten in ihrem Schatten. Schön war sie in ihrer Größe mit ihrem breiten Geäst. Denn ihre Wurzeln hatten viel Wasser. Keine Zeder im Garten Gottes war ihr vergleichbar. Keine Zypresse hatte Zweige wie sie, keine Platane so mächtige Äste. Keiner der Bäume im Garten Gottes glich ihr an Schönheit, Ja, ich hatte sie herrlich gemacht mit ihren zahlreichen Zweigen. Voll Eifersucht auf sie waren im Garten Gottes alle Bäume von Eden …* (Ezechiel 31,3 bis 9)

Ist ein Baum jemals eindrucksvoller besungen worden?

Als SALOMON (961–931) in Jerusalem den Tempel bauen ließ, schloß er mit dem König von Tyrus einen Handelsvertrag, um den Bedarf an Libanonzedern sicherzustellen. Er schickte Baumfäller in den Libanon und garantierte dem König von Tyrus als Gegenleistung 20 000 Kor, das sind 8 Millionen Liter Weizen, und 20 Kor, also 800 Liter, feinstes Öl jährlich. Die Bautätigkeiten in Jerusalem zogen sich fast zwanzig Jahre lang hin.

HIRAM, der König von Tyrus, war über den Handel höchst erfreut und bestätigte Salomon: *»Ich … werde deinen Wunsch nach Zedern- und Zypressenholz erfüllen. Meine Leute werden es vom Libanon an das Meer schaffen. Ich lasse es dann auf dem Meer an den Ort flößen, den du mir nennen wirst. Dort lasse ich es wieder auseinandernehmen, so daß du es abholen kannst. Du aber erfülle meinen Wunsch, und sende Lebensmittel für mein Haus.«* (1. Könige 5,22–23)

Salomon baute Tempel und Königspalast mit Zedernholz: *Als er den Bau des Hauses vollendet hatte, überdeckte er ihn mit Balken und Brettern aus Zedernholz... Er täfelte die Innenwände mit Zedernholz aus. Vom Fußboden bis zu den Balken der Decke ließ er eine Holztäfelung anbringen. Den Fußboden belegte er mit Zypressenholz... Im Innern hatte das Haus Zedernverkleidung mit eingeschnitzten Blumengewinden und Blütenranken. Alles war aus Zedernholz. Und kein Stein war zu sehen...*

Auch ließ er einen Altar aus Zedernholz herstellen. Das Innere des Hauses ließ Salomon mit bestem Gold auskleiden... Auch den Altar vor der Gotteswohnung überzog er ganz mit Gold. (1. Könige 6,9 bis 22)

Nach dem Tempel wurde der königliche Palast errichtet: *Er baute das Libanonhaus... mir drei Reihen von Zedernsäulen und mit Zedernbalken über den Säulen. Eine Decke aus Zedernholz war über den Kammern... Es waren 45 Säulen, 15 in jeder Reihe... Er schuf die Thronhalle, das ist die Gerichtshalle, um darin Recht zu sprechen. Sie war vom Boden bis zum Gebälk mit Zedernholz ausgetäfelt.* (1. Könige 7,2–7)

Man spürt, wie kostbar, wie heilig die Zeder eingestuft wird. Ihr Holz ist offensichtlich etwas vom Besten, was man zum Bau eines Tempels und eines Palastes und zu deren Ausstattung auftreiben konnte.

Wir erinnern uns, daß Zedernholz neben Ysop auch zur Herstellung des Reinigungswassers verwendet wurde, als heiliger »Katalysator« für den Prozeß der Heiligung – ähnlich wie wir heute Platin zur Entgiftung der Autoabgase einsetzen. Und diese Bäume waren der überzeugendste Beweis von der Macht und den Möglichkeiten Gottes: ein Wunder in Steppe und Wüste, ein Zeichen dafür, daß Gott nichts unmöglich ist, man von ihm also sehr wohl auch das Unmögliche erwarten darf:

Auf den kahlen Hügeln lasse ich Ströme hervorbrechen und Quellen inmitten der Täler. Ich mache die Wüste zum Teich und das eingetrocknete Land zur Oase. In der Wüste pflanze ich Zedern, Akazien, Ölbäume und Myrthen. In der Steppe setze ich Zypressen, Platanen und auch Eschen. Dann werden alle sehen und erkennen, begreifen und verstehen, daß die Hand des Herrn das alles gemacht hat, daß der Heilige Israels es erschaffen hat. (Isaias 41,18–20)

Und wieder gilt es die Verbindung herzustellen, die zeigte, daß Gesundheit viel mehr ist als nur ein Freisein von Beschwerden und Schmerzen, mehr als die unbeeinträchtigte Leistungsfähigkeit: Zedernholz wurde nicht nur deshalb zum Bau von Tempel und Palast verwendet, weil die Zedern besonders groß gewachsen sind und sich zu Säulen eignen, weil sich darauf starke Balken und große Bretter hauen und sägen lassen. Der Schöpfer hat sie als etwas ganz Besonderes herausgestellt. Das Haus und die Wohnung bekamen durch die Ausstattung mit dem heiligen Holz eine Art Weihe: Sie wurden gesund, wohnlich, warm; der Duft des Holzes verbreitete Wohlbehagen.

Leben mit der Natur

Es hat viele Jahrhunderte gedauert, ehe die moderne Wohnbiologie solche alte Weisheiten wiederentdeckt hat, bis Bauherren und Architekten dahinterkamen, daß falsches Baumaterial krank machen kann, weil es die natürliche Umwelt abschirmt; weil es den Körper zu Fehlfunktionen verleitet; weil es Gifte ausströmt; weil man sich in nackten, kalten Räumen eingesperrt, abgeriegelt, isoliert vorkommt. Naturstoffe wie Holz, Stein, Erde, Wolle, Seide sind heilig, weil sie der Natur entnommen sind und die Gesetze der Natur in sich tragen. Kunststoffe sind von Menschen gemacht, ohne jede Rücksicht auf solche Gesetze. Sie machen »unrein«, krank, weil sie aus der natürlichen Harmonie herausreißen.

Um dazu wieder nur ein Beispiel zu nennen: Viele Kopfschmerzen, Herzbeschwerden, Nervositäten – von schlimmeren Erkrankungen gar nicht zu reden – »verdanken« wir heute Teppichen, Möbelbezügen, Vorhängen, Wandbespannungen, Kleidern aus Kunststoffen, die sich elektrisch aufladen und damit die feinen elektrischen Steuerungen im Körper durcheinanderbringen. Beim Sitzen oder Liegen auf Kunststoffmöbeln werden Puls und Atmung beschleunigt. Die Hautfeuchtigkeit steigt bis zu zehn Prozent an – daß heißt: Man lebt grundlos hektischer. Auf der einen Seite heizt sich der Körper ein, auf der anderen muß er mehr kühlen – beides ist völlig unsinnig und zudem anstrengend. Vor allem labile, erschöpfte Menschen macht es krank.

Von der allgemeinen Gesundheit zum konkreten Heilrezept: Schon in der ursprünglichen Heimat ABRAHAMS, aber auch im Ägypten des MOSES, wie der Stockholmer Papyrus, eine altägyptische Rezeptsammlung aus dem dritten vorchristlichen Jahrhundert, beweist, kannte man das Zedernholzöl, von dem man sagte, es heile vor allem Verfaultes und beseitige totes Gewebe. Das Öl wurde vergleichbar unserem Latschenkiefernöl gewonnen. Man brauchte dieses dickflüssige, balsamisch duftende Öl zum Einbalsamieren der Toten, verwendete es aber auch als Heil- und Schmerzmittel, beispielsweise zum Einreiben schmerzender Glieder bei rheumatischen Beschwerden, zur Behandlung schwerheilender, fauliger und eitriger Wunden und, verdünnt in Wein, als Mundspülwasser bei Zahnschmerzen. Und man gab es ins Badewasser, so wie wir heute Fichtennadelbäder bereiten, um die Nerven aufzufrischen und durch das Einatmen des Dampfes die Atemwege zu heilen.

Das Harz der Zeder – später in großen Mengen in der Parfümerie gebraucht – war ebenfalls in alten Zeiten schon Bestandteil von Körperpflegemitteln und seiner desinfizierenden Wirkung wegen vor allem bei unreiner Haut hochgeschätzt.

Das Harz wurde wohl auch, vergleichbar den griechischen Retsinaweinen, zur Haltbarmachung in manche Weinsorten gegeben, und dieser Wein wurde dann als Desinfektionsmittel verwendet, das man über frische Wunden goß.

Von der Akazie zur Zypresse

In ähnlich hohem Ansehen wie die Zeder standen für die Israeliten der Bibel die Akazie, die Zypresse, der Lorbeerbaum, Tamarinde und Terebinthe – alles Bäume, die für die Ernährung praktisch wertlos waren.

Die Akazie galt im Ägypten der Pharaonen als heiliger Baum. Aus ihrem Holz hat man Götterstatuen geschnitzt. Es darf deshalb nicht verwundern, daß MOSES die Bundeslade, Tempelgeräte,

Opfertische aus dem sehr festen, schweren Holz der Akazie herstellen ließ.

Ganz sicher hat er auch die »ägyptische Salbe« gekannt, die aus Akazienblüten hergestellt wurde. Die ältesten Medizinschriften berichten von dieser weißen Salbe und von ihrer Verwendung als Heilsalbe bei rissigen, spröden Schleimhäuten. Man hat sie zubereitet, indem man die weißen oder gelben Blüten in Schafsfett kochte und dann die Blüten abseihte. Und MOSES kannte auch das Harz der Akazie, das »Gummiarabikum«, das hauptsächlich als Klebstoff verwendet wurde, das man aber auch bei Entzündungen, Bläschen oder Geschwüren im Mundbereich kaute.

Die Zypressen, jener schlanke »Trauerbaum« mit der Form einer züngelnden Flamme, der heute selten geworden ist und praktisch nur noch als Zierstrauch angepflanzt wird, bildete früher große Wälder mit Baumriesen bis zu sechzig Metern Höhe. Sein witterungfestes Holz wurde im Altertum hauptsächlich zum Schiffsbau verwendet. Schon NOAH soll seine Arche aus Zypressenholz gebaut haben: *»Mach dir eine Arche aus Zypressenholz!«* (Genesis 6,14) Die Zypresse galt aber bei den Völkern, die vor den Israeliten in Kanaan lebten, als heiliger Baum der semitischen Fruchtbarkeitsgöttin ASTARTE und war allein schon deshalb für die Juden der Bibel mit einem gewissen Tabu belegt. Die Gefahr, daß die Menschen über die Bewunderung des Baumes zur heidnischen Religion finden könnten, war zu groß. Immer wieder mußten die Propheten vor zu viel Naturbegeisterung, damit aber auch vor der Vergötzung der Bäume und der aus Holz geschaffenen Götterbilder warnen.

ISAIAS tadelt seine Landleute mit bissigem Spott: *Ein Nichts sind alle, die ein Götterbild formen; ihre geliebten Götzen nützen nichts... Der Schnitzer mißt das Holz mit der Meßschnur. Er entwirft das Bild mit dem Stift und schnitzt es mit seinem Messer. Er umreißt es mit seinem Zirkel und formt die Gestalt eines Mannes, das prächtige Bild eines Menschen. In einem Haus soll es wohnen. Man fällt eine Zeder, wählt eine Eiche oder sonst einen mächtigen Baum, den man stärker werden ließ als die übrigen Bäume im Wald. Oder man pflanzt einen Lorbeerbaum, den der Regen groß werden läßt.*

Das Holz nehmen die Menschen zum Heizen. Man macht ein Feuer und wärmt sich daran. Auch schürt man das Feuer und bäckt damit Brot. Oder man schnitzt daraus einen Gott und wirft sich nieder vor ihm. Man macht ein Götterbild und fällt vor ihm auf die Knie. Den einen Teil des Holzes wirft man ins Feuer und röstet Fleisch in der Glut und sättigt sich an dem Braten. Oder man wärmt sich am Feuer und sagt: Oh, wie ist mir warm! Ich spüre die Glut. Aus dem Rest des Holzes aber macht man sich einen Gott, ein Götterbild, vor das man sich hinkniet, zu dem man betet und sagt: Rette mich, die bist mein Gott!

Unwissend sind sie und ohne Verstand. Denn ihre Augen sind verklebt, sie sehen nichts mehr, und ihr Herz wird nicht klug. Sie überlegen nichts, sie haben keine Erkenntnis und Einsicht, so daß sie sich sagen würden: Den einen Teil habe ich ins Feuer geworfen, habe Brot in der Glut gebacken und Fleisch gebraten und gegessen. Aus dem Rest des Holzes aber habe ich mir einen abscheulichen Götzen gemacht, und nun knie ich nieder vor einem Holzklotz. (44,9–19)

Nur aus der Verehrung der Natur und aus der Ehrfurcht vor ihrer Heiligkeit ist der Überschwang zu verstehen, eine Holzstatue oder das Kalb aus Gold als Gott zu verehren: Die Menschen glaubten, daß im Holz und im wertvollen Metall etwas Göttliches lebt.

Deshalb verweist der Prophet so deutlich darauf: Gott kann man doch nicht verbrennen, sich nicht zu Diensten machen, um damit seine Nahrung zu backen und zu braten. Und wenn dasselbe Holz, das man verbrennen kann und das zur Glut wird, auch zur imponierend perfekten Statue werden kann: Sie bleibt gemacht von Menschhand, ist also auch von daher nicht göttlich.

Wie unendlich groß muß die Naturverehrung seinerzeit gewesen sein, daß solche Hinweise überhaupt nötig wurden! Wie unendlich weit sind wir heute davon entfernt.

Welch imponierendes Bild fiel dem Propheten ein, als er versuchte, seine Vision vom neuen Jerusalem am Ende aller Tage in Worte zu fassen – eine paradiesische Landschaft mit gesunden, prächtigen, heiligen Bäumen: *Die Pracht des Libanon kommt zu*

Olive – der Lebensbaum

Zum eigentlichen Reichtum, ja zur Lebensgrundlage gehört im Vorderen Orient der Ölbaum, die Steigerung von Wohlstand und Segen. Der Lebensbaum ist die Quelle für Speise-, Weihe- und Heilöle. Schon sehr früh haben es die Juden wie auch ihre Nachbarvölker verstanden, die ölige Frucht so auszupressen, daß nichts von ihrer Kostbarkeit verlorenging. Die reifen Früchte wurden auf großen Steinen zerschlagen, zerstampft. Das Öl, das sich in Rinnen sammelte, war das Jungfernöl, dunkelgrün, flockig, besonders aromatisch. Daneben hat man aber die Oliven auch zwischen den Mühlsteinen samt ihrer Steine gepreßt. Zum Öl des Fruchtfleisches kam das der Steine hinzu. Schließlich hat man die ausgepreßten Ölkuchen in Säcke gefüllt, mit heißem Wasser übergossen und noch einmal ausgepreßt. Das ergab das sogenannte Baumöl. Das Jungfernöl hat man hauptsächlich für Weiheöle verwendet, das Steinöl als Speiseöl, das Baumöl als Heilmittel. Neben Wein war das Olivenöl das »Lösungsmittel«, in dem Heilkräuter »ausgezogen« wurden. Das Olivenöl selbst war aber auch ein Universalheilmittel, das innerlich und äußerlich bei zahllosen Krankheiten Anwendung fand. Olivenöl war das Mittel gegen Kopfschmerzen: Man rieb es in die schmerzende Stelle der Stirn, der Schläfen, des Kopfes. Ein Teelöffel Olivenöl, morgens nüchtern eingenommen, verwendete man gegen Verstopfungen, harten Stuhlgang und gegen Gallenbeschwerden. Mit Olivenöl pflegte man auch frische Wunden, nachdem sie mit Wein desinfiziert waren: Der barmherzige Samariter »goß Öl und Wein« auf die Wunden des Mannes, der unterwegs unter die Räuber gefallen war. (Lukas 10,30–35)

dir, Zypressen, Platanen und Eschen zugleich, um meinen heiligen Ort zu schmücken. Dann ehre ich den Platz, wo meine Füße ruhen. (Isaias 60,13)

Wenn später vor allem von Rom aus die Zypresse als Zierbaum neben Grabstätten gepflanzt wurde, dann sollte diese lebende grüne Flamme ein Zeichen sein für den Glauben an die Auferstehung, an ein ewiges Leben im neuen Jerusalem, im Himmel.

Das schön gemusterte, sehr farbige Holz duftet ungewöhnlich aromatisch. Deshalb hat man bald auch in Israel, falls man sich die Kostbarkeit leisten konnte, einzelne Gegenstände und Einrichtungen (Schränke, Musikinstrumente, Särge) aus Zypressenholz hergestellt. Man verbrannte das Holz – übrigens bis ins Mittelalter hinein auch in unserer Heimat –, um Krankheiten und böse Geister zu verscheuchen. Man gab Zypressennadeln, zerquetschte Zweige und frisch gespaltenes Holz ins Badewasser zur Stärkung der Körperkräfte. Patienten mit Erkrankungen der Atemwege und der Lunge trug man in Zypressenwälder und bettete sie tagsüber in den Schatten der heiligen Bäume.

Zwischen Nil und Euphrat wurde das Zypressenöl, gewonnen aus den Nadeln des Baumes, als »Wunderheilmittel« gehandelt. Bei Husten, Atembeschwerden, Tuberkulose rieb man damit Brust und Rücken ein. Und dieses Öl ist auch heute noch Bestandteil mancher Bronchitismedikamente.

Nur – man kann es nicht oft genug wiederholen: Damals waren solche Arzneien nicht einfach Medikamente mit bestimmten Wirkstoffen, sondern galten als konzentrierte Lebenskraft, als »Blut des Baumes«, damit als göttlicher Odem, göttlicher Funken. Und so ist man ihnen begegnet, so hat man auf sie vertraut, wie man Gott selbst vertraut hätte.

Ähnliches wie über Zeder, Akazie, Zypresse könnte man über viele andere Bäume erzählen, die die Israeliten in Ägypten, in der kargen Steppe rund um den Berg Sinai, in Kanaan und während des Exils in Babylon kennenlernten: Lorbeerbaum, Malve, Maulbeerbaum, Pinie, Stecheiche, Tamarinde, Terebinthe, Wacholder. Ohne Baum – das wußte niemand besser als das Volk, das vierzig Jahre lang in Wüste, Steppe, Oasen leben und auf eine neue Heimat warten mußte – kein Leben! Vom »Baumfrevel« im Paradies – so die Lehre der Bibel – ist das Leid ausgegangen; mit der Mißachtung des Baumes sind Krankheit und Tod in die Welt gekommen.

In jedem Baum aber ist uns ein Stück des Paradieses erhalten geblieben und somit die Möglichkeit, Leid und Krankheit zu überwinden. Bäume sind die Garantie Gottes dafür, daß der

Maulbeerfeigenbaum – eine Medikamentenquelle

Der Zöllner Zachäus, klein von Gestalt, stieg auf einen Maulbeerfeigenbaum, um Jesus zu sehen, als er nach Jericho kam. Seine Früchte ähneln den Feigen, doch sie schmecken nicht gut und wurden deshalb nur von armen Leuten gegessen. Den Tee aus den Blättern des Baumes benützte man äußerlich als Mittel gegen die Krätze, innerlich gegen verdorbene Speisen.
Man bereitete ihn so: Ein Teelöffel der frischen oder getrockneten Blätter wird mit einer Tasse Wasser kurz aufgekocht und abgeseiht.
Ein Tee aus der Rinde des Baumes (ein Teelöffel der Rinde wird in einer Tasse kaltem Wasser angesetzt, kurz aufgekocht und zehn Minuten ziehen lassen) war ein beliebtes Abführmittel.

Mensch der Not nicht hilflos ausgeliefert ist, sondern Heil und Trost finden kann in jedem Baum. Bäume verkörpern zugleich die Hoffnung, daß das Paradies nicht für immer verloren ist, sondern eines Tages wiedergewonnen werden kann.

Im Zeitalter des Waldsterbens sollten wir uns an diese demütige Haltung dem heiligen Lebewesen Baum gegenüber wieder erinnern und uns fragen, ob die Bäume nicht stellvertretend für uns leiden; ob sie nicht uns das künftige eigene Schicksal andeuten für den Fall, daß wir nicht zur Besinnung kommen und die Natur, unseren einzigen Lebensraum, wieder respektieren.

Es ist gar nicht so lange her, daß die Menschen unserer Heimat noch vor einem Baum den Hut zogen, daß sich Baumfäller vor dem Baum, den sie schlagen mußten, verneigten und ihn um Verständnis und Verzeihung baten. Das Gespür, etwas Heiliges vor sich zu haben, war noch vorhanden.

Und heute? Heute werden die letzten großen Urwälder sinnlos Straßen und Siedlungen geopfert, von riesigen Maschinen niedergewalzt, abgebrannt – obwohl wir wissen, daß damit das Klima verändert wird, die Sauerstoffquellen zerstört, ganze Kontinente zur Wüste gemacht werden. Ausführlich dargestellt wird diese größte Torheit der Menschheit in meinem Buch *Die Heilkraft der Bäume.* (München 1986)

VII

Er bereitete das heilige Salböl

(Exodus 37,29)

Vom Duft des Lebens und von der Würde des Sterbens

Der Herr sprach zu Moses: »Nimm dir Balsam von bester Sorte: fünfhundert Schekel erstarrte Tropfenmyrrhe, halb soviel, also zweihundertfünfzig Schekel wohlriechenden Zimt, zweihundertfünfzig Schekel Gewürzrohr und fünfhundert Schekel Zimtnelken, nach dem Schekelgewicht des Heiligtums; dazu ein Hin Olivenöl. Mach draus ein heiliges Salböl, eine würzige Salbe, wie sie der Salbenmischer bereitet. Ein heiliges Salböl soll es sein.

Damit salbe das Offenbarungszelt und die Lade der Bundesurkunde, den Tisch und den Leuchter mit ihren Geräten und den Rauchopferaltar, ferner den Brandopferaltar samt allen seinen Geräten und das Becken mit seinem Gestell. So sollst du sie weihen, damit sie hochheilig seien. Ein jeder, der sie berührt, wird heilig. Auch Aaron und seine Söhne sollst du salben und sie weihen, damit sie mir als Priester dienen.« (Exodus 30,22–30)

So lautet das ausführlichste und genaueste »Rezept« in der Bibel, das Rezept für ein Salböl. Es ist dasselbe »Chrisam«, das heute noch in der katholischen Kirche zur Weihe von Kirchen und Altären, bei der Taufe, der Firmung, der Priesterweihe – und bei der Krankensalbung verwendet wird. Eine nicht nur heilige, sondern »hochheilige« Salbe, die alles, was damit in Berührung kommt, auf eine ganz besondere Art heiligt, die allen die letzte und höchste Stufe der Gesundheit, das Heil, verleiht.

Ursprünglich sind mit diesem Weiheöl die Priester gesalbt worden, Aaron und seine Söhne, später die Könige von Juda und von Israel. Einer aber ist der »Gesalbte« schlechthin, der Messias. Denn dieser Name heißt wörtlich »der Gesalbte«.

Nachdem die Juden ihre neue Heimat erobert und in Besitz genommen hatten, Stadt um Stadt, Berg um Berg, auch einige Täler und Küstenregionen neben den Herrschaftsgebieten der Philister und Phönizier am Mittelmeer, wurden die zwölf Stämme rund zweihundert Jahre lang von »Richtern« geführt, Sippenältesten, die das schon von Moses eingeführte Amt der Rechtssprechung ausübten. Doch der zermürbende Abwehrkampf mit Nachbarn und Vertriebenen, die in ihre frühere Heimat zurückdrängten, forderte eine starke, zentrale Führung. So wurde der Ruf nach einem König immer lauter.

Die Warnung vor dem Königtum

Schon der Volksheld Gideon sollte König werden. Er lehnte es noch ab. Doch einer seiner siebzig Söhne, Abimelech, wollte sich die Gunst der Stunde nicht entgehen lassen: Er brachte seine Brüder um und ließ sich unter einer Eiche bei Sichem zum König ausrufen. Sein jüngster Bruder Jotam war aber dem Gemetzel entkommen und rief nun dem neuen König und den Bewohnern von Sichem von einem Berg herab ein Gleichnis zu, das deutlich machen sollte, was von dieser Königswahl zu halten war:

Einst machten sich die Bäume auf, um sich einen König zu salben. Und sie sagten zum Ölbaum: »Sei du unser König!« Der Ölbaum sagte zu ihnen: »Soll ich mein Fett aufgeben, mit dem man Götter und Menschen ehrt, und hingehen, um über den anderen Bäumen zu schwanken?« Da sagten die Bäume zum Feigenbaum: »Komm, sei du unser König!« Der Feigenbaum sagte zu ihnen: »Soll ich meine Süßigkeit aufgeben und meine guten Früchte und hingehen, um über den anderen Bäumen zu schwanken? Da sagten die Bäume zum Weinstock: »Komm, sei du unser König!« Der Weinstock sagte zu ihnen: »Soll ich meinen Most aufgeben, der Menschen und Götter erfreut, und hingehen, um über den anderen Bäumen zu schwanken?«

Zimt – das Auffrischungsmittel

Der Zimt war im Land der Hebräer nicht heimisch, sondern wurde eingeführt – aus Arabien und Indien. Doch man importierte die Kostbarkeit nicht nur, weil der Zimt als Bestandteil des heiligen Salböls gebraucht wurde, sondern auch als Heilmittel – als typisches »Reinigungsmittel« des Körpers, und als potzenzstärkendes Mittel. Noch im Mittelalter war es auch in unserer Heimat üblich, vor dem Aderlaß den Patienten einen Tag lang Speisen mit viel Zimt zur Blut- und Darmreinigung zu geben, vor allem aber zur Anregung des Gallenflusses. Zimt im Weihnachtsgebäck erinnert noch an die uralte Weisheit, an besonders »fetten« Festtagen mit Zimt den Gallenbeschwerden vorzubeugen.
Verwendet wurde in alten Zeiten das sehr süß riechende Zimtöl, aber auch, ähnlich wie heute, die Zimtstangen und das darin enthaltene Mark.
Als Magen- und Kreislaufmittel hat man folgendes Rezept zubereitet:
Man kocht drei Zimtstangen in einem halben Liter Wasser kurz auf. Den Sud läßt man gut zehn Minuten zugedeckt ziehen. Dann nimmt man den Zimt heraus und gibt den Sud in einen halben Liter Rotwein. Davon trinkt man morgens und abends je ein halbes Schnapsglas voll.

Da sagten alle Bäume zum Dornenstrauch: »Komm, sei du unser König!« Der Dornenstrauch sagte zu den Bäumen: »Wollt ihr mich wirklich zu euerem König salben? Kommt, findet Schutz in meinem Schatten. Wenn aber nicht, dann soll vom Dornenstrauch Feuer ausgehen und die Zedern des Libanon fressen.« (Richter 9,8–16)

Welch treffende Schilderung der Problematik politischer Macht! Wie gültig ist die Fabel auch für unsere Tage: Wer wirtschaftlichen Reichtum besitzt, in seinem Beruf Erfolg hat oder besondere Talente besitzt, die ihn reich und berühmt machen können, der wird das alles nicht so leicht aufgeben, um Politiker zu werden. Die wirklich geeigneten Persönlichkeiten fallen also weitgehend aus – und machen damit den Weg frei für solche, die nichts anzubieten haben, nichts aufgeben müssen, sich aber Leistungen anmaßen, die sie niemals erbringen können: Ein Dornenbusch kann nun mal einer Zedern keinen Schatten spenden – er kann nur selbst in Flammen aufgehen und den Wald durch Feuer vernichten.

Das ist das Ergebnis des Machtstrebens ohne göttliche Berufung: Krieg, Mord, Ungerechtigkeiten, Untergang des blühenden kulturellen Lebens.

Jotam beendete die Fabel vom menschlichen Herrschertum mit einem Fluch gegen Sichem und seinen »König« Abimelech: Wenn es in Ordnung war, was ihr da getan habt, dann sollt ihr Freude haben an eurem König und er an euch. Wenn nicht, dann sollt ihr euch gegenseitig mit Feuer vernichten.

Schon drei Jahre nach Abimelechs Regierungsantritt kam es zu blutigen Auseinandersetzungen zwischen ihm und seiner Stadt. Und dann erlitt der König den für damalige Zeiten denkbar schimpflichsten Tod überhaupt: Während der Belagerung einer Burg warf eine Frau einen Mühlstein von der Mauer herab auf ihn und zerschmetterte ihn... (Richter 9,50–57)

Die Israeliten kehrten zu ihren Richtern zurück und verzichteten auf einen König – bis in die Tage des großen SAMUEL, rund 1050 Jahre vor CHRISTUS. Dann forderten sie erneut: *»Du bist nun alt, und deine Söhne gehen nicht auf deinen Wegen. Darum setze jetzt einen König bei uns ein, der uns regieren soll, wie es bei allen Völkern der Fall ist.«* (1. Samuel 8,5–9)

Samuel fragte den Herrn, was er denn nun tun sollte, und bekam die Antwort: *»Nicht dich haben sie verworfen, sondern mich haben sie verworfen. Ich soll nicht mehr ihr König sein. Das entspricht ganz ihren Taten, die sie immer getan haben, seitdem ich sie aus Ägypten hergeführt habe, bis zum heutigen Tag. Sie haben mich verlassen und anderen Göttern gedient. So machen sie es nun auch mit dir. Doch hör jetzt auf ihre Stimme, warne sie aber eindringlich...«*

Und Samuel sagte zu seinem Volk: Ihr wollt einen König, nun gut, ihr sollt ihn haben. Aber ihr werdet bald schreien, der Herr möge euch von ihm wieder befreien! Er wird eure Söhne zu seinen Knechten machen, eure Töchter zu seinen Mägden. Er wird euch die besten Äcker und die schönsten Weinberge wegnehmen und obendrein Steuern erheben...

Damit bekam Israel seinen ersten König SAUL – einen einfachen Mann, der sich nicht in das hohe Amt gedrängt hatte, der sich sogar versteckte, als das Los die Wahl entscheiden sollte, obwohl er zu diesem Zeitpunkt von Samuel im Auftrag Gottes bereits gesalbt war: *Da nahm Samuel den Ölkrug und goß Saul das Öl auf das Haupt, küßte ihn und sagte: »Hiermit hat der Herr dich zum Fürsten über sein Erbe gesalbt.«* (1. Samuel 10,1)

Die Salbung blieb aber fortan das Siegel der Königswürde. Auch die abendländischen Kaiser ließen sich salben zum Zeichen, daß sie Herrscher »von Gottes Gnaden«, nicht aus eigenem Willen und nicht durch des Volkes Gunst waren. Viele Königreiche haben die Salbung im selben Sinne übernommen. In Frankreich war es sogar durch viele Jahrhunderte Sitte, daß der König, gewissermaßen als Beweis seiner Erwählung durch Gott, »Wunderheilungen« unmittelbar nach der Inthronisation durchführen mußte. Man brachte Skrofulose-Patienten, also Menschen, die an einer entstellenden Form der Hauttuberkulose litten. Der König legte ihnen die Hand auf – und sie wurden nicht eben selten spontan geheilt! Dieser Brauch, der bis 1825 ausgeübt wurde, unterstrich den sakralen Charakter der Königssalbung: Der von Gott Auserwählte empfing eine besondere Weihe, die ihn zum Stellvertreter Gottes im weltlichen Bereich machte.

Wen wundert es da noch, daß die Juden im »Messias«, dem Gesalbten, einen starken, kämpferischen, sieggewohnten König erwarteten, der die Besatzungstruppen davonjagt, ein mächtiges jüdisches Reich errichtet – vergleichbar SAUL und DAVID, die die Philister und alle anderen Feinde besiegten?

Der »Gesalbte des Herrn«

Wenn die Engel zu den Hirten von Bethlehem sagten: *»Fürchtet euch nicht, denn ich verkünde euch eine große Freude, die dem ganzen Volk zuteil werden soll: Heute ist euch in der Stadt Davids der Retter geboren. Er ist der Messias, der Herr!«* (Lukas 2,10–11), dann mußte alle, die davon hörten, in dem Kind in der Krippe den großen Nachfolger des kriegerischen DAVID sehen, der das Volk einigen und von der römischen Oberhoheit befreien würde.

Man wartete außerdem auf den Propheten ELIAS, der ja zusammen mit dem Messias kommen, ihn dem Volk vorstellen und ihn zum Beweis dafür, daß er es wirklich ist, salben sollte: *Bevor aber der Tag des Herrn kommt, der große und furchtbare Tag, seht, da sende ich euch den Propheten Elias.* (Malachias 3,23)

Und: *Könige hast du gesalbt für die Vergeltung und einen Propheten als deinen Nachfolger. Du wurdest im Wirbelsturm nach oben entrückt, im Feuersturm himmelwärts. Von dir sagt die Schrift, du stehest bereit für die Endzeit, um den Zorn zu beschwichtigen, bevor er entbrennt, um den Söhnen das Herz der Väter zuzuwenden und Jakobs Stämme wieder aufzurichten. Wohl dem, der dich sieht und stirbt, denn auch er wird leben.* (Jesus Sirach 48,8–11)

Wo blieb im Falle JESU der Prophet Elias? JOHANNES DER TÄUFER sagte von sich, weder der Messias noch Elias zu sein. Aber Jesus verrät seinen Jüngern: *»Wenn ihr es gelten lassen wollt: Ja, er* (Johannes der Täufer) *ist Elias, der wiederkommen soll. Wer Ohren hat, der höre.«* (Matthäus 11,14–15)

Das alles wird hier erzählt, um die außergewöhnliche Bedeutung der Salbung aufzuzeigen. Sie war nicht nur eine einfache Heilung, eine Reinigung, die die natürliche Heiligkeit zurückschenkte, wie die Reinigung mit Ysop und mit Zedernholz, sie vermittelte dem Gesalbten eine neue, vollkommenere Natur und Heiligkeit.

David wurde in diesem Sinne gleich dreimal gesalbt. Einmal vom Propheten SAMUEL noch zu Lebzeiten des geistesverwirrten Königs SAUL: *David war blond, hatte schöne Augen und eine makellose Gestalt. Da sagte der Herr. Auf, salbe ihn, denn er ist es. Samuel nahm das Horn mit dem Öl und salbte David mitten unter seinen Brüdern. Und der Geist des Herrn war über David von diesem Tag an.* (1. Samuel 16,12)

Die zweite Salbung erhielt DAVID Jahre später von den Ältesten des Stammes Juda: *Dann kamen die Männer Judas und salbten David dort zum König* (in Hebron). (2. Samuel 2,4)

Die dritte Salbung wurde ihm von den Stammesfürsten Israels

zuteil: *Alle Ältesten Israels kamen zum König nach Hebron. König David schloß mit ihnen einen Vertrag vor dem Herrn, und sie salbten David zum König von Israel.* (2. Samuel 5,3) Das war wiederum sieben Jahre später.

Jesus ist in diesem Sinn nicht gesalbt worden. Johannes der Täufer hat kein heiliges Öl über sein Haupt ausgegossen, sondern Jordanwasser. Er hat ihn getauft. Diese Taufe aber stand am Anfang seines Wirkens, und der Täufer erklärt sie: *»Er ist es, von dem ich gesagt habe: Nach mir kommt ein Mann, der mir voraus ist, weil er vor mir war. Auch ich kannte ihn nicht. Aber ich bin gekommen und taufe mit Wasser, um Israel mit ihm bekannt zu machen.«*

Und Johannes bezeugte: »Ich sah, daß der Geist vom Himmel herabkam wie eine Taube und auf ihm blieb. Auch ich kannte ihn nicht. Aber er, der mich gesandt hat, mit Wasser zu taufen, er hat mir gesagt: Auf wen du den Geist herabkommen siehst und auf wem er bleibt, der ist es, der mit dem Heiligen Geist tauft. Das habe ich gesehen. Und ich bezeuge: Er ist der Sohn Gottes.« (Johannes 1,30 bis 34)

Die Salbung ist zur Taufe geworden mit der Bedeutung: Wiedergeboren werden nicht in der ursprünglichen Natur – *nicht aus dem Blut, nicht aus dem Willen des Fleisches, nicht aus dem Willen des Mannes, sondern aus Gott…* (Johannes 1,13) – eine neue, göttliche Natur zu erhalten. Eine Natur, die nicht nur vollkommene Gesundheit besitzt – sondern ewiges Leben.

So schreibt der Evangelist JOHANNES denn auch seinen Gemeinden: *Ihr habt die Salbung bekommen von dem, der heilig ist. Und ihr alle wißt es.* (1. Johannes 2,20)

Und der Apostel PAULUS belehrt die Gemeinde in Korinth: *Er* (Jesus) *ist das Ja zu allem, was Gott verheißen hat. Darum rufen wir durch ihn zu Gottes Lobpreis auch das Amen. Gott aber, der uns und euch in der Treue zu Christus festigt und der uns alle gesalbt hat, er ist es auch, der uns sein Siegel aufdrückt und als ersten Anteil den Geist in unser Herz gegeben hat.* (2. Korinther 1,20–22)

Wie »Messias« in der hebräischen Sprache, so heißt »Christus«

in der griechischen »der Gesalbte«. Überall, wo wir von Christus sprechen, können wir ebensogut vom Messias sprechen – oder vom Gesalbten.

Und wenn wir uns Christen nennen, dann müßten wir uns immer daran erinnern, daß wir uns damit nicht einfach zu Jesus, dem Christus, bekennen, sondern in der Taufe wie er zu Gesalbten wurden: Zu Menschen mit einer neuen Natur.

Ob uns das jemals so richtig klargeworden ist?

Salbung und Wiedergeburt

Im nächtlichen Gespräch mit dem Pharisäer NIKODEMUS, der JESUS seiner Taten und seiner Worte wegen so sehr verehrt, erklärt Jesus: *»Amen, amen, ich sage dir: Wenn jemand nicht von neuem geboren wird, kann er das Reich Gottes nicht sehen.« Nikodemus entgegnete: »Wie kann ein Mensch, der schon alt geworden ist, geboren werden? Er kann doch nicht in den Schoß seiner Mutter zurückkehren und ein zweitesmal geboren werden?« Jesus antwortete: »Amen, amen, ich sage dir: Wenn jemand nicht aus Wasser und Geist geboren wird, kann er nicht in das Reich Gottes kommen. Was aus dem Fleisch geboren wurde, das ist Fleisch. Was aber aus dem Geist geboren ist, das ist Geist. Wundere dich nicht, wenn ich zu dir sage: Ihr müßt von neuem geboren werden. Der Wind weht, wo er will. Du hörst sein Brausen, weißt aber nicht, woher er kommt und wohin er geht. So ist es mit jedem, der aus dem Geist geboren ist.«* (Johannes 3,3–8)

Und an anderer Stelle versichert Jesus noch deutlicher: *»Amen, amen, ich sage euch: Wer mein Wort hört und dem glaubt, der mich gesandt hat, hat ewiges Leben. Er kommt nicht ins Gericht, sondern ist aus dem Tod ins Leben hinübergegangen ... Denn wie der Vater das Leben in sich hat, so hat er auch dem Sohn gegeben, das Leben in sich zu haben.«* (Johannes 5,24–26)

Also: Wer glaubt und wiedergeboren wird im Wasser und im Heiligen Geist, der hat bereits das ewige Leben, er ist schon von der Sterblichkeit zur Unsterblichkeit übergegangen und wird sie nicht erst irgendwann nach dem Tod bekommen. Er besitzt keine sterbliche Natur mehr, sondern ihm ist ein neues, ewiges Leben eigen.

Wenn heute selbst manche Theologen dazu übergegangen sind, aus Rücksicht auf naturwissenschaftlich-empirische Wissenschaften die Unsterblichkeit des Menschen zu leugnen, weil diese angeblich dem rationalen, logischen Denken widerspricht, dann haben sie die Wiedergeburt im Geist, ausgedrückt durch die Salbung, nicht begriffen: Gott muß uns nach dem Tod nicht ein zweitesmal neu erschaffen, wie manche meinen, um so sein Versprechen der ewigen Seligkeit zu erfüllen. Der »Gesalbte« besitzt dieses ewige Leben bereits. Hier auf der Erde, jetzt, in diesem Augenblick.

Das ist eine ganz wichtige Glaubenswahrheit, die es wiederzuerkennen gilt.

»Wenn ich zu euch über irdische Dinge gesprochen habe und ihr nicht glaubt, wie werdet ihr glauben, wenn ich zu euch über himmlische Dinge spreche?« (Johannes 3,12), sagt Jesus in gewisser Resignation angesichts der verstörten Gesichter seiner Zuhörer.

Und wahrhaftig: Ist es denn so unfaßbar, was er sagt? Wie die ganze Offenbarung der Bibel des Alten Testaments auf das irdische Leben ausgerichtet ist und das Jenseits ausgespart bleibt – wobei, wie dargelegt, dem Judenvolk ein viel größerer Glaube abverlangt wird, als dem Gläubigen heute, – so ist die Salbung des Alten Testaments eine irdische Heiligung, die Taufe des Neuen Testaments die himmlische.

Priester oder Arzt?

Die Krankensalbung mit heiligem Chrisam – früher sprach man von der »letzten Ölung«, und das Sakrament wurde eigentlich nur einem Menschen gespendet, der bereits im Sterben lag und kaum mehr Hoffnung auf Genesung hatte, oder auch bereits Verstorbenen – ist ein Rückgriff auf die Bibel des Alten Testaments, vermutlich sogar auf noch viel älteres, heidnisches Brauchtum. Schon die alten Ägypter kannte drei Heilberufe: den Priester, den praktischen Arzt und den »Wunderheiler«, den Magier, der durch

Handauflegen, durch »Besprechen« dank einer besonderen Begabung zu heilen verstand:

Wurde jemand krank, rief man zunächst den Priester. Dem Arzt war unter Androhung der Todesstrafe verboten, vor Ablauf des dritten Tages der Erkrankung einen Patienten aufzusuchen und eine Behandlung einzuleiten!

Der Priester versuchte, die Krankheitsursache aufzuspüren und zu beseitigen. Denn Krankheiten, so die Vorstellung der Ägypter, entstehen durch Mißgunst, Neid, Fluch, Haß. Und für diese »geistigen Mächte« waren die Priester zuständig. Sie sprachen die beschwörenden Gebetsformeln: »O Isis, so groß in magischer Kunst: Erlöse ihn. Befreie ihn von allem, was schlecht und bösartig ist. Nimm alle Krankheiten hinweg, ob sie von einem Gott oder einer Göttin verursacht wurden, von verstorbenen Seelen oder Männern und Frauen, die dem Kranken feindselig gesinnt sind. Mache es genauso, wie du einstmals deinen Sohn Horus befreit hast. Denn er kam aus dem Wasser und trat ins Feuer. Er soll nicht in die Falle dieses Tages fallen. Wir haben gesprochen. Nun sei wieder jung und stark. O Rê, laß deine Schlange sprechen. Osiris, laß uns wissen, was du vorhast. Siehe, du hast ihn vor allen Übeln, aller Schlechtigkeit und Bosheit bewahrt, vor Krankheiten, verursacht von Göttern und Göttinnen, verursacht von verstorbenen Seelen, verursacht von feindselig gesinnten Männern und Frauen.«

Erst wenn diese Beschwörungsformeln nicht halfen, durfte der Arzt seine Kunst erproben. Er war kein Mediziner im heutigen Sinn mit einer Ausbildung in Physik, Chemie, Pathologie, Chirurgie, Pharmakologie, Anatomie, Toxikologie, obwohl es schon vor drei, vier Jahrtausenden erstaunliche Spezialisten gab. In der Hauptsache aber bestand die Kunst der Ärzte darin, in den Medizinbüchern die Rezepte lesen zu können und sie peinlich genau anzuwenden.

Bevor solche Naturheilrezepte aber angewendet werden durften, mußten wiederum Gebete gesprochen werden, die eine stark suggestive Wirkung besaßen. Etwa: »Ich bin mit den Alten aus Heliopolis gekommen, mit den Beschützern und Beherrschern der Ewigkeit. Ganz bestimmt bin ich aus Sais gekommen mit der Mutter der Götter. Sie haben mir ihren Schutz gegeben. Ich besitze

Formeln, erstellt vom Herrn des Universums zur Heiligung der Krankheiten, die von einem Gott oder einer Göttin, von verstorbenen oder feindseligen Männern oder Frauen verursacht sind; die meinen Kopf heimsuchen, meinen Nacken, meine Schultern, mein Fleisch, meine Glieder. Diese Rezepte sind auch mir gegeben, die Übeltäter zu bestrafen, den Kopf jener, die dafür gesorgt haben, daß Krankheit in mein Fleisch eingedrungen ist und Schwäche meine Glieder befallen hat.

Ich gehöre Rê. Er hat versprochen: Ich werde ihn vor seinen Feinden in Schutz nehmen. Thot wird sein Führer sein, er, der dieses Buch verfaßt und zusammengestellt hat. Er gibt dem Sachkundigen, dem Arzt, der sich an ihn hält, das Geschick zu heilen. Er vermag am Leben zu erhalten, wen die Götter lieben. Mich lieben die Götter. Thot wird mich gesund machen.«

Hier wurde bereits ganz stark der Glaube als Heilkraft eingesetzt, weil man erfahren hatte, daß jedes Medikament nur wirken kann, wenn der Glaube den Boden bereitet hat.

Auf ganz ähnliche Weise waren die Priester des Moses an jedem Heilversuch beteiligt. Auch die Juden wußten um die Macht des Fluches und der Verwünschungen und hatten erkannt, daß Krankheitsursachen oft in solchen Feindseligkeiten zu suchen sind. Doch für sie gab es keine bösen Götter oder Geister, die den Gerechten hätten mit Krankheiten heimsuchen können. Es wurde ausführlich dargelegt: Krankheiten waren für die alten Juden die Strafe für das eigene Fehlverhalten, für die Sünde. Entsprechend mußte der Priester die Krankheit nicht, wie bei den Ägyptern, mit magischer Kraft auf die Verursacher zurückwerfen, sondern er mußte den Kranken reinigen, »entsündigen«. Auch er schuf also die Voraussetzung für die Wirksamkeit der Medikamente, damit sie heilsam würden.

Feigenpflaster und Schönheitskuren

Und man kannte sehr viele und sehr wirksame Medikamente; beispielsweise das Feigenpflaster, mit dessen Hilfe der kranke König Hiskija (728–699) wieder gesund wurde – ein Rezept, das ihm der Prophet Isaias gegeben hat. Der König war, so wird in der Bibel erzählt, todkrank. Und der Prophet hatte ihm bereits angekündigt, er möge sein Haus bestellen, denn nun würde er sterben. Doch der König gab so schnell nicht auf. *Er drehte sich mit dem Gesicht zur Wand und betete zum Herrn: »Ach, Herr, denk daran, daß ich mein Leben lang treu und mit aufrichtigem Herzen meinen Weg vor dir gegangen bin und daß ich immer getan habe, was dir gefällt.« Und er begann laut zu weinen.* (2. Könige 20,2–3)

Der Prophet mußte zum König zurückkehren und ihm sagen: Gott heilt dich; schon übermorgen wirst du wieder zum Tempel hinaufsteigen und dich bedanken können. Und er gab die Anweisung: *»Holt einen Feigenbrei.« Man holte ihn, strich ihn auf das Geschwür, und der König wurde gesund.* (2. Könige 20,11)

So aber dürfte das Feigenpflaster zubereitet worden sein – der griechische Arzt Pedanios Dioskurides notierte das Rezept im ersten Jahrhundert nach Christus: »Die reifen Feigen werden gekocht, zerstoßen und dann, noch warm, wie ein Pflaster auf die Geschwulst gelegt. Das hilft bei Ohrengeschwüren, bei Geschwülsten am Hals. Die Geschwülste werden aufgeweicht und ›reifen‹ schneller, vor allem, wenn man etwas zerstoßene Veilchenwurz (Iris) oder etwas Kalk daruntermischt.«

Ein höchst einfaches Mittel hat dem todkranken König geholfen – allerdings doch hauptsächlich deshalb, weil er zuvor zur rechten Haltung gefunden hatte und weil er das feste Versprechen besaß, innerhalb von drei Tagen gesund zu werden: Gott heilt dich!

Man hat im Altertum Feigenbrühe auch schon als Gurgelmittel bei Angina und »hitzigen Geschwülsten im Hals« verwendet. Dann wurden gedörrte Feigen zerschnitten, in Wasser gekocht. Mit dem Sud gurgelte man täglich mehrmals. Oder man kochte gedörrte Feigen in Wein; danach wurden die Feigen im Wein zerstoßen. Man mischte etwas Gerstenmehl darunter, Wermut und salpetersaures Kalium und legte diesen Brei wie ein Pflaster auf den Bauch – das war ein beliebtes Mittel gegen Wassersucht.

Die Rezepte der Bibel sind aber nicht nur für die Linderung der Leiden gedacht: Ruth, Judith und Esther sind die drei großen, faszinierenden Frauengestalten im Alten Testament der Bibel. Sie verraten uns auch Rezepte zur Pflege der Schönheit, zur Festigung der Gesundheit, zur Steigerung der Anziehungskraft. Das alles gehört ja zur Gesundheit.

Die Moabiterin RUTH, Urgroßmutter des Königs DAVID, verstand es mit großem Geschick und Unbeirrbarkeit, den Mann ihres Herzens für sich zu gewinnen und damit in Bethlehem zu bleiben.

JUDITH hat Jerusalem gerettet, indem sie sich zum Feldherrn HOLOFERNES begab, ihm mit ihrer Schönheit den Kopf verdrehte, ihn betrunken machte und tötete.

ESTHER war ein jüdisches Waisenkind, das im persischen Exil bei seinem Onkel aufwuchs. Als der Großkönig ARTAXERXES (465 bis 423) seine ungehorsame Frau verstieß und eine neue Königin suchte, erwählte er aus allen Schönheiten, die man ihm präsentierte, Esther, die ihm ihre jüdische Herkunft verschwieg. Als Königin rettete sie dann unerschrocken ihr Volk vor einer blutigen Verfolgung.

Das Buch Esther, eines der schönsten der Bibel, verrät uns ein Schönheits- und Gesundheitsrezept, das für jüdische Frauen Pflicht war: *Da sagten die Pagen des Königs: »Man sollte für den König schöne junge Mädchen suchen. Der König soll in jeder Provinz seines Reiches Männer beauftragen, alle schönen jungen Mädchen in den Frauenpalast auf der Burg Susa zu bringen. Dort sollen sie der nötigen Schönheitspflege unterzogen werden. Und das Mädchen, das dem König gefällt, soll anstelle Waschtis Königin werden.« Der König fand den Vorschlag gut und handelte nach ihm ...*

Auch Esther wurde in den Palast gebracht ... Der Reihe nach wurden die Mädchen zu König Artaxerxes geholt. Zuvor waren sie, wie es für die Frauen Vorschrift war, zwölf Monate lang gepflegt worden. Denn so lange dauerte die Schönheitspflege: sechs Monate Myrrhenöl und sechs Monate Balsam und andere Schönheitsmittel der Frauen ... Eines Tages war Esther an der Reihe, zum König zu gehen ... Und der König liebte Esther mehr als alle Frauen zuvor. Und sie gewann seine Gunst und Zuneigung mehr als alle anderen Mädchen. Er setzte ihr das königliche Diadem auf und machte sie anstelle Waschtis zur Königin. (Esther 2,2–17)

Eine Erzählung wie aus *Tausendundeiner Nacht*!

Der Myrrhenbeutel auf der Brust

Auf ihrem vierzigjährigen Zug durch die Wüste haben es jüdische Frauen gelernt: Gegen unangenehmen Körpergeruch und als Aphrodisiakum trugen sie Leinenbeutel, gefüllt mit frischer oder getrockneter Myrrhe an einem Halsband zwischen den Brüsten. Man weiß heute, daß die Myrrhe stark beruhigt, ihr Duft heilsam ist gegen Verkrampfungen und Lungenleiden.
»Es kam auch Nikodemus, der früher einmal Jesus bei Nacht aufgesucht hatte. Er brachte eine Mischung aus Myrrhe und Aloe, etwa hundert Pfund (32 Kilogramm). Sie nahmen den Leichnam Jesu und umwickelten ihn mit Leinenbinden, zusammen mit den wohlriechenden Salben, wie es beim jüdischen Begräbnis Sitte ist.« (Johannes 19,39–40)

Die Myrrhe, ein dunkelrotes, stark duftendes Harz, wird vom gleichnamigen Busch gewonnen, der in Arabien, Äthiopien, Somalia heimisch ist, in Palästina – oder Persien – selbst nicht vorkam. Man mußte ihn für teures Geld importieren. Das Harz quillt als farbloser Saft aus den Zweigen und trocknet sehr rasch an der Luft, wobei er sich dunkel färbt. Man hat im Altertum sowohl die noch flüssige als auch die schon erstarrte Myrrhe als etwas vom Wertvollsten, was die Natur anzubieten hat, betrachtet und sie in vielfältiger Form verwendet. Sie war ein Geschenk, das man vor allem hochgestellten Persönlichkeiten mitbrachte.

Das Kind von Bethlehem erhielt von den Magiern aus dem Osten neben Gold und Weihrauch auch Myrrhe: Gold für den neugeborenen König, Weihrauch für den Sohn Gottes, Myrrhe für das Menschenkind. Myrrhe ist der wichtigste Bestandteil des heiligen Weiheöls, und zwar wurden fünfhundert Schekel erstarrte Myrrhe verwendet, das sind nicht weniger als 5,7 Kilogramm. Eine riesige Menge, ein Vermögen!

Jüdische Frauen haben von Esther das Schönheits- und Reinigungsrezept übernommen: Sechs Monate lang pflegten sie ihren Körper nur mit Myrrhenöl, das aus dem Harz gewonnen wurde, danach wechselten sie für weitere sechs Monate lang zu Balsam- und Weihrauchöl. Während dieser »Schönheitskur« durften sie keine Zwiebeln und keinen Knoblauch essen. Die Myrrhe galt im Altertum nicht nur als Schönheitsmittel, das eine wunderbar weiche Haut machte, sondern auch als Liebeszauber.

Im Hohelied wird immer wieder die Myrrhe genannt, wenn der Dichter versucht, die Schönheit und Lieblichkeit der Braut zu besingen: *Wer ist sie, die da aus der Steppe heraufsteigt in Säulen von Rauch, umwölkt von Myrrhe und Weihrauch, von allen Wohlgerüchen der Händler?* (Das Hohelied 3,6).

Wenn der Tag verweht und die Schatten wachsen, will ich zum Myrrhenberg gehen, zum Weihrauchhügel. Alles an dir ist schön, meine Freundin, kein Makel haftet an dir ... Du hast mich verzaubert ... Der Duft deiner Kleider ist wie des Libanons Duft ... Ein Lustgarten sprießt aus dir, Granatbäume mit köstlichen Früchten, Hennadolden, Nardenblüten, Narde, Krokus, Gewürzrohr und Zimt, alle Weihrauchbäume, Myrrhe und Aloe, allerbester Balsam. (Das Hohelied 4,6–14)

Der heilende Duft

Das ist wieder ganz typisch für das Heilsverständnis der Menschen im Altertum und der Bibel: Alles, was angenehm, erholsam, anregend, aufregend duftete, daß mußte auch heilsam sein; was stank oder übel roch, war vom Bösen!

Wir modernen Menschen sind gerade in diesem Punkt völlig verbildet: Wir trauen unseren Sinnesorganen nicht mehr. Und wir haben vor allem völlig verlernt zu riechen, einen köstlichen Duft bewußt wahrzunehmen und diesen Duft als Heilmittel zu begreifen. Unsere Nase ist stumpf und unempfindlich geworden. Das war früher völlig anders. Die Priester vieler Religionen haben täglich Myrrhe und Weihrauch verbrannt, damit der zum Himmel steigende Duft die Götter – oder eben Jahwe – versöhnlich stimme.

Man wußte um die beruhigende, besänftigende, frohmachende Wirkung des Duftes, und noch im Mittelalter lehrten die Ärzte:

»Nichts führt so direkt zu Wohlbefinden und innerer Ausgeglichenheit wie der Reiz des Wohlgeruchs.«

Die Herstellung von Parfüms war keine Modefrage, sondern Teil der Heilkunst! Wenn wir heute Kranken Blumen bringen, dann tun wir das, ohne noch darum zu wissen, daß die Menschen früher mit den Blumen »Heilduft« zum Kranken brachten. Blumen stellte man sich in die Wohnung nicht in erster Linie, damit sich das Auge dran erfreue, sondern als duftendes Heilmittel. Manche Ärzte gingen sogar so weit, ihren Patienten zu empfehlen, sie müßten versuchen, ihre eigene Blume zu finden, jene nämlich, deren Duft für sie persönlich am heilsamsten sei. Und man verteilte die wichtigsten Blumen sogar auf die astrologischen Tierkreiszeichen, um es den Menschen zu erleichtern, die passende persönliche Duftnote zu finden...

Noch unsere Großeltern bereiteten sich Duftkugeln und Duftsäckchen, beispielsweise Lavendeltäschchen, die sie zwischen die frische Wäsche steckten, damit diese den heilsamen Duft annehme – und durch den Duft die Wäsche desinfiziert würde. Und wenn die Wäsche am Stubenofen getrocknet wurde, bestäubte man sie mit ein paar Tropfen Lavendelöl, erfüllte damit den ganzen Raum mit einem köstlichen und wunderbar beruhigenden, für die Atemwege aber zugleich sehr heilsamen Duft.

Die Königin aus dem Weihrauchland

Für die Israeliten hat die große Zeit der Anwendung von Duftstoffen mit König SALOMON, dem Sohn von DAVID und BATSEBA, begonnen. Der Ruhm dieses außergewöhnlichen Herrschers war schnell weit über die Grenzen seines Landes hinausgedrungen. Überall erzählte man sich von seiner großen Weisheit, seinem Kunstsinn, seiner Prachtentfaltung. Er hatte einen herrlichen Tempel bauen lassen und einen für sein kleines Land eigentlich viel zu aufwendigen Königspalast.

Gott gab Salomon Weisheit und Einsicht in hohem Maß und die Weite des Herzens – wie Sand am Strand des Meeres. Die Weisheit Salomons war größer als die Weisheit aller Söhne des Ostens und alle

Weisheit Ägyptens. Er war weiser als alle Menschen, weiser als Etan, der Esrachiter, als Heman, Kalkol und Darda, die Söhne Mahols. Sein Name war bekannt bei allen Völkern ringsum.

Er verfaßte dreitausend Sprichwörter, und die Zahl seiner Lieder betrug eintausendundfünf. Er redete über die Bäume, von der Zeder auf dem Libanon bis zum Ysop, der an der Mauer wächst. Er redete über das Vieh, die Vögel, das Gewürm und die Fische. Von allen Völkern kamen Leute, um die Weisheit Salomons zu hören. Abgesandte von allen Königen der Erde, die von seiner Weisheit vernommen hatten. (1. Könige 5,9–14) So berichtet die Bibel über den König, der so ganz anders war als sein Vater.

Zu jenen, die von der Neugierde nach Jerusalem geführt wurden, gehörte auch die sagenhafte Königin von Saba, die es tatsächlich gegeben hat und die im heutigen Jemen, einem einstmals überaus fruchtbaren und reichen Land, zu Hause war. Sie reiste an, um die Handelskontakte auszubauen, und dabei kam es, wie das damals üblich war, mit König Salomon zu einem königlichen Wettkampf: Sie stellte ihn mit Rätselfragen auf die Probe – ein nicht ungefährliches Vergnügen, denn es stand dabei sehr viel auf dem Spiel!

Die Königin von Saba hörte vom Ruf Salomons und kam, um ihn mit Rätselfragen auf die Probe zu stellen. Sie kam nach Jerusalem mit sehr großem Gefolge, mit Kamelen, die Balsam, eine gewaltige Menge Gold und Edelsteine trugen, trat bei Salomon ein und redete mit ihm über alles, was sie sich vorgenommen hatte. Salomon gab ihr Antwort auf alle Fragen. Es gab nichts, was dem König verborgen war und was er nicht hätte sagen können.

Als nun die Königin von Saba die ganze Weisheit Salomons erkannte, als sie den Palast sah, den er gebaut hatte, die Speisen auf seiner Tafel, die Sitzplätze seiner Beamten, das Aufwarten der Diener und ihre Gewänder, seine Getränke und sein Opfer, das er im Haus des Herrn darbrachte, da stockte ihr der Atem. Sie sagte zum König: »Was ich in meinem Land über dich und deine Weisheit gehört habe, ist wirklich wahr. Ich wollte es nicht glauben, bis ich nun selbst gekommen bin und es mit eigenen Augen gesehen habe. Und wahrlich, nicht einmal die Hälfte hat man mir berichtet. Deine

Weihrauch als Herzstärkungsmittel

Das weiße und gelbe Harz von Boswellia-Baumarten, die im Land der Königin von Saba als Wälder wuchsen, wurde von den alten Juden bis zur babylonischen Gefangenschaft nicht nur morgens und abends zusammen mit anderer »Spezereien« Gott im Tempel als Rauchopfer dargebracht – eine Zeremonie, die Moses ganz sicher aus Ägypten mitgebracht hatte und die erst im vierten und fünften Jahrhundert auch im christlichen Gottesdienst Eingang fand. Sie verwendeten den Weihrauch auch als Heilmittel. Und zwar als Mittel zur Blutstillung und als Herzstärkungsmittel.
Etwa folgendes Rezept:
Man gibt in einen halben Liter Wein drei Eßlöffel Olivenöl, einen Eßlöffel Honig und zwei, drei Weihrauchkörner. Das wird gut verrührt und einmal kurz aufgekocht. Man füllt es in eine Flasche ab und trinkt davon morgens und abends je ein halbes Schnapsglas.

Weisheit und deine Vorzüge übertreffen alles, was ich gehört habe. Glücklich sind deine Männer, glücklich diese deine Diener, die allezeit vor dir stehen und deine Weisheit hören. Gepriesen sei Jahwe, dein Gott…« (1. Könige 10,1–9)

Die Königin von Saba mußte schließlich ihre Schulden aus dem verlorenen Rätselspiel begleichen: *Sie gab dem König hundertzwanzig Talente Gold, dazu eine sehr große Menge Balsam und Edelsteine. Niemals mehr kam so viel Balsam in das Land, wie die Königin von Saba dem König Salomon schenkte.* (1. Könige 10,10) Ein Talent, das waren immerhin einundvierzig Kilogramm!

Und die Lieferungen aus dem Königreich Saba hielten an. Der Besuch der Königin von Saba hat Israel zu ihrem großen Handelspartner zwischen Orient und Okzident gemacht. Salomon bezog von den Sabäern »Spezereien«, Gewürze, Duftstoffe, die teilweise aus Indien und Afrika stammten, und gab sie weiter an die Völker des Mittelmeerraumes. Auf dem Rückweg transportieren die jüdischen Kaufleute Bauholz und Erze aus Europa in die arabischen Länder. In Israel brach das große Wirtschaftswunder aus – vor allem aber die Zeit der Heilduftstoffe.

Mit dem Überfluß aus Arabien aber wurde der köstliche Duft, die Weihesalben, bisher ganz streng Gott JAHWE vorbehalten, nun auch zur Körperpflege verwendet. Bei MOSES hieß es noch nach der Verkündigung des Rezepts zur Herstellung der Weihesalbe: *Auch Aaron und seine Söhne sollst du salben und sie weihen, damit sie mir als Priester dienen. Zu den Israeliten aber sage: Das soll euch als ein mir heiliges Salböl gelten von Generation zu Generation. Auf keinen menschlichen Körper darf es gegossen werden, und ihr dürft auch keines in der gleichen Mischung herstellen. Denn heilig ist es, heilig soll es euch sein. Wer eine solche Mischung herstellt oder damit einen Laien salbt, soll aus seinen Stammesgenossen ausgemerzt werden.* (Exodus 30,30 bis 33)

Die Israeliten waren geschickt genug, zur Körperpflege nicht genau dieselbe Mischung wie die des Weiheöls zu verwenden. Sie variierten die Zutaten und die Menge eben ein wenig...

In der Taufe christlicher Kirchen wird nicht nur Wasser über den Kopf des Kindes gegossen, wobei der Priester den Text spricht: »Ich taufe dich im Namen des Vaters, des Sohnes und des Heiligen Geistes!« sondern er salbt das Kind auch mit Chrisam. Mit dem heiligen Öl zeichnet er auf Stirn, Brust und Rücken des Kindes ein Kreuz – so wie einst Könige gesalbt wurden. Das soll ein Zeichen dafür sein, daß der Getaufte von der »Knechtschaft der Sünde« befreit zum König und zugleich zum Priester Gottes wird. Die Salbung soll alle Folgen der Sünde für dieses Leben beseitigen. Die Taufe verleiht die neue, unsterbliche Natur. Der Mensch, so sagte die Bibel, wird als Zweig dem veredelten Baum aufgepfropft:

Ist die Wurzel heilig, so sind es auch die Zweige. Wenn aber einige Zweige (die Juden, die sich nicht zum Christentum bekehrten) *herausgebrochen wurden und wenn du als Zweig vom wilden Ölbaum in den edlen Ölbaum eingepfropft wurdest und damit Anteil erhieltest an der Kraft der Wurzel, so erhebe dich nicht über die anderen Zweige. Wenn du es aber tust, sollst du wissen: Nicht du trägst die Wurzel, sondern die Wurzel trägt dich!* So belehrt der Apostel PAULUS die ersten Christen in Rom. (Römer 11,16–18)

Krankensalbung oder »letzte Ölung«?

Auf eine Aussage des Jakobusbriefes geht die Krankensalbung in der katholischen Kirche zurück: *Ist einer von euch krank, dann rufe er die Ältesten der Gemeinde zu sich. Sie sollen Gebete sprechen und ihn im Namen des Herrn mit Öl salben.* (Jakobus 5,14)

Doch diese Anweisung ist keinesfalls neu – wahrscheinlich auch keine christliche Erfindung. Schon beim Evangelisten Markus findet sich der Hinweis: *Die Zwölf* (die Apostel) *machten sich auf den Weg und riefen die Menschen zur Umkehr auf. Sie treiben viele Dämonen aus und salbten viele Kranke mit Öl und heilten sie.* (Markus 6,12–13)

Neu an dieser Krankensalbung war, daß sie »im Namen des Herrn«, also im Namen Jesu Christi, vorgenommen wurde (und damit geradezu eine neue »Potenz« im Sinne der Homöopathie erhielt).

Neu war, daß ein natürliches Heilmittel, verstärkt durch sakrale Weihe, nicht mehr gezielt zur Rückgewinnung der Gesundheit im irdischen Leben eingesetzt wurde, sondern zugleich als Stärkung, Weihe, Segnung dazu beitragen sollte, den Weg ins Jenseits zu ebnen – eine enorme Erweiterung!

Doch wie sooft, wenn etwas Neues kommt, ist das Alte dabei zu sehr in den Hintergrund gedrängt worden. Die Krankensalbung wurde zur »letzten Ölung« – zum Augenblick, in dem dem Kranken bewußt wurde, daß sein irdisches Leben zu Ende geht, daß nach menschlichem Ermessen keine Hoffnung mehr besteht, er sich also mit dem Sterben und dem Tod vertraut machen muß. Der Priester mit dem Salböl ist damit für die Patienten zum Schrecken, zum Ende seiner Hoffnung auf Heilung geworden, ein Augenblick, den man ihm am liebsten erspart, den man zumindest aber auf den denkbar letzten Augenblick verschiebt. Deshalb auch die Praxis der letzten Jahrhunderte, eventuell mit der Krankensalbung abzuwarten, bis der Patient das Bewußtsein verloren hat oder gar gestorben ist, damit er den Augenblick nicht erleben muß. Das ist aber fast schon eine Perversion der Krankensalbung – und ein törichter Verzicht auf eine große Heilchance!

Erinnern wir uns: Im alten Ägypten war der Priester der erste, der an das Krankenbett trat, nicht der letzte. Die Versöhnung mit den Göttern, die Abwendung von Fluch, bösen Wünschen, Haßgefühlen als Krankheitsursachen, stand am Anfang der Behandlung, nicht am Ende, nachdem alle anderen Heilversuche gescheitert waren. Und diese Rangfolge war auch die einzig richtige: Erst müssen die psychischen Voraussetzungen geschaffen werden, damit Medikamente überhaupt ihre Wirkung entfalten können; nur danach wird es sinnvoll, sie anzuwenden. Zahllose Beispiele in der Heilkunde zeigen, daß die Krankensalbung für bereits aufgegebene Patienten zur großen Wende, zur Überwindung der Krise wurde.

Und das läßt sich höchst einfach erklären: In dem Augenblick, in dem der Patient sein Schicksal in die Hände Gottes legte, in dem er die Angst aufgab, innerlich zur Ruhe fand, in diesem Augenblick erst konnte sein Organismus seine Bemühungen um Heilung erfolgreich durchsetzen. Zuvor blieben die Heilkräfte blockiert, wirkten die eigentlichen Krankheitsursachen unvermindert weiter auf ihn ein.

Kranke, von Leid und Schmerzen und einer gewissen Verzweiflung geplagte Menschen sollten im Besuch des Priesters und in der Krankensalbung die große Chance sehen, heiliger, ja göttlicher Heilkraft teilhaftig zu werden. Denn das ist der erste und eigentliche Sinn der Krankensalbung: Das flackernde Lebenslicht soll neu aufflammen, wieder stark und kräftig werden! *Sie salbten viele Kranke mit Öl – und heilten sie!*

Es ist nicht schwierig zu verstehen, warum der Priester vom Krankenbett weg zum Sterbebett gedrängt wurde. Die Salbung als Spendung göttlicher Heilkraft, als Beseitigung der Hindernisse, die der Heilung im Wege stehen könnte, ist nicht mehr begriffen worden. Man war besorgt, der Priester könnte als »Magier« am Krankenbett mißverstanden werden, dem Arzt ins Handwerk pfuschen. Man empfand den »Heilpriester« als ursprünglich heidnische Erfindung. Und weil das, was er tat, rein logisch, mit naturwissenschaftlichen Methoden nicht zu erklären war, verbannte man es in das Reich des Aberglaubens. Schließlich verloren wohl die Priester selbst den Glauben an die heilende, heiligende Kraft der

Salbung und zogen sich aus dem irdischen Heilprozeß zurück, um in der Salbung nur noch die Rüstung und Stärkung für den Übertritt ins Jenseits zu sehen – zweifellos eine Fehlentwicklung, die bisher nur stückweise korrigiert wurde!

Vom würdigen zum würdelosen Sterben

Das wäre nämlich der himmelhohe Unterschied zwischen der ursprünglichen Krankensalbung, die Kraft zur Gesundung vermitteln wollte, und moderner Intensivpflege: Die Krankensalbung wollte eine bewußte und möglichst vollkommene Einsicht in die gegebene Situation vermitteln und zur Bereitschaft führen, sie zu akzeptieren – so oder so. Das ist kein krampfhaftes Festhalten am Leben, kein Versuch, den unaufschiebbaren Tod mit allen zur Verfügung stehenden Mitteln hinauszuzögern. Der Kranke läßt sich mit heiligem Öl salben, weil er mit sich, mit der Natur, mit den Mitmenschen, mit dem Schöpfer in vollem Einklang sein möchte. Und dieser Einklang heißt: Weg mit jeder Angst, weg mit allen Verkrampfungen, mit falschen Gefühlen und unvernünftigen Zielen! Laß dich fallen in das absolute Vertrauen auf Gott, dann wird alles gut – so oder so.

Es gibt keine bessere Voraussetzung für die Heilung. Das weiß auch jeder Arzt, Nur: Ihm fehlen in der Regel die Möglichkeiten, sie zu schaffen.

Die moderne Intensivpflege dagegen versucht, das erlöschende Leben zu automatisieren, Empfindungen, Gedanken, bewußte Erfahrungen auszuschalten und das zuckende Lebensflämmchen unter allen Umständen weiterflackern zu lassen – obwohl dieses bewußtlose, empfindungslose Dahinvegetieren mit Leben überhaupt nichts mehr zu tun hat und obwohl oftmals nicht die geringste Chance besteht, daß es noch einmal zu bewußtem Leben werden könnte.

Die Grenze zwischen Leben und Tod wird verdeckt, versteckt, verschüttet. Der Kranke soll möglichst Hinüberdämmern, ohne etwas davon zu merken – so wie man das ganze Leben lang tut, als gäbe es den Tod überhaupt nicht. Er wird verdrängt, von Anfang an aus dem Erfahrungsbereich des Menschen ausgeschaltet: Nur nicht daran denken, sich nicht damit befassen! Sterbende werden aus dem Gesichtskreis geschafft, Tote, falls sie nicht sowieso im verborgenen, in der sterilen Einsamkeit gestorben sind, sofort abtransportiert: Nur nicht hinschauen! Wie ganz anders als heute sind die Menschen in früheren Zeiten gestorben!

Beispielsweise MOSES, dem Gott zuletzt noch seinen dringendsten Wunsch, das Gelobte Land betreten zu dürfen, verweigerte.

Moses trat vor ganz Israel hin und sprach diese Worte. Er sagte zu ihnen: »Ich bin jetzt hundertzwanzig Jahre alt. Ich kann nicht mehr in den Kampf ziehen. Auch hat der Herr zu mir gesagt: Du wirst den Jordan hier nicht überschreiten. Der Herr, dein Gott, zieht selbst vor dir hinüber. Er selbst vernichtet diese Völker bei deinem Angriff, so daß du ihren Besitz übernehmen kannst. Josua zieht vor dir hinüber, wie es der Herr zugesagt hat...

Empfangt Macht und Stärke: Fürchtet euch nicht, und weicht nicht erschreckt zurück, wenn sie angreifen. Denn der Herr, dein Gott, zieht mit dir. Er läßt dich nicht fallen und verläßt dich nicht.« Moses rief Josua herbei und sagte vor ganz Israel zu ihm: »Empfange Macht und Stärke. Du sollst mit diesem Volk in das Land hineinziehen, von dem du weißt: Der Herr hat ihren Vätern geschworen, es ihnen zu geben. Du sollst es an sie als Erbbesitz verteilen. Der Herr selbst zieht vor dir her. Er ist mit dir. Er läßt dich nicht fallen und verläßt dich nicht. Du sollst dich nicht fürchten und keine Angst haben.« (Deuteronomium 31,1–8)

Danach legte er seine Schriften in die Bundeslage, gab die Anweisung, wann und wie sie an Festtagen verlesen werden sollen. Gott versicherte ihm noch einmal, daß er nun sterben werde, machte ihm aber gleichzeitig deutlich, daß sein Lebenswerk keineswegs gesichert ist, sondern vom Volk Israel schon bald zerstört wird:

»Man wird in seiner Mitte Unzucht treiben, indem man den fremden Göttern des Landes nachfolgt. Man wird mich verlassen und den Bund brechen, den ich mit ihm geschlossen habe. An jenem Tag wird mein Zorn gegen sie entbrennen. Ich werde sie verlassen und mein Angesicht vor ihnen verbergen. Dann wird dieses Volk

verzehrt werden. Not und Zwang jeder Art werden es treffen« (Deuteronomium 31,16–17) – alles andere als die Versicherung: Du kannst in Frieden deine Augen schließen; deine Kinder werden fortsetzen, was du begonnen hast!

Trotzdem verfaßt Moses in den letzten Minuten seines Lebens ein langes Gedicht, ein poetisches, von mächtigem Glauben getragenes Vermächtnis und trägt es dem versammelten Volk vor:

Der Herr wird seinem Volk recht geben und mit seinen Dienern Mitleid haben ... Dieser Fels (Gott) *soll ein Schutzdach über euch sein. Jetzt seht: Ich* (Gott) *bin es, der tötet und lebendig macht. Ich habe verwundet, nur ich werde heilen. Niemand kann retten, wonach meine Hand gegriffen hat.* (Deuteronomium 32,36–39)

Wie ein guter Vater segnete er daraufhin alle zwölf Stämme des Volkes, einen nach dem anderen: *Ruben soll leben, er sterbe nicht aus ... Höre, Herr, die Stimme Judas ... Segne Levis Besitz, freue dich am Werk seiner Hände ... In Sicherheit wohne der Liebling des Herrn* (Benjamin) ... *Josephs Land sei gesegnet mit den Köstlichkeiten des Himmels ...* (Deuteronomium 33,6–13)

Danach stieg er auf den Berg Nebo, ließ seinen Blick hinüberschweifen in das Land, das seine Kinder besitzen sollten – und verstarb.

Das ist Würde. Das ist Heiligkeit!

Und genauso sind die Menschen auch noch vor hundert, zweihundert Jahren verstorben. Nicht abgeschoben in ein Sterbezimmer, nicht angeschlossen an Tropfer und Meßapparate, nicht vollgepumpt mit Medikamenten, die ihnen das Bewußtsein trübten. Nein: Der sterbende Vater, die Mutter, versammelte um sich die Familie, reichte noch einmal jedem die Hand, ermahnte die Kinder, rechtschaffen zu bleiben, einander liebzuhaben. Und dann schloß er, schloß sie die Augen und verschied. Selbstverständlich haben auch diese Menschen Angst gehabt vor dem Tod, haben auch sie versucht, ihm möglichst lange zu entgehen. Doch wenn sie wußten, daß der Zeitpunkt gekommen ist, an dem der Widerstand zwecklos wird, dann fügten sie sich mit wunderbarer Fassung. Für sie war der Tod nicht nur der grauenhafte Sensenmann, er war auch »Gevatter Tod« und der »Freund Hein«.

Der Verstorbene wurde aufgebahrt, man blieb bei ihm in stummer Zwiesprache die ganze Nacht hindurch, voller Trauer, ihn verloren zu haben.

Das Vermächtnis Jesu

So hat auch JESUS am Abend vor seiner Kreuzigung Abschied genommen von den Aposteln: *Jesus wußte, daß seine Stunde gekommen war, um aus dieser Welt zum Vater hinüberzugehen. Da er die Seinen, die in der Welt waren, liebte, erwies er ihnen seine Liebe bis zur Vollendung.* (Johannes 13,1) Er speiste mit ihnen und übermittelte ihnen sein Vermächtnis:

»Ein neues Gebot gebe ich euch: Liebt einander. Wie ich euch geliebt habe, so sollt ihr einander lieben ... Euer Herz lasse sich nicht verwirren. Glaubt an Gott, und glaubt an mich. Im Hause meines Vaters gibt es viele Wohnungen. Wenn es nicht so wäre, hätte ich euch dann gesagt: Ich gehe, um einen Platz für euch zu bereiten? Wenn ich gegangen bin und einen Platz für euch vorbereitet habe, komme ich wieder und werde euch zu mir holen, damit ihr auch dort seid, wo ich bin ... Ich werde den Vater bitten, und er wird euch einen anderen Beistand geben, der für immer bei euch bleiben soll. Es ist der Geist der Wahrheit ... Ich werde euch nicht als Waisen zurücklassen ... Der Beistand aber, der Heilige Geist, den der Vater in meinem Namen senden wird, der wird euch alles lehren und euch an alles erinnern, was ich euch gesagt habe.

Frieden hinterlasse ich euch, meinen Frieden gebe ich euch. Euer Herz beunruhige sich nicht und verzage nicht ... Ich bin der wahre Weinstock, und mein Vater ist der Winzer. Jede Rebe an mir, die keine Frucht bringt, schneidet er ab, und jede Rebe, die Frucht bringt, reinigt er, damit sie mehr Frucht bringt. Ihr seid schon rein durch das Wort, das ich zu euch gesagt habe. Bleibt in mir, dann bleibe ich auch in euch ...

Dies habe ich euch gesagt, damit meine Freude in euch ist und damit eure Freude vollkommen wird ... Ihr werdet weinen und klagen ... Ihr werdet bekümmert sein, aber euer Kummer wird sich in Freude verwandeln. Wenn die Frau gebären soll, ist sie bekküm-

mert, weil ihre Stunde da ist. Aber wenn sie das Kind geboren hat, denkt sie nicht mehr an ihre Not über der Freude, daß ein Mensch zur Welt gekommen ist. So seid auch ihr jetzt bekümmert, aber ich werde euch wiedersehen. Dann wird euer Herz sich freuen, und niemand nimmt euch euere Freude...

Amen, amen, ich sage euch: Was ihr vom Vater erbitten werdet, das wird er euch in meinem Namen geben. Bis jetzt habt ihr in meinem Namen noch nichts erbeten. Bittet, und ihr werdet empfangen, damit eure Freude vollkommen ist...« (Johannes 13,34; 14,1 bis 16,24)

Mit diesem Abschiedswort – in dem noch einmal ausdrücklich darauf hingewiesen wird, daß wir alle den Mut haben sollen, Gott unsere Bitten vorzutragen, und in dem uns versichert wird, daß wir bekommen werden, worum wir bitten – segnet Jesus seine Apostel und gibt sich in die Hand der Soldaten, die ihn verhaften:

Sätze, die so gewaltig sind, daß man sie immer wieder lesen sollte – selbst dann, wenn man nicht an Jesus und auch nicht an Gott und an eine Auferstehung nach dem Tod glauben kann. Wer hätte je im Angesicht des Todes bewegendere Worte gefunden, Trostvolleres zu sagen gewußt, mehr versprochen? Sätze, die es wert sind, darüber nachzudenken, immer wieder.

Der Tod als Lebensziel

Nicht jedem ist es in unseren Tagen vergönnt, daran zu glauben, daß auf ihn nach dem Tod eine »Wohnung im Jenseits« wartet. Wer das Weiterleben nach dem Tod oder gar die »Auferstehung des Fleisches« für unmöglich hält, hat es zweifellos schwieriger, sich mit dem Gedanken an den Tod anzufreunden. Doch auch er könnte – wie die Israeliten des Alten Testaments – nur gesund und in Harmonie leben, wenn er sich der Unerbittlichkeit und der Allgegenwart des Todes stellt und seinen Fragen nicht ausweicht.

Der Tod ist nicht der endgültige Fehlschlag des Lebens, die letzte verlorene Schlacht, das peinliche Ende dank menschlicher

Unfähigkeit, Krankheit und körperlichen Zerfall auszuschalten. Er ist das Ziel, dem jedes Lebewesen vom Augenblick der Zeugung an entgegeneilt.

Er kann zur Vollendung werden, wenn man im Augenblick seines Nahens bekennen kann: Es hat sich gelohnt – trotz aller Fehler, Schwächen und Irrtümer. Es hat sich gelohnt, gelebt zu haben – gelohnt für mich selber, gelohnt für andere, die durch meine Existenz bereichert wurden, gelohnt für die Menschheit insgesamt.

Ein zu großes Wort für das kleine, armselige Menschenleben? Ganz bestimmt nicht!

Wenn es für das Individuum kein Weiterleben nach dem Tod und keine Auferstehung gäbe, was ja viele Menschen für wahrscheinlich halten, dann lebte doch die Menschheit weiter, deren Glied ich eine kurze Spanne gewesen bin. Und niemand, hielte er sich für noch so klein und unbedeutend, sollte sich einreden, es gäbe nichts, was diese Menschheit ihm zu verdanken hätte: Jeder Mensch hat mit seinem Leben Spuren hinterlassen, die niemals mehr verwischt werden. Und damit hat sich das Leben insgesamt ein Stückchen weiterbewegt, weiterentfaltet. Kein Lächeln, keine Aufmunterung, kein gutes Wort ist verloren, so daß es vergeblich gewesen wäre.

Und selbst Schmerz und Leid und auch die Bosheit haben ihren Sinn und letztlich auf das Leben insgesamt ihre positive Auswirkung. Denn wir alle sind viel enger miteinander verbunden und voneinander abhängig, als wir wissen.

Warum müssen wir überhaupt sterben? Diese Frage könnte man einmal aus ganz anderer, vielleicht sogar völlig neuer Sicht so beantworten: Weil wir uns selbst und freiwillig dazu entschlossen haben!

Denn: Das ursprüngliche, erste Leben auf dieser Erde, die Einzeller, waren, wenn man so will, zwar nicht unzerstörbar, aber auf ihre Weise doch unsterblich. Die Fortpflanzung bestand – und besteht bei ihnen heute noch – in der Teilung: Aus einem Wesen werden zwei, die mit dem urspünglichen identisch sind, die genauso so jung und alt sind, wie das ursprüngliche, die nicht altern können, aber sich immer wieder teilen und sich selbst somit immer weitergeben. Die Wissenschaftler schätzen, das diese Existenzform ungefähr eine Milliarde Jahre lang unverändert auf unserer Erde das einzige Leben war.

Dann plötzlich begannen die Einzeller, Zellverbände einzugehen. Sie schlossen sich zu einfachen, später immer komplizierteren Organismen zusammen. Damit erst begann die Evolution, die Entfaltung des Lebens in unzählige Arten und Formen.

Wie kam es zu diesem entscheidenen, gewaltigen ersten Sprung? Wollten die Zellen nicht mehr in der isolierten Einsamkeit weiterleben? Wollten sie enger zusammenrücken? Zeigte sich darin vielleicht sogar eine erste Spur von dem, was wir sehr viel später erst als Liebe bezeichnen? Oder geht dieser große Augenblick nur auf eine Laune der Natur, eine durch äußere Einflüsse bedingte Mutation zurück?

Jedenfalls mußten die Zellen, die sich zusammenschlossen, zusammenfanden, auf einen ganz wesentlichen Punkt ihrer bisherigen Existenz verzichten – sie verloren ihre Unsterblichkeit! Denn vom Augenblick an, in dem aus einzelnen Zellen Organismen wurden, mußten sich die »Baustein« der Organismen in den Gesamtbauplan einordnen: Sie durften sich nur so so lange vervielfältigen, bis das Ganze fertig war – und danach nur noch dann, wenn ein Schaden eine Reparatur erforderte.

Einfach ausgedrückt: Wenn ich mich verletze, dann wächst die Wunde innerhalb weniger Tage wieder zu. Es bilden sich neue Zellen. Doch deren Wachstum dauert nur so lange, bis die Wunde verheilt ist, und zwar ganz ohne mein Zutun. In meinem Körper lebt eine »Intelligenz«, die den Heilungsprozeß sehr genau steuert. Wenn mir der Arzt ein Stück meiner kranken Leber entfernen muß, dann beginnt der Rest zu wachsen, bis die Leber wieder »ganz« ist. Genau dann, wenn dieses Ziel erreicht ist, wird das Wachstum wieder eingestellt.

Aus der ursprünglich unendlich häufigen Teilung ist eine Teilung nach Maß und Notwendigkeit geworden. Im menschlichen Organismus teilt sich jede Zelle nur noch etwa fünfzigmal. Deshalb altern wir. Deshalb müssen wir nach spätestens hundertzwanzig Jahren sterben: Das Zusammenleben der Zellen im Organismus erfordert dieses große Opfer, den harten Verzicht, die gegenseitige Rücksichtnahme. Denn: Würde auch nur eine einzige von vielen Milliarden Körperzellen so wie früher der unabhängige Einzeller rücksichtslos drauflos wachsen, dann würde in kurzer Zeit der ganze Organismus zerstört.

Krebs – Rebellion im Körper

Es gibt im menschlichen Körper eine solche Fehlentwicklung: Wir sprechen vom Krebs, wenn aus einer Zelle ein Tumor heranwächst, seine Umgebung erdrosselt, erstickt, abschnürt. Ist dieser Krebs vielleicht gar keine Krankheit, wie man das heute versteht, sondern ein Aufbäumen einer Körperzelle gegen die Gemeinschaft, ein Versuch, die verlorene Unsterblichkeit zurückzugewinnen? Die Rebellion des Individuums in mir gegen mein Sterblichkeit? Ist diese Rebellion vielleicht ausgelöst durch meine Angst vor dem Leben, vor allem aber meine Angst vor dem Sterben? Denken wir daran: In meinem Körper ist alles gespeichert, was sich im Leben, aus dem ich letztlich stamme, jemals abgespielt hat. In mir finden sich auch noch die ursprünglichen Lebensmechanismen des Einzellers – gebündelte Erfahrungen aus Jahrmilliarden. Und sie sind in mir, das ist das Wunderbare, das kaum Faßbare, noch genauso lebendig wie vor den Milliarden Jahren, in jeder einzelnen Körperzelle!

Auch das Wissen um die ursprüngliche »ewige Jugend« in völliger Unbhängigkeit ist noch vorhanden und wird um so mahnender, drängender, lebendiger, je schlechter es mir gelingt, mich mit Altern und Sterben abzufinden. Der Verzicht auf das ewig junge, jugendliche, isolierte Weiterleben war der Anfang der Lebensentfaltung – über Millionen verschiedene Arten bis hin zum denkenden Menschen. Ohne diesen Verzicht wäre das Leben – im wahrsten Sinn des Wortes – »einsilbig« geblieben. Ist der Verzicht auf ewige Jugend und irdische Unsterblichkeit nicht ein Akt der Liebe? Der Liebe zum Nächsten? Der Liebe zum Leben überhaupt? Bleibt die Entfaltung des Lebens nicht immer und überall ein Liebesakt – verbunden mit dem riesigen Opfer der Selbstaufgabe?

Sterben – damit das Leben wachsen, sich entfalten kann. Sterben – damit das Leben hineinwachsen kann in eine vollkommenere Unsterblichkeit? In das ewige Leben der Liebe? Wer nicht an den Gott Israels und nicht an Jesus und seine Zusage eines ewigen Lebens glauben kann, der könnte in solchen Gedanken den Sinn für seinen Tod finden – einen durchaus akzeptablen, zumutbaren, vielleicht sogar imponierenden schönen Sinn: Das irdische Leben hat sich für den Tod entschieden, um damit das Leben immer vollkommener werden zu lassen. Auch ich muß sterben, damit das Leben weiterwachsen kann. Denn wenn ich am Leben bliebe, würde in mir und mit mir die Entfaltung aufgehalten. Eine Entfaltung, die sich vollzieht, auch wenn unser Leben zu kurz ist, die Bewegung zu bemerken. Eine Entwicklung, die dann letztlich doch allen, die jemals gelebt haben, zugute kommen könnte – dann nämlich, wenn die Vollkommenheit erreicht ist. Wer das Leben liebt, der muß den Tod annehmen und darf ihn weder fürchten noch hassen.

In Harmonie mit dem Sterben

Wer sein eigenes Leben liebt, es gesund erhalten oder wieder heilen will, muß sich so oder so mit dem Tod anfreunden, weil ohne diese Freundschaft die Rebellion einzelner Körperzellen gegen die Sterblichkeit nicht ausbleiben kann.

Der Versuch zu heilen, bekommt aber noch einmal einen neuen Aspekt: In die Harmonie mit Gott, mit sich selbst, mit den Mitmenschen, mit der ganzen Natur muß auch der Tod miteinbezogen werden. Und das heißt: Kein ängstliches, kein verkrampftes Anklammern an das Leben, als wäre es letztlich der einzige Wert überhaupt, sondern die Freiheit auch diesem Leben gegenüber. Wenn es mit mir zu Ende gehen soll, dann will ich das akzeptieren. Das ist keine Selbstaufgabe, keine Resignation, sondern die innere Befreiung, die Lockerheit, die den Heilkräften den nötigen Spielraum einräumen.

Wie unendlich wichtig dieses Zurechtkommen mit dem Tod ist, zeigt der Krankheitsverlauf bei so vielen Menschen mit langwierigen Leiden, vor allem bei Krebspatienten: Am Anfang stehen fast immer Lüge, Selbstbetrug und Heuchelei: Man spricht nicht über das wahre Gesicht der Krankheit. Das Wort Krebs wird so lange peinlichst vermieden – von allen Seiten –, bis es unumgänglich geworden ist. Ärzte, Pflegepersonal und Angehörige glauben, den Patienten »schonen« zu müssen, aus Angst, er könnte sich selbst aufgeben. Der Patient weiß oft bestens Bescheid – tut aber ebenfalls so, als hätte er nicht die geringste Ahnung.

So belügt einer den anderen – jeder in bester Absicht. Alle zusammen verhindern aber damit die klare Einstellung zur Krankheit, die Auseinandersetzung mit ihr und ihren Ursachen. Wenn nun endlich die Diagnose doch ausgesprochen werden muß, weil die ärztlichen Maßnahmen (Operation, Bestrahlung, Chemotherapie) sowieso verraten, was los ist, dann fällt der Patient zunächst in Panik und Niedergeschlagenheit. Diesem Zustand der Verzweiflung folgt aber nicht selten ein geradezu verbissenes Aufbäumen: »Ich will beweisen, daß es möglich ist, mit dieser Krankheit zu leben. Ich will gesund werden, damit andere sehen, daß man auch mit Krebs den Mut nicht verlieren darf!« So sagen viele und stürzen sich in tausend Aktivitäten, das Übel zu besiegen. Was sich scheinbar so positiv äußert, manchmal geradezu mit Euphorie verbunden ist, spiegelt in Wirklichkeit heillose Angst vor der »Niederlage« wider: Angst, »den Kampf zu verlieren«, wie man gelegentlich hören und lesen kann, Angst, die innerlich verkrampft und verspannt und somit das Heilen blockiert.

»Ich will gesund werden!« ist nicht die richtige Einstellung, solange mit dem »Wollen« noch heftige Zweifel verbunden sind: Ich möchte zumindest alles dransetzen und keinesfalls aufgeben! Besser, wirkungsvoller wäre die Einstellung: »Ich werde wieder gesund. Heute geht es mir schon viel besser als gestern!« – vorausgesetzt, solche Sätze sind kein frommer Selbstbetrug, weil man genau weiß, daß das, was man sich da vorsagt, überhaupt nicht stimmt.

Am besten wäre, man könnte sagen: »Ich nehme es hin, wie es kommt, denn *nicht wie ich will, sondern wie du willst!*« (Matthäus 26,39)

Das wäre allerdings schon eine geradezu vollkommene Einstellung. Es kostet einiges, bis man sich dahin durchgefunden hat. Und auch solche Sätze wären wiederum nur hilfreich, wenn sie zugleich wahr wären, also nicht nur so dahingesagt, sondern ganz ehrlich gemeint: »Wenn ich nicht mehr hochkomme, dann will ich darin einen Sinn finden, überzeugt sein, daß es für mich ein Segen bedeutet.«

Wenn überhaupt noch die geringste Chance der Heilung besteht, dann kann sie mit dieser vollkommen freien Einstellung den Ereignissen und dem irdischen Leben gegenüber wahrgenommen werden. Denn in diesem Augenblick erst sind die natürlichen Heilkräfte meines Körpers völlig unbehindert – so unbehindert, wie sie einst im Paradies vor der Spaltung der menschlichen Psyche gewesen sind: Wenn ich leben will, das Leben als etwas Wundervolles betrachte – gleichzeitig aber keine Katastrophe darin sehe, sollte es verlorengehen, weil ich weiß, daß ich mit dem Verlust für das Leben an sich eine großartige Leistung vollbringe –, dann brauche ich nicht verbissen gegen den Erzfeind Tod anzukämpfen. Dann wird er zur selbstverständlichen Natürlichkeit, der ich gefaßt ins Auge blicken kann.

Wenn der Priester die Krankensalbung spendet, dann spricht er: »Sei gepriesen, Gott, eingeborener Sohn. Du bist in die Niedrigkeit unseres Menschenlebens gekommen, um unsere Krankheit zu heilen. Herr, schenke deinem Diener, der mit diesem heiligen Öl in der Kraft des Glaubens gesalbt wird, Linderung seiner Schmerzen und stärke ihn in seiner Schwäche, durch Christus unseren Herrn. Durch diese heilige Salbung helfe dir der Herr in seinem reichen Erbarmen. Er stehe dir bei mit der Kraft des Heiligen Geistes. Der Herr, der dich von Sünden befreit, rette dich. In seiner Gnade richte er dich auf.«

Noch einmal sei es ausdrücklich betont: Hier ist von Linderung der Schmerzen, von Stärkung, von Beistand des Geistes, von Aufrichten die Rede – nicht von Hinüberbegleiten ins Jenseits, nicht von ewiger Ruhe, Frieden, Freude im Himmel. Bei der Krankenölung geht es – im Gegensatz zur letzten Kommunion als Wegzehrung – um Heilung, um die Spendung einer ganz besonderen Heilkraft. Deshalb sollte man vor schweren Operationen, gefährlichen Eingriffen, bei schweren Erkrankungen nicht zögern, den Priester ans Krankenbett kommen zu lassen und die Krankensalbung zu empfangen.

Wer dies nicht kann, weil er nicht daran glauben vermag, der muß sich auf andere Weise mit dem Tod aussöhnen, denn erst diese Aussöhnung setzt Heilkraft frei!

VIII

Ich bin gekommen, damit sie das Leben haben

(Johannes 10,10)

Der Blick über den Tod hinaus

Tobit war ein Jude vom Format des Hiob, einer, den keiner und nichts von seiner Glaubensüberzeugung abbringen konnte. Mit seinem Volk weilte er in Ninive im Exil. Seiner Tüchtigkeit wegen ging es ihm bald recht gut, und er wurde zum Einkäufer am königlichen Hof Salmanassars berufen. Damit hatte er wohl vor allem für die Verköstigung des Königs und seiner Beamten zu sorgen, darauf zu achten, daß stets frisches Obst, ausreichend Wein und exotische Köstlichkeiten zur Verfügung standen. Tobit reiste durch das ganze Gebiet des heutigen Iran, Iraks, kam wohl bis zum Schwarzen Meer im Norden und zur Mündung von Tigris und Euphrat im Süden. Mit diesen Reisen verdiente er sehr gut und schaffte es auch, einiges beiseite zu legen; unter anderem zehn Talente Silber (rund vierhundert Kilogramm). Die gab er seinem Bruder in Medien zur Aufbewahrung.

Doch dann starb Salmanassar, und Sanherib wurde König. Assyrien wurde von Unruhen heimgesucht. An Reisen war vorerst nicht mehr zu denken; Tobit kam nicht mehr an seinen versteckten Schatz. Den meisten Juden ging es in der Gefangenschaft nun noch schlimmer als bisher: Sie mußten harte Frondienste leisten, wurden ihres Glaubens wegen verfolgt und in Massen hingerichtet.

Tobit vergaß trotz guter Stellung seine Glaubensbrüder nicht. Er machte es sich zur Pflicht, Verstorbene und Hingerichtete, die man über die Stadtmauern warf, würdig zu bestatten. Das war streng verboten, doch Tobit kümmerte sich nicht um das Verbot – bis er von eigenen Leuten verraten wurde und fliehen mußte. Er verlor sein ganzes Vermögen. Ihm blieb nichts außer seiner Frau HANNAH und seinem Sohn TOBIAS.

Glücklicherweise wurde Sanherib schon nach fünfzig Tagen von seinen Söhnen ermordet. Tobit durfte nach Ninive zurückkehren und bekam wiederum eine gute Position am Königshof.

Am Pfingstsonntag saß er gerade beim Festmahl, um mit seiner Familie und Freunden die glückliche Wende zu feiern, als er von einem Glaubensbruder erfuhr, der erdrosselt draußen auf der Straße lag, ohne daß es jemand gewagt hätte, ihn zu beerdigen. Tobit ließ alles stehen und liegen, holte den Toten, versteckte ihn bis zur Nacht und begrub ihn dann in der Dunkelheit.

Mit der Berührung des Toten aber war er nach dem Gesetz des Moses unrein geworden und durfte somit am selben Tag nicht mehr in das Haus zurückkehren. Deshalb legte er sich in seinem Garten auf einen Mauervorsprung. Und nun passierte genau das, wovor die Barmherzigen immer gewarnt werden: »Du wirst des Teufels Dank ernten!«

Dem guten Tobit fiel warmer Vogelkot in die Augen; *es bildeten sich weiße Flecken* (Tobit 2,10) – die Hornaut seiner Augen wurde verätzt! Tobit erblindete.

Die eigene Frau, die nun die Familie mit Heimarbeit am Webstuhl über Wasser halten mußte, fragte ihn verbittert: *Was ist nun der Lohn für deine Barmherzigkeit und Gerechtigkeit? Jeder weiß, was sie dir eingebracht haben!«* (Tobit 2,14)

Tobit ist verzweifelt. Er macht Gott zwar keine Vorwürfe, doch er bittet ihn: Mach Schluß mit diesem Leben. *»Laß mich sterben und Staub werden. Es ist besser für mich, tot zu sein als zu leben.«*

Wer hätte sich niemals in einer ähnlichen Situation befunden, dann vielleicht sogar mit dem Gedanken gespielt, das Ende selbst herbeizuführen, um endlich Ruhe zu finden? Um keinem mehr eine Last zu sein, keine Schmerzen, keine Verlassenheit mehr ertragen zu müssen?

Vielen Menschen in unerträglichem Leid, in unmenschlichen Qualen erscheint der Tod wie die Erlösung, wie ein herbeigesehnter

Engel, der die Augen zufallen läßt und völliges Vergessen, das Freisein von aller Last schenkt.

An dieser Stelle führt uns der Erzähler der biblischen Geschichte zu einem zweiten Schicksal: Gleichzeitig mit Tobit schickt eine junge Frau dieselbe Bitte zum Himmel: *»Laß mich von dieser Erde scheiden, damit ich nicht länger solche Beschimpfungen hören muß ... Was nützt mir noch das Leben?«* (Tobit 3,13–15)

SARA, so heißt die junge Frau, denkt daran, sich zu erhängen. Ein böser Fluch lastet auf ihr: Alle sieben Männer, die sie heiraten wollten, sind auf rätselhafte Weise ums Leben gekommen. Die Bibel spricht von einer Besessenheit der junge Frau durch den *bösen Dämon Aschmodai.* Die eigenen Mägde glauben es besser zu wissen. Sie werfen der jungen Frau vor: *»Begreifst du nicht, daß du deine Männer erwürgst?«* (Tobit 3,8)

Nun führt die Bibel die beiden Schicksale zusammen, den blinden Tobit und die schöne unglückliche Sara: Tobits Sohn Tobias wird die junge Frau heiraten und den Fluch von ihr nehmen. Und Tobit wird wieder sehen können. Alles wird wieder gut, weil Gott den Bedrängten, die ihn gleichzeitig bestürmen, seinen Engel RAPHAEL schickt.

Tobit erinnert sich nämlich in seinem Elend an seinen verborgenen Silberschatz und schickt seinen Sohn, ihn zu holen. Wie zufällig findet sich als Begleiter ein junger Mann, der sich später als Engel Gottes zu erkennen geben wird.

Unterwegs findet Tobias, belehrt durch seinen Begleiter, auch die Heilmittel, die Sara und seinem Vater Tobit helfen werden: Herz, Leber und Galle des Fisches:

»Wenn ein Mann oder eine Frau von einem Dämon oder einem bösen Geist gequält wird, soll man das Herz und die Leber des Fisches in Gegenwart dieses Menschen verbrennen. Dann wird er von der Plage befreit. Und wenn jemand weiße Flecken in den Augen hat (grauer Star, Verätzungen), *soll man die Augen mit der Galle bestreichen. So wird er geheilt«* (Tobit 6,8–9), verrät der Erzengel Raphael, den man dann im Christentum zum Beschützer der Reisenden und zum Patron der Apotheker erhob.

Der Engel behielt recht. Als Tobias in das Brautgemach ging, nahm er nach der Anweisung des Engels *etwas Glut aus dem Räucherbecken, legte das Herz und die Leber des Fisches darauf und ließ es verbrennen. Sobald der Dämon den Geruch vernahm, floh er in den hintersten Winkel Ägyptens. Dort wurde er von dem Engel gefesselt.* (Tobit 8,1–3)

Der Schwiegervater, der in düsterer Vorahnung das Grab für Tobias schon ausgehoben hatte, konnte es wieder zuschütten.

Seinen Vater heilte Tobias ebenfalls: *Er strich seinem Vater die Galle auf die Augen und sagte: »Habe keine Angst, mein Vater.« Tobit rieb sich die Augen, weil sie brannten. Da begannen die weißen Flecken von den Augenwinkeln her sich abzulösen.«* (Tobit 11,11–12) Tobit konnte wieder sehen.

Der Erzengel gibt sich zu erkennen: *»Als ihr zu Gott gefleht habt, du und deine Schwiegertochter Sara, da habe ich euer Gebet vor den heiligen Gott gebracht. Und ebenso bin ich in der Nähe gewesen, als du die Toten begraben hast. Auch als du ohne zu zögern vom Tisch aufgestanden bist und dein Essen stehen gelassen hast, um einem Toten die letzte Ehre zu erweisen, blieb mir deine gute Tat nicht verborgen, sondern ich war bei dir. Nun hat mich Gott zu euch gesandt, um dich und deine Schwiegertochter zu heilen. Ich bin Raphael, einer von den sieben heiligen Engeln, die das Gebet der Heiligen emportragen und mit ihm vor die Majestät des heiligen Gottes treten.«* (Tobit 12,12–15)

Und Tobit in seiner Begeisterung findet Worte, die an die Seligpreisungen in der Bergpredigt erinnern:

»Freue dich und juble über alle Gerechten. Sie werden vereint sein und den Herrn der Gerechten preisen.

Wohl denen, die dich lieben. Sie werden sich freuen über den Frieden, den du schenkst.

Wohl denen, die betrübt waren über deine harten Strafen. Sie werden sich über dich freuen, wenn sie alle deine Herrlichkeit sehen. Sie werden sich freuen in alle Ewigkeit.

Meine Seele preise Gott, den großen König. Denn Jerusalem wird wiederaufgebaut aus Saphir und Smaragd. Seine Mauern macht man aus Edelstein, seine Türme und Wälle aus reinem Gold. Jerusalems Plätze werden gepflastert mit Beryll und Rubinen und mit Steinen aus Ofir. Halleluja ruft man in all seinen Gassen und stimmt in den Lobpreis ein: Gepriesen sei Gott. Er hat uns groß gemacht für alle Zeiten.« (Tobit 13,15–18).

Acht Jahre lang war Tobit blind gewesen, ehe er sein Augenlicht zurückgeschenkt bekam. Am Ende seiner Tage, vom Sterbebett aus, gab er seinem Sohn und den Enkeln den Rat, Ninive zu verlassen und nach Medien zu ziehen, weil der Prophet Jonas den Untergang der Stadt vorhergesagt hatte. So blieb die Familie des Tobias bei der Zerstörung Ninives verschont.

Die Botschaft des ewigen Lebens

Eine wunderschöne, bewegende Erzählung, die in manchen Passagen an ein Märchen erinnert: Der Sohn wird fortgeschickt, das Medikament zu suchen, das dem Vater die Gesundheit zurückgibt; ein Engel, ein guter Geist, weist ihm den richtigen Weg. Als Geschenk, als Lohn für seine mutige Tat, bekommt er auch eine bildschöne Frau.

Und wenn sie nicht gestorben sind, dann leben sie heute noch?

Der märchenhafte Charakter ist nur äußerliche Form. Wahrscheinlich kann man sich heute kaum mehr vorstellen, wie gerade diese poesievolle, bewegende, trostvolle Geschichte den verschleppten, vertriebenen, verfolgten, in Ghetto und Konzentrationslager zu Tode gequälten Menschen geholfen hat!

Sie ist geschrieben von einem Vertriebenen, Heimatlosen, der weiß, daß neues und noch schlimmeres Unheil bevorsteht. Trotzdem hat er den Glauben und die Hoffnung nicht verloren. Und er beschwört sein Volk: Seid doch nicht so blind, nicht so mutlos! Wenn es uns momentan schlecht geht, dann doch nicht, weil Gott ungerecht wäre, sondern weil wir die Strafe verdient haben. Aber gerade unser schlimmes Los ist uns Gewähr dafür, daß wir einst Grund zum Jubeln haben werden. Dieser Dichter schwingt sich sogar zu etwas bis dahin geradezu Unerhörtem auf: In prophetischer Vision nimmt er Jesus und seine Versprechungen des ewigen Lebens vorweg. Und wie JOHANNES in der Offenbarung blickt er in das neue, ewige Jerusalem, erbaut aus Gold und Edelsteinen.

Was für ein Glaube in finstersten Augenblicken, in Zeiten, in denen nicht einmal die Toten, die Hingerichteten würdig bestattet werden durften!

Es gibt einen Himmel, ein Leben nach dem Tod! Nicht nur ein Dahindämmern in der dumpfen, dunklen Unterwelt, ein bewußtloses Weiterexistieren wie bei Hiob, sondern ein ewiges Leben voller Freude im Angesicht Gottes. Der Gerechte, der Liebende, der Barmherzige, der auf Erden Geprüfte darf dieses ewige Glück erwarten.

Die Angst vor dem letzten Urteil

Das Buch Tobit dürfte im zweiten Jahrhundert vor CHRISTUS verfaßt worden sein. Wenn die Hoffnung des Tobit auf ein ewiges Leben nach dem Tod auch sicherlich nicht die allgemein gültige Lehrmeinung der vorchristlichen Juden widerspiegelt, so erkennt man in diesem Buch doch, daß es den Glauben an ein beglückendes Weiterleben nach dem Tod zumindest vereinzelt gegeben hat. Aber: Ist denn mit dem Glauben an ein Jenseits für den kranken Menschen überhaupt etwas gewonnen – oder wird damit nicht alles nur noch schlimmer?

Am Anfang der Erzählung sehnt TOBIT den Tod herbei, um Ruhe zu finden. Wenn es aber nach dem Sterben weitergeht, dann ist die Ruhe keinesfalls gesichert! Denn: Mit dem Himmel, mit der Belohnung der Gerechten in der ewigen Seligkeit ist zugleich – und beinahe notgedrungen – die Hölle aufgetaucht, die Bestrafung der Sünder in ewiger, unendlicher Pein.

Damit schien zwar endlich das Problem der Gerechtigkeit gelöst zu sein, das den alten Israeliten so viel zu schaffen gemacht hat: Laß die Bösewichter nur triumphieren. Sie können ihrer Strafe nicht entgehen. Und umgekehrt: Trag dein Schicksal aufrecht und auf Gott vertrauend; dereinst wirst du dafür deinen Lohn bekommen: *Selig, die arm sind vor Gott, denn ihnen gehört das Himmelreich. Selig die Trauernden, denn sie werden getröstet werden... Freut euch und jubelt: Euer Lohn im Himmel wird groß sein.* (Matthäus 5,3–12) Es gibt kein größeres Versprechen.

Aber: Wer ist so gerecht, so barmherzig, so friedfertig, so heilig, daß er darauf hoffen darf, zu den »Auserwählten« zu gehören? Neben den Seligpreisungen steht in den Evangelien auch unmißverständlich die Drohung, ja der Fluch:

Wenn dich deine Hand oder dein Fuß zum Bösen verführt, dann hau sie ab und wirf sie weg. Es ist besser für dich, verstümmelt oder lahm in das Leben zu gelangen, als mit zwei Händen und zwei Füßen in das ewige Feuer geworfen zu werden! Und wenn dich dein Auge zum Bösen verführt, dann reiß es aus und wirf es weg. Es ist besser für dich, einäugig in das Leben zu gelangen, als mit zwei Augen in das Feuer der Hölle geworfen zu werden. (Matthäus 18,8 bis 9)

Und weiter: *Wenn eure Gerechtigkeit nicht weit größer ist als die der Schriftgelehrten und der Pharisäer, werdet ihr nicht in das Himmelreich kommen.* (Matthäus 5,20) Und: *»Nicht jeder, der zu mir sagt: ›Herr, Herr!‹ wird in das Himmelreich kommen, sondern nur, wer den Willen meines Vaters im Himmel erfüllt. Viele werden an jenem Tag zu mir sagen: ›Herr, sind wir nicht in deinem Namen als Propheten aufgetreten, und haben wir nicht mit deinem Namen Dämonen ausgetrieben und mit deinem Namen viele Wunder vollbracht?‹ Dann werde ich ihnen antworten: ›Ich kenne euch nicht. Weg von mir, ihr Übertreter des Gesetzes!‹«* (Matthäus 7,21 bis 23)

Und: *Aber weh euch, die ihr reich seid; denn ihr habt keinen Trost mehr zu erwarten. Weh euch, die ihr jetzt satt seid; denn ihr werdet hungern. Weh euch, die ihr jetzt lacht; denn ihr werdet klagen und weinen. Weh euch, wenn euch alle Menschen loben; denn ebenso haben es ihre Väter mit den falschen Propheten gemacht.* (Lukas 6,24–26)

Und: *Die das Gute getan haben, werden zum Leben auferstehen. Die das Böse getan haben, zum Gericht.* (Johannes 5,29)

Sind das nicht eindeutige Aussagen, die einem die Angst auf die Stirn treiben können? Ist in der Bibel nicht die Rede davon, daß die Verdammten mit dem Teufel zusammen *in den See von brennendem Schwefel geworfen* werden. *Tag und Nacht werden sie gequält, in alle Ewigkeit!* (Offenbarung 20,10)

Wie unvorstellbar viel Not und Qual und Todesangst und Mord ist aus solchem Höllenglauben, aus der Angst vor der ewigen Verdammnis erwachsen! Zumindest zeitweise war es auch der Glaubenssatz christlicher Religion: Nur wer sich zum christlichen Glauben bekennt und im Stande der Gnade stirbt, kann in den Himmel kommen. Alle anderen, ob Juden, Mohammedaner, Buddhisten, Nihilisten, Atheisten, oder Christen, die gesündigt haben, sind verdammt und werden im Feuer der Hölle ewig büßen müssen. Selbst ungetaufte Kinder hat man an den Ort der ewigen Qualen, in die Hölle verbannt. In diesem Geist sind Kriege geführt und Völker hingeschlachtet worden. In diesem Geist hat man »Ketzer« und »Hexen« auf den Scheiterhaufen gebracht. In diesem Geist und im Namen des christlichen Glaubens sind Menschen verfolgt, gepeinigt, zu Tode geschunden, ermordet worden...

Hinter diesen Gewalttaten aber verbarg sich nichts anderes als wiederum die Angst vor der Hölle: Die Angst, selbst verdammt zu werden, gelingt es einem nicht, andere auf den rechten Weg zu zwingen. Welche Perversion des Glaubens! Wie war es möglich, daß er sich durch nahezu zweitausend Jahre behaupten konnte? Hat denn in der ganzen Zeit keiner gemerkt, daß die billige »Rache« einer ewigen Hölle, die jede sadistische Vorstellung übertrifft, mit dem Bild, das wir Menschen von Gott haben, völlig unvereinbar ist?

Wie viele Millionen konnten keinen Schlaf mehr finden, sind schwer krank geworden, weil sie in ihrem Leben einmal einen Fehltritt begangen haben – eine »Todsünde!« – und nun die Angst nicht mehr loswerden, sie müßten deswegen in die Hölle oder zumindest in das Fegefeuer, die zeitlich begrenzte Hölle, den Ort der Reinigung.

Wie unsagbar sind Menschen mit der Androhung der Hölle gequält worden, mit dem Ausschluß aus der Kirche, obwohl sie kein anderes Verbrechen begingen, als sich zu lieben – ohne den Segen der Kirche, der ihnen aus gewissen Gründen verwehrt werden mußte. Glaubt jemand ernsthaft, Gott wäre so kleinlich und so hartherzig, zwei Menschen dafür ewig, ohne jede Aussicht auf Begnadigung dafür zu bestrafen, daß sie sich liebhatten, miteinander ein bißchen glücklich sein und sich gegenseitig stützen und aufrichten wollten?

Glaubt jemand, er könnte auf alle Zeit verdammt werden, weil er die »Pille« nimmt und somit eine Empfängnis verhütet, die allen Seiten nur Unglück und Not brächte?

Die Unsicherheit der »Aufklärung«

Kaum jemand glaubt es noch – doch viele, zu viele bleiben der Unsicherheit verhaftet, haben ein schlechtes Gewissen – und zumindest unbewußt Angst vor der Verdammnis!

Das ist das krankmachende Elend unserer Tage: Wir sind so toll aufgeklärt, so wunderbar frei in unseren Handlungen – und doch so erbärmlich klein, verzagt, unsicher, weil wir nicht so genau wissen, ob am Ende nicht vielleicht doch die große Abrechnung folgen wird. Wir sind zerrissener denn je.

Unsere Großeltern hatten es demgegenüber noch relativ einfach: Gewiß, ihnen war viel, unendlich viel verboten, mit dem Tabu »Sünde« belegt: Doch sie besaßen so festgefügte, konkrete Vorschriften, daß sie immer wußten: Das ist recht, das ist unrecht; hier hast du ein Gebot übertreten, dort die Absolution bekommen. Daran hat man sich halten können. Das Gesetz war nicht nur Verbot, unangenehme Schranke, die den Zugang zu vielen Freuden, die Erfüllung vieler Wünsche verwehrte. Es war zugleich Schutz vor Angst, die aus dem Zweifel erwächst. Es schuf Klarheit, Sicherheit.

Weil das Gesetz – noch genau so wie bei den Juden des Moses – von Gott selbst stammte, gab es von vorneherein keine Auseinandersetzung damit, keine Diskussion. Die Autorität war so übermächtig, daß davor auch das eigene Gewissen verstummte und sich umorientieren ließ.

Bei den alten Juden war die Lebensangst sehr stark fixiert und begrenzt auf die Formel: »Wenn ich nicht nach dem Willen Gottes spure, nimmt er mir alles weg, was er mir gegeben hat, mein Glück, mein Vermögen, meine Freiheit – meine Gesundheit.«

Selbst wenn der Gläubige dabei den Eindruck gewann, ziemlich ohnmächtig einem »Erpresser« ausgeliefert zu sein, so gab es für ihn doch die Möglichkeit, die Bedrohung abzuwenden: Er brauchte sich nur an die Gesetze zu halten. Wenn ihm das auch nicht voll gelang, so gab es immer noch als »Rückversicherung« die Entsühnungsopfer und den Sündenbock, auf den man die eigene Schuld abladen konnte. *So spricht der Herr: »Wären deine Sünden auch rot wie Scharlach, sie sollen weiß werden wie Schnee. Wären sie rot wie Purpur, sie sollen weiß werden wie Wolle. Wenn ihr bereit seid zu hören, sollt ihr den Ertrag des Landes genießen.«* (Isaias 1,18 bis 19)

Der Gott Israels war überaus streng, »eifersüchtig«, nachtragend, ja gnadenlos, wenn es um die Gerechtigkeit ging. Er konnte grimmig strafen, und seiner Strafe ist keiner entkommen. Doch den, der nach Verirrungen zu ihm zurückkehren wollte, hat er niemals zurückgewiesen.

Für den Gläubigen selbst gab es eine höchst einfache Faustregel: »Mir geht es gut, also bin ich auf dem rechten Weg und Gottes Augen wohlgefällig.«

Das war eine Sicherheit, auf die sich bauen ließ. Die Existenzangst blieb gefesselt und konnte nicht um sich greifen.

»Liebe« statt Gerechtigkeit?

Jesus hingegen hat den Menschen den barmherzigen, den liebenden Gott gebracht, der dem verlorenen Schaf nachgeht, bis er es gefunden und gerettet hat, der seinen eigenen Sohn dem schimpflichen Kreuzestod überliefert, um den halsstarrigen Menschen einen Weg der Rückkehr zu eröffnen: Ein Gott, der keine Rache mehr kennt, nur noch die überfließende Liebe, der dem Getreuen das Höchste verspricht, was man überhaupt anbieten kann: Aufnahme in die Wohngemeinschaft, Teilnahme am eigenen privaten Leben.

Riesig! So riesig, daß sich die kleine Menschenseele am liebsten verkriechen möchte und schnell und verzagt sich fragt: »Wie und warum sollte Gott ausgerechnet mich erwählen? Da gibt es doch Millionen liebenswertere, würdigere Geschöpfe. Ich bestehe ja nur aus Fehlern und Schwächen. Ich bin eine Mißgeburt, die hier im

Leben vom Pech verfolgt wird – und es drüben ganz gewiß auch nicht besser vorfinden wird.«

Und gleichzeitig drängt die Frage: Wenn ich es aber nicht schaffe – was wird dann aus mir? Werde ich dann für mein Versagen auch noch mit höllischen Qualen bestraft? Oder wird es Gott genügen, mich auszusperren, so daß ich von der Hecke aus mit trockener Kehle und von Selbstvorwürfen schier zerrissen in alle Ewigkeit zusehen muß, wie glücklich andere sein dürfen?

Wenn das so wäre, dann müßte man den christlichen Gott als weit rachsüchtiger, viel bedrohlicher und schrecklicher bezeichnen als den Gott Israels. Denn dieser hätte nun dem Menschen die letzte vorstellbare Hoffnung genommen – die auf das Ende aller Schmerzen, das Ende der Sorgen, das Ende der Verfolgung, das Ende der Angst.

Der Gott Israels züchtigte hier auf Erden, um den Sünder damit zur Umkehr zu zwingen; der Gott der Christen würde im Jenseits endlos und ohne jeden Sinn strafen. Denn der Verlorene hätte nicht die geringste Chance, durch die Strafe geläutert zu werden, um am Ende vielleicht doch noch glücklich zu werden. Sein »Heulen und Zähneknirschen« würde durch alle Zeiten fortdauern, für immer...

Man könnte das Ganze ja noch verstehen, hieße es einfach: Der eine kommt in den Himmel, darf im Glück weiterleben, der andere stirbt und ist für immer ausgelöscht, als hätte es ihn nie gegeben! Die Angst vor dem Gott der Christen muß auch deshalb größer sein als die Angst vor dem Gott Israels, weil die Gerechtigkeit durch die Liebe ersetzt wurde. Der Christ kann nicht mehr wie seinerzeit Hiob darauf pochen: »Ich hab mir nichts zuschulden kommen lassen, also fordere ich Gerechtigkeit von Gott. Schließlich hat Gott mit uns einen Bund geschlossen. Ich habe meinen Teil erfüllt, also muß er seinen auch erfüllen.«

An die Stelle des Vertrages ist die väterliche Zuneigung getreten, die Liebe, die Sympathie. Sie schenkt, ohne daß man fordern könnte. Sie kann sich entziehen, ohne Rechenschaft ablegen zu müssen. Man kann sie eigentlich auch nicht verdienen. Man wird geliebt, ohne daß es letztlich eine Erklärung dafür gäbe. Springt der

Funke der Sympathie aber nicht über, sind alle Anstrengungen sinnlos – eine Vorstellung, die vor allem jene Menschen grenzenlos plagen muß, die auch bei Mitmenschen keine oder nur wenig Zuneigung finden können.

Schließlich scheint Jesus auch noch die »Rückversicherung« wegzunehmen: Nicht mehr der darf sich als auserwählt betrachten, dem es gutgeht, sondern genau umgekehrt: Der Arme, der Verfolgte, der von Schmerz Geplagte, der Hungernde, der Nichtige kommt in den Himmel. Es sieht so aus, als könnte man das Glück im Jenseits überhaupt nur erreichen, wenn man hier auf Erden auf alles verzichtet und möglichst viel erdulden muß!

Die Geschichte des armen Lazarus

Der Evangelist Lukas erzählt die Geschichte vom reichen Mann und vom armen LAZARUS, die das alles zu bestätigen scheint:

Es war einmal ein reicher Mann, der sich in Purpur und feines Leinen kleidete und Tag für Tag herrlich und in Freuden lebte. Vor der Tür des Reichen aber lag ein armer Mann namens Lazarus, dessen Leib voller Geschwüre war. Er hätte gerne seinen Hunger mit dem gestillt, was vom Tisch des Reichen herunterfiel. Statt dessen kamen die Hunde und leckten an seinen Geschwüren.

Als nun der Arme starb, wurde er von den Engeln in Abrahams Schoß getragen. Auch der Reiche starb und wurde begraben. In der Hölle, wo er qualvolle Schmerzen litt, blickte er auf und sah von weitem Abraham und Lazarus in seinem Schoß. Da rief er:

»Vater Abraham, hab Erbarmen mit mir und schick Lazarus zu mir. Er soll wengistens die Spitze seines Fingers ins Wasser tauchen und mir die Zunge kühlen, denn ich leide große Qualen in diesem Feuer.«

Abraham erwiderte: »Mein Kind, denk daran, daß du schon zu Lebzeiten deinen Anteil am Guten erhalten hast, Lazarus aber nur Schlechtes. Jetzt wird er dafür getröstet, du aber mußt leiden. Außerdem ist zwischen uns und euch ein tiefer, unüberwindlicher Abgrund, so daß niemand von hier zu euch oder von dort zu uns kommen kann, selbst wenn er wollte.«

Da sagte der Reiche: »Dann bitte ich dich, Vater, schick ihn in das Haus meines Vaters. Denn ich habe fünf Brüder. Er soll sie warnen, damit nicht auch sie an den Ort der Qual kommen.«

Abraham aber sagte: »Sie haben Moses und die Propheten. Auf sie sollen sie hören.« Er erwiderte: »Nein, Vater Abraham, nur wenn einer von den Toten zu ihnen kommt, werden sie umkehren.«

Darauf sagte Abraham: »Wenn sie auf Moses und seine Propheten nicht hören, werden sie sich auch nicht überzeugen lassen, wenn einer von den Toten aufersteht!« (Lukas 16,19–31)

Das Erschreckende an dieser Erzählung der Bibel ist die Einsicht, daß der Verdammte, der so schlimm leiden muß, daß ein Tropfen Wasser auf den Lippen schon eine Wohltat darstellen würde, gar kein so übler Bursche zu sein scheint. Gewiß, er hat den Bettler zeitlebens nicht beachtet. Er ließ es sich gutgehen, ohne sich um die Armut vor seiner Tür zu kümmern. Immerhin denkt er jetz in seinen Qualen an seine Brüder und versucht, sie warnen zu lassen, damit ihnen ein ähnliches Schicksal erspart bleibt. Das zeigt doch, daß er ein Herz hat, sich zumindest um Angehörige sorgt – doch das scheint eben nicht genug zu sein!

Bei dieser Erzählung gewinnt man außerdem den Eindruck, als würden hier gar nicht Himmel und Hölle geschildert, sondern eine Art Warteraum, in dem die Verstorbenen auf die endgültige Existenz noch warten, wobei ausgleichende Gerechtigkeit zum Zuge kommt: Wer es sich in seinem Leben auf Kosten anderer gutgehen ließ, der muß hier büßen. Wer auf Erden nur Leid zu ertragen hatte, der erlebt die große Tröstung. Der Reiche, der so sehr leidet, wäre demnach noch gar nicht in der Hölle, in der ewigen Verdammnis, der »Gehénna«, wie die Israeliten den Ort des endgültigen Verderbens schon vor Jesus nannten, sondern in der »Schéol«, in der Unterwelt, wie sie Moses und Hiob kannten.

Die Reinigung der »armen Seelen«

Wenn das so gemeint sein sollte, dann könnte man mit Kardinal Josef Ratzinger über den »Ort der Reinigung«, das Fegefeuer, sagen:

»Es ist nicht eine Art von Konzentrationslager, ... in dem der Mensch Strafen verbüßen müßte ... Es ist vielmehr der von innen her notwendige Prozeß der Umwandlung des Menschen, in dem er Christus-fähig, Gott-fähig und so fähig zur Communio sanctorum, der Gemeinschaft der Heiligen, wird ... Die Begegnung mit dem Herrn ist diese Wandlung, das Feuer, das ihn umbrennt zu jener schlackenlosen Gestalt, die zum Gefäß ewiger Freude werden kann.«

So verstanden, würde ein Leiden nach dem Tod noch einigermaßen sinnvoll, vielleicht sogar tröstlich. Vor allem könnte damit dem menschlichen Durst nach Gerechtigkeit Rechnung getragen werden: Für uns alle wäre die Frage beantwortet, die den unglückseligen Hiob in seiner Qual so sehr belastete: Warum geht es den Gottlosen, den Gewissenlosen, den Schurken ungestraft so gut?

Wir wissen es also: Die eigentlichen, die schweren Strafen kommen erst nach dem Tod, dann müssen wir womöglich schrecklich büßen! Solche Vorstellungen mögen sogar gegenwärtiges Leid erträglicher machen: Lieber jetzt und hier, als später drüben! *Selig die Trauernden, denn sie werden getröstet werden ... Selig, die um der Gerechtigkeit willen verfolgt werden, denn ihnen gehört das Himmelreich! ... Freut euch und jubelt: Euer Lohn im Himmel wird groß sein.* (Matthäus 5,4–12)

Im Laufe der Geschichte entstand im Zusammenhang mit dem Fegfeuer das Bild der »armen Seele«, die drüben bitter leiden muß, weil es ihr zeitlebens nicht gelang, heilig zu werden, weil sie aber auch nicht so abgrundtief schlecht war, daß sie ewig verdammt würde. In den christlichen Kirchen bürgerte sich die Gewohnheit ein, für diese Gequälten im Jenseits Messen zu feiern, zu beten und Ablaß der Sündenstrafen zu erwirken. Denn da wurde streng unterschieden – übrigens ganz im Geiste des Alten Testaments: Wenn die Sünden vergeben werden, dann ist damit die Verdammung zwar aufgehoben – die Sündenstrafen aber müssen noch abgebüßt werden.

So betete man für Verstorbenen nicht selten zehn, zwanzig Jahre lang: »Herr, gib ihnen die ewige Ruhe, und das ewige Licht leuchte ihnen. Herr, laß sie ruhen in Frieden. Amen.« Man war sich ja nicht sicher, ob die Verstorbenen noch immer dulden müssen, vielleicht noch weitere Jahrzehnte, oder ob ihr Schuldenkonto inzwischen getilgt war.

Vor allem aber war man sich ziemlich sicher – und das galt ganz allgemein: Den Weg direkt in den Himmel schaffe ich sowieso nicht. Hoffentlich muß ich nur in das Fegefeur und nicht in die Hölle. Strafe also auf jeden Fall, und zwar Strafe, die sehr weh tut! Die sehr lange, vielleicht sogar endlos dauern kann.

Das Gebet um Ruhe und Friede gibt es auch heute noch. Die Gläubigen sprechen es, ohne daran zu denken, was damit ursprünglich gemeint war. Bei Ruhe und Frieden dachte man nicht in erster Linie an das Fegefeuer, sondern an die Qual, der großen Schuld wegen als Spuk und Gespenst ruhelos herumgeistern zu müssen. Die Bitte bedeutete also: Gib, daß der Verstorbene sich drüben zurechtfindet und nicht, von Schuld gequält, durch die Jahrhunderte spuken muß – noch eine Vorstellung, die Angst vor dem Sterben machen mußte! Alle diese Bilder von Hölle, Fegefeuer und ruhelosen Seelen haben aber – gestützt auf Hinweise und Aussagen in der Bibel – unendlich viel Schrecken und Existenzangst ausgelöst, zumal sie von den Kirchen als gewaltiges Druckmittel mißbraucht wurden.

Ausgestattet mit der Vollmacht Jesu: *»Wem ihr die Sünden vergebt, dem sind sie vergeben. Wem ihr die Vergebung verweigert, dem ist sie verweigert.«* (Johannes 20,23) wird erstmalig in der Geschichte der Menschheit menschliche Macht weit über den Tod und den irdischen Bereich hinaus verlängert – in die Ewigkeit hinein. Die Kirchen konnten ihre verängstigten Schäfchen über den Tod hinaus verfolgen, ihnen mit Strafen drohen, die weit entsetzlicher waren als alles, was die Menschheit bis dahin kannte. Selbst das Wort Jesu war fragwürdig geworden: *»Fürchtet euch nicht vor denen, die den Leib töten, die Seele aber nicht töten können, sondern fürchtet euch vor dem, der Seele und Leib ins Verderben der Hölle stürzen kann!«* (Matthäus 10,28)

So ist aus dem Gott der unendlichen Liebe ein unberechenbarer Gott geworden, einer, der seine wichtigsten Aufgaben an unwürdige Menschen delegiert und die Gläubigen diesen Menschen ausgeliefert hatte. Ein Gott, der sich nur noch durch seine menschlichen Stellvertreter äußerte und der es stillschweigend duldete, daß in seinem Namen die grausamsten Verbrechen verübt wurden.

Die meisten christlichen Kirchen halten auch heute an der Lehre von der Hölle fest, wenngleich sie über dieses düstere Kapitel lieber schweigen. Allerdings hören sich moderne Interpretationen heute doch wesentlich anders an als noch vor fünfzig oder gar hundert Jahren:

»Niemandem wird von Gott Gewalt angetan. Gott respektiert die Freiheit des Menschen, auch wenn sich dieser gegen Gott entscheidet. Wenn wir sagen, daß der Mensch in seiner Todesstunde vor Gottes Gericht tritt, so bedeutet das im Grunde nichts anderes, als daß er sein endgültiges Ziel findet, das er sich selbst gewählt hat: ein ewiges Leben in Gott (Himmel) – oder ein ewiges Leben ohne Gott (Hölle). Der Mensch ›richtet‹ sich selbst. *Wer an ihn glaubt, wird nicht gerichtet, wer nicht glaubt, ist schon gerichtet.* (Johannes 3,18)

Die Bilanz unseres Lebens entscheidet also über das Erreichen oder Verfehlen unserer ewigen Vollendung... Der Mensch, der sich ein Leben ohne Gott erwählt hat, wird dies im ewigen Scheitern erreichen... Er wird in Ewigkeit nichts anderes wollen. Würde er sich zu Gott bekehren wollen, so würde er dies gewiß auch tun können. Aber – das ist das Wesen der Hölle – er ist in seiner Lebensrichtung versteinert. Die Uhr ist stehen geblieben... Ganz gewiß schlittert keiner in die Hölle hinein. Dem steht die Liebe Gottes entgegen.«

So versucht Monsignore JOHANNES GÜNTHER den Himmel zu erklären und die Hölle zu entschärfen.

Wie schön sich das auch anhören mag – die eigentliche Problematik bleibt bestehen: Das Sterben, in vorchristlicher Zeit schon schlimm genug, ist mit der Hoffnung auf ein ewiges Leben im Himmel weit schlimmer, ja schier unerträglich geworden, weil mit dieser Hoffnung das Risiko des Scheiterns verbunden ist: Ich kann mein Ziel verfehlen. Und nachdem die Forderungen sehr hoch gesteckt sind, ist die Möglichkeit, das Ziel zu verfehlen, sehr groß. Dann aber darf ich nicht einfach sterben, sondern ich muß in der Einsicht meines Versagens ewig weiterleben.

Nicht die Angst vor dem Erlöschen, dem Nicht-mehr-Existieren ist die eigentliche Urangst des Menschen, wenn er an den Tod denkt, sondern die Angst vor der Hölle, mag sie aussehen wie sie will. Und bestünde sie nur aus dem Bedauern, aus Reue, aus dem nie endenden Selbstvorwurf: Ich habe alles verspielt! Wer könnte mit diesem einzigen, beherrschenden Gedanken auch nur ein einziges Jahr überleben – geschweige denn eine Ewigkeit, ohne verrückt zu werden?

Todesangst und Gottvertrauen

Nun könnte man sagen: Aber heute glaubt doch kaum einer mehr an Hölle und Fegefeuer und derlei Schreckgespinste! Die Zeiten, in denen man Menschen mit dem Teufel schrecken konnte, die sind doch längst vorbei. Oder etwa nicht?

Gewiß, immer mehr Menschen tun so, als wäre der Tod und ein mögliches Danach überhaupt kein Thema für sie. Sie halten sich an den flapsigen Satz des griechische Philosophen Epikur (3. Jahrhundert v. Chr.): Was sollte mich der Tod interessieren? Solange ich da bin, ist er noch nicht da. Und wenn der Tod da ist, bin ich nicht mehr da!

Doch ob sie es wahrhaben wollen oder nicht: Letztlich beantworten sich alle Fragen des Lebens, der Karriere, der Partnerschaft, der Familie, der Elternschaft – und auch der Gesundheit und der Heilung von der Frage her: Wie ist es mit dem Tod? Was bedeutet er für mich? Was erwarte ich von ihm, von einem möglichen Danach?

Man kann diese Frage von sich schieben, sie vollkommen verdrängen, so tun, als berührte sie einen nicht im geringsten. Sie ist trotzdem da und drängt auf eine Stellungnahme. Je stärker und scheinbar erfolgreicher sie verdrängt wird, desto bedrohlicher lastet sie auf der Seele – bedrohlich und krankmachend. Denn die Unsicherheit bleibt – und ist größer denn je. Unsicherheit aber ist der fruchtbarste Nährboden für die Angst: »Und wenn doch etwas dran wäre . . .?«

Die Angst, von einer Stunde auf die andere völlig ausgelöscht zu sein – oder schlimmer, aus eigener Schuld leiden zu müssen, ohne die geringste Hoffnung auf Verbesserung und ohne die kleinste Chance einer Korrektur der Situation –, dürfte zu den verheerendsten Krankheitsursachen unserer Tage überhaupt gehören; gerade weil die Glaubensvorstellungen so blaß und so vage geworden sind, gerade weil wir kaum mehr wissen, was wir glauben sollen und wie ein rechtschaffenes Leben eigentlich aussehen müßte.

Die Bedrohung durch die Hölle war für unsere Vorfahren fürchterlich. Doch wenn ihr Glaube stark genug war, konnten sie sich an das Paulus-Wort halten: *Gott, unser Retter, will, daß alle Menschen gerettet werden und zur Erkenntnis der Wahrheit gelangen.* (1. Timotheus 2,4)

Und dann konnten sie auch das Wort Jesu gläubig und unerschütterlich im Herzen tragen: *»Amen, amen ich sage euch: Wer mein Wort hört und dem glaubt, der mich gesandt hat, hat das ewige Leben. Er kommt nicht ins Gericht, sondern ist schon vom Tod zum Leben übergegangen. Amen, amen ich sage euch: Die Stunde kommt, und sie ist schon da, in der die Toten die Stimme des Sohnes Gottes hören werden. Und alle, die sie hören, werden leben.«* (Johannes 5,24–25)

Wo findet sich heute noch solcher Glaube? Wer Angst hat vor dem Fegefeuer, vor Hölle und ewiger Verdammnis, der hat niemals richtig geglaubt, und Jesus nie verstanden. Ihm ging es doch nicht darum, buchhalterisch fein säuberlich aufzunotieren: 17.2.: Frau X hat schon wieder ihr Morgengebet versäumt und eine Zeitung aus dem Ständer genommen, ohne zu bezahlen. Herr Y unterschlug bei seiner Steuerklärung größere Summen und betrog damit das Finanzamt ...

Ihm geht es nicht um ein Addieren der »bösen Taten«, die letztlich ins Verhältnis gesetzt werden zur Summe der guten Taten, um so endlich herauszufinden, welche Seite überwiegt.

Ihm geht es überhaupt nicht um Schuld, um Fehler, um kleines und großes Versagen – sondern um die Grundhaltung, um die Leitlinie des Lebens: Habe ich versucht herauszufinden, was Gott von mir erwartet? Habe ich entsprechend mein Leben ausgerichtet?

Ihm geht es letztlich darum, die Angst von uns zu nehmen. Denn jede Angst, wie immer sie aussehen mag, ist ein Zeichen für mangelndes Gottvertrauen. Wer an Gott glaubt – sei es nun der Gott Israels des Alten Testaments oder der Gott Jesu – wer dies tun kann ohne Zweifel, ohne kleinliche Zaghaftigkeit, ohne ständige Angst vor Strafe, für den könnten auch tausend Höllen und tausend Fegefeuer mit den schlimmsten Qualen keine Angst mehr einflößen. Er weiß sich immer und vollkommen geborgen. Er fürchtet weder einen plötzlichen Schicksalsschlag, noch eine schlimme Krankheit wie Krebs, oder den Verlust des Vermögens – und auch nicht den Tod. Den alles, was immer ihm begegnet, kommt von Gott und führt ihn näher in die Liebe Gottes.

Und das ist ungemein tröstlich zu wissen: Jesus ist nicht gekommen, die Besten, die Vornehmsten, die Schönsten, die Fähigsten, die Tüchtigsten, die mit der besten Bildung um sich zu scharen. Er hat sich nicht die Helden unter den Menschen als Freunde und Gefährten im Himmel ausgesucht, nicht die Elite der Gesellschaft. Nein, er kam zu den Kleinen, den Armen, den Verachteten, den Schwerfälligen, den Analphabeten, den Sündern. Seine Apostel – man kann die Schriftgelehrten und Pharisäer durchaus verstehen – bildeten aus menschlicher Sicht alles andere als eine imponierende Erfolgsmannschaft. Man könnte sogar sagen: Diesen Männern – und auch den Frauen, die sie begleiteten – fehlten alle Voraussetzungen, Jesus zu verstehen, seine Heilslehre in die Welt zu tragen und seine Kirche zu gründen.

Alle Voraussetzungen – bis auf die eine, wesentliche: Sie glaubten an Jesus und waren bereit, in seinem Geist »heilig« zu werden. Deshalb blieb kein Raum für Zweifel an den eigenen Fähigkeiten, für die Frage, ob sich der Einsatz überhaupt lohnt, ob die Unternehmungen auch nur die geringsten Aussichten auf Erfolg haben.

Das Wunder des Heiligen Geistes

Sie besaßen sein Wort – und das war genug.

Sie handelten allerdings nicht sofort und nicht aus sich heraus, sondern erst, nachdem mit ihnen etwas geschehen war, was wir bis heute noch nicht so ganz begriffen haben: das Pfingstwunder. Ganz sicher sind die Sätze der Apostelgeschichte, die das Ereignis schildern, mit die wichtigsten in der ganzen Bibel:

Nachdem der auferstandene JESUS vierzig Tage nach Ostern endgültig von seinen Aposteln Abschied genommen und in den Himmel aufgefahren war, saß der verängstigte »Haufen« hinter verschlossenen Türen versteckt in Jerusalem und wartete darauf, daß nun irgend etwas passieren würde. Beim Abschied hatte ihnen Jesus versprochen, sie würden mit dem Heiligen Geist getauft werden und die Kraft des Heiligen Geistes empfangen. Doch was sollten sie darunter verstehen?

Das einzige, was sie in den Tagen des Wartens zustande brachte, das war die Wahl eines zwölften Apostels, der die freigewordene Stelle des Verräters JUDAS einnehmen sollte.

So verharrten sie also ängstlich, uneinsichtig, erschrocken im Gebet, die Apostel, MARIA, die Mutter Jesu, und noch ein paar andere Männer und Frauen. Und dann geschah es:

Als der Pfingsttag gekommen war, befanden sie sich alle am gleichen Ort. Da kam plötzlich vom Himmel her ein Brausen, wie wenn ein heftiger Sturm daherfährt, und erfüllte das ganze Haus, in dem sie waren. Und es erschienen ihnen Zungen wie Feuer, die sich verteilten. Auf jeden von ihnen ließ sich eine nieder. Alle wurden mit dem Heiligen Geist erfüllt und begannen, in fremden Sprachen zu reden, wie es der Geist ihnen eingab.

In Jerusalem aber wohnten Juden, fromme Männer aus allen Völkern unter dem Himmel. Als sich das Getöse erhob, strömte die Menge zusammen und war ganz bestürzt. Denn jeder hörte sie in seiner Sprache reden. Sie gerieten außer sich vor Staunen und sagten: »Sind das nicht alles Galiläer, die hier reden? Wieso kann sie jeder von uns in seiner Muttersprache hören: Parther, Meder und Elamiter, Bewohner von Mesopotamien, Judäa und Kappadozien, von Pontus und der Provinz Asien, von Phrygien und Pamphylien, von Ägypten und dem Gebiet Libyens nach Kyrene hin, auch die Römer, die sich hier aufhalten, Juden und Proselyten, Kreter und Araber, wir hören sie in unseren Sprachen Gottes große Taten verkünden!« ·

Alle gerieten außer sich und waren ratlos. Die einen sagten zueinander: »Was hat das zu bedeuten?« Andere aber spotteten: »Sie sind vom süßen Wein betrunken!« Da trat Petrus auf, zusammen mit den Elf. Er erhob seine Stimme und begann zu reden: »Ihr Juden und alle Bewohner von Jerusalem! Dies sollt ihr wissen, achtet auf meine Worte! Diese Männer sind nicht betrunken, wie ihr meint; es ist ja erst die dritte Stunde am Morgen. Sondern jetzt geschieht, was durch den Propheten Joël gesagt worden ist: In den letzten Tagen wird es geschehen, so spricht Gott: Ich werde von meinem Geist ausgießen über alles Fleisch. Eure Söhne und eure Töchter werden Propheten sein, eure jungen Männer werden Visionen haben, und eure Alten werden Träume haben. Auch über meine Knechte und Mägde werde ich von meinem Geist ausgießen in jenen Tagen, und sie werden Propheten sein ... Jeder, der den Namen des Herrn anruft, wird gerettet.« (Apostelgeschichte 2,1 bis 21)

Die Leute, die das hörten, wurden, wie es in der Bibel heißt, »mitten ins Herz getroffen«. Rund dreitausend ließen sich taufen.

Alle wurden von Furcht ergriffen. Denn durch die Apostel geschahen viele Wunder und Zeichen. Und alle, die gläubig geworden waren, bildeten eine Gemeinschaft und hatten alles gemeinsam. Sie verkauften Hab und Gut und gaben davon allen, jedem so viel, wie er nötig hatte. Tag für Tag verharrten sie einmütig im Tempel, brachen in ihren Häusern das Brot und hielten miteinander Mahl in Freude und Einfalt des Herzens. Sie lobten Gott und waren beim ganzen Volk beliebt. Und der Herr fügte täglich ihrer Gemeinschaft die hinzu, die gerettet werden sollten. (Apostelgeschichte 2,43–47)

Also doch wieder Angst? Wer sind »alle«, die von ihr geplagt wurden? Und wovor hatten sie Angst?

Der Blick auf das Ende der Zeiten

Petrus zitierte den Propheten Joël und seine Schilderung der »letzten Tage«: Die Menschen werden prophezeien, im Traum die Zukunft vorhersehen. Und:

»Ich werde wunderbare Zeichen wirken am Himmel und auf

der Erde: Blut und Feuer und Rauchsäulen. Die Sonne wird sich in Finsternis verwandeln und der Mond in Blut, ehe der Tag des Herrn kommt, der große und schreckliche Tag.« (Joël 3,3–4)

Das Volk erlebte, daß die Jünger JESU Wunder verübten. Und sie verstanden den Zusammenhang, den Petrus angedeutet hatte. Die Welt wird untergehen. Es kommen die Tage der letzten großen Schrecken. Ihre Angst war eine apokalyptische Angst, vergleichbar der weitverbreiteten Untergangsangst unserer Tage.

Auch Jesus hatte schon von der Zerstörung von Jerusalem und von der letzten großen Endkatastrophe in einem Atemzug gesprochen: *»Von allem, was ihr hier seht, wird kein Stein auf dem anderen bleiben; alles wird niedergerissen ... Wenn ihr aber seht, daß Jerusalem von einem Heer eingeschlossen wird, dann könnt ihr daran erkennen, daß die Stadt bald verwüstet wird ... Mit scharfem Schwert wird man sie erschlagen, als Gefangene wird man sie in alle Länder verschleppen, und Jerusalem wird von den Heiden zertreten werden, bis die Zeiten der Heiden sich erfüllen. Es werden Zeichen sichtbar werden an Sonne, Mond und Sternen, und auf der Erde werden die Völker bestürzt und ratlos sein über das Toben und Donnern des Meeres. Die Menschen werden in Angst vergehen in Erwartung der Dinge, die über die Erde kommen. Denn die Kräfte des Himmels werden erschüttert werden. Dann wird man den Menschensohn mit großer Macht und Herrlichkeit auf einer Wolke kommen sehen.«* (Lukas 21,6–27)

An anderer Stelle war diese »Wiederkehr« sehr präzise angegeben: *»Amen, amen, ich sage euch: Von denen, die hier stehen, werden einige den Tod nicht erleiden, bis sie den Menschensohn in seiner königlichen Macht kommen sehen.«* (Matthäus 16,28)

Jesus selbst war also überzeugt davon, er würde noch zu Lebzeiten wenigstens einiger seiner Zuhörer wiederkehren, und davon sind auch seine Apostel und Jünger ausgegangen. Sie haben ständig mit der Rückkehr des Herrn gerechnet und alles getan, auf diesen Zeitpunkt vorbereitet zu sein.

Leute wie der Völkerapostel PAULUS hatten nur noch das eine Ziel vor Augen: Wir müssen unserem Auftrag gemäß das Evangelium bis in den letzten Ort der Erde tragen, bevor Jesus wiederkommt. Nur aus dieser Endzeiterwartung heraus ist mancher seiner Ratschläge zu verstehen, etwa jener, lieber nicht zu heiraten, sondern ledig zu bleiben, weil sich die Vermählung in der kurzen Zeit vor der Rückkehr des Herrn doch nicht mehr lohnt:

Ich wünschte, alle Menschen wären (unverheiratet) wie ich. Doch jeder hat seine Gnadengabe vor Gott, der eine so, der andere so. Dem Unverheirateten und den Witwen sage ich: Es ist gut, wenn sie so bleiben wie ich. Wenn sie aber nicht enthaltsam leben können, sollen sie heiraten. Es ist besser zu heiraten, als sich in Begierde zu verzehren. (1. Korinther 7,7–9)

Verhängnisvollerweise ist aus solchen Sätzen in völliger Verkennen der Situation, in der und für die sie geschrieben waren, eine Ehefeindlichkeit und eine Leibfeindlichkeit des Apostels Paulus konstruiert worden, etwa in dem Sinne: Nun ja, wer es halt ohne sexuelle Betätigung nicht aushalten kann, der soll in Gottes Namen eben heiraten. Die sexuelle Partnerschaft ist ein Zugeständnis an die Schwäche, an Menschen, die nicht in der Lage sind, primitive Gelüste zu beherrschen!

»Reiner« Geist – »sündiges« Fleisch?

Wieviel Leid, wieviel Minderwertigkeitsgefühl, wieviel Verklemmung und Krankheit ist durch diese Fehldeutung bis in unsere Tage hinein ausgelöst worden! Die Jungfräulichkeit, in vorchristlicher Zeit geradezu als Schande, wenn nicht sogar – zumindest für den Mann – als Verbrechen betrachtet, wurde plötzlich zum hohen Ideal, zum Symbol der Reinheit und Heiligkeit, während die körperliche Liebe den Anstrich der Sünde, der »Befleckung«, der niederen, »tierischen« Trieberfüllung bekam.

Maria, die Mutter JESU, mußte, um ihn von aller Sünde frei empfangen zu haben, Jungfrau bleiben – als ob es überhaupt keine Form der Sexualität gäbe, die nicht zugleich sündhaft wäre! Durch zwei Jahrtausende blieb es für Eheleute praktisch unmöglich, von ihrer Kirche heilig gesprochen zu werden. Jungfrauen, Klosterfrauen, Priester, also jene, die sich sexueller Betätigung enthielten, erhielten den Vorzug. Und wenn auch heute noch katholische

Priester unverheiratet bleiben sollen, dann spielt zumindest unterschwellig noch die uralte Vorstellung mit: Er muß frei bleiben von der »sündhaften Begierde«, von der »Sünde des Fleisches« und ganz geistig leben.

Denn so hat man streng unterschieden: Alles was mit der Körperlichkeit zu tun hat, ist unheilig, stark anfällig für Versuchung und Sünde. Der Teufel kann uns nur über den Körper her angreifen, weil die sündhafte Lust in uns steckt! Hat das PAULUS nicht genau so ausgedrückt:

Das Trachten des Fleisches führt zum Tod, das Trachten des Geistes aber zu Leben und Frieden. Denn das Trachten des Fleisches ist Feindschaft gegen Gott. Es unterwirft sich nicht dem Gesetz Gottes und kann es auch nicht. Wer vom Fleisch bestimmt ist, kann Gott nicht gefallen. Ihr aber seid nicht vom Fleisch, sondern vom Geist bestimmt, da ja der Geist Gottes in euch wohnt... Wenn ihr nach dem Fleisch lebt, müßt ihr sterben. Wenn ihr aber durch den Geist die (sündigen) Taten des Leibes tötet, werdet ihr leben. (Römer 8,6–13)

Das scheint absolut eindeutig: Paulus zerlegt den Menschen in einen guten, geistigen, göttlichen und in einen schlechten, fleischlichen Teil. Der eine zieht ihn nach oben zu Gott, der andere nach unten ins Verderben. Paulus scheint wie der griechische Philosoph Plato zu denken: Der Geist, das Göttliche im Menschen, ist eingesperrt in den Kerker Körper – und sehnt sich zeitlebens danach, von diesem Gefängnis befreit zu werden. So ähnlich ist das auch weithin gedeutet worden: *Der Geist ist willig, aber das Fleisch ist schwach!* (Matthäus 26,41)

Man erinnert sich an die Weltkatastrophe der Sintflut ganz am Anfang der Bibel. Auch dort heißt es – ganz ähnlich wie bei Paulus: *Als sich die Menschen über die Erde hin zu vermehren begannen und ihnen Töchter geboren wurde, sahen die »Gottessöhne«, wie schön die Menschentöchter waren, und sie nahmen sich von ihnen Frauen, wie es ihnen gefiel. Das sprach der Herr: »Mein Geist soll nicht länger im Menschen bleiben, weil er auch Fleisch ist.«* (Genesis 6,1–3)

So wie Paulus seinen Gemeinden den Tod androht, so löscht

Gott die gesamte Menschheit aus – mit Ausnahme von Noah und seiner Familie –, weil sie den Gesetzen des Fleisches und nicht denen des Geistes gehorchten: Die Erde war in den Augen Gottes verdorben. *Denn alle Wesen aus Fleisch auf der Erde lebten verdorben.* (Genesis 6,12)

Man könnte es so ausdrücken: Gott schickte die Sintflut, weil er sein Experiment als gescheitert sah *(es reute ihn)*, den göttlichen Funken, den Geist, mit organischem, materiellem Leben zu verbinden. Aber nicht, weil das »Fleisch« schlecht, böse, niedrig, »tierisch« und somit sündhaft und verachtungswürdig wäre, sondern weil der Mensch nach dem alten Gesetz des Lebens ohne Bewußtsein, des Lebens der heilen Natürlichkeit nicht mehr leben kann. Er hat das Paradies verloren, wenngleich nicht die Sehnsucht danach. Jeder Versuch, paradiesisch zu leben, ist eine Flucht vor der menschlichen Aufgabe, in die Vollkommenheit hineinzuwachsen, ist ein fruchtloses Stehenbleiben, vielleicht sogar ein Zurückfallen auf längst überholte Evolutionsstufen. Wer in der paradiesischen »Fleischlichkeit«, die nichts Böses, sondern etwas Heiliges ist, verharren möchte, verliert die Unsterblichkeit aus den Augen.

Das »Fleisch« ist nicht böse, nicht verdorben, nichts, das man hassen oder gar »abtöten« müßte, nicht der schlechte Teil des Menschen, den es abzulegen, zu überwinden gilt, um frei, rein, heilig zu werden.

»Fleischliches Handeln«, also alle sinnlichen Freuden aus den Wahrnehmungen der Augen, Ohren, der Nase, der Zunge, des Tastsinns bis hin zu sexuellen Freuden ist an sich nicht sündhaft, nicht verwerflich, schon gar nicht schmutzig, so daß man sich der beglückenden Erlebnisse schämen, die Lust verdammen müßte. Der Mensch wird dereinst erst vollkommen und glücklich sein, wenn auch der Körper, nicht nur die Seele, die Unsterblichkeit erlangt hat, wenn sich also Seele und Körper in der Ewigkeit wiederfinden.

Das ist die wahre christliche Heilslehre! Das ist die eigentliche Botschaft Jesu: Auferstehung des Leibes, des Fleisches (»resurrectio carnis«), nicht irgendein blasses, zerfließendes, nichtfaßbares Geisterdasein. Der Mensch kann aufgrund seines Wesens nur als ganzer Mensch mit Körper und Geist glücklich sein. Wäre das »Fleisch«, die Fleischlichkeit etwas Sündhaftes, wäre Gottes Sohn nicht Mensch geworden. Er ist aber Mensch geworden – und hat damit die Möglichkeit eröffnet, die an sich gute, durch die Zerrissenheit des Menschen aber aus der Harmonie gerissene Natur in eine neue, höhere Dimension zu heben, so daß die Harmonie wiedergefunden werden kann.

Die ganze Natur wird auferstehen!

So sieht es auch der Apostel PAULUS, wenn er davon spricht, daß mit dem Menschen die gesamte Natur »erlöst« werde: *Denn die ganze Natur wartet sehnsüchtig auf das Offenbarwerden der Söhne Gottes. Die Schöpfung ist der Vergänglichkeit unterworfen, nicht aus eigenem Willen, sondern durch den, der sie unterworfen hat. Aber zugleich gab er ihr die Hoffnung: Auch die Schöpfung soll von der Sklaverei und Verlorenheit befreit werden zur Freiheit und Herrlichkeit der Kinder Gottes.* (Römer 8,19–21)

Jede Leibfeindlichkeit käme demnach einer Verleugnung des eigenen Wesens gleich – wäre also sündhaft und damit krankmachend. Wer einen Teil von sich verachtet, kann ihn nicht gesund erhalten und auch nicht heilen. Denn die falschen Gedanken sind unfaßbar schädigend, selbstzerstörerisch: Wer seinen Körper mißachtet, in ihm nur die ständige Versuchung, das Böse sieht, der wirkt pausenlos negativ auf ihn ein, gibt ihm ständig die Anweisung, zu verkümmern, krank zu werden. Wer aber den Wünschen seines Körpers mit schlechtem Gewissen, mit der Vorstellung eine schwere Sünde zu begehen, nachgibt, der bringt sich in schier unlösbare Konflikte, die ihn mehr und mehr seelisch erkranken lassen. Denn der »Sünder« glaubt sich verworfen, der Hölle und dem ewigen Verderben preisgegeben.

Es wäre ebenso falsch und schädlich, wollte man die Erde mit ihrer gesamten Natur und mit allem, was sich auf ihr ereignet, als »Tränental« betrachten, als Ort, an dem man sich am besten nicht häuslich einrichtet, nichts zu leisten und zu verbessern versucht, ein Ort ständig neuer Leiden und Kümmernisse, die man über sich ergehen lassen muß in der Erwartung des eigentlichen Lebens nach dem Tod.

Nein: Die Erde ist ein Teil der Schöpfung, Gottes Werk. *Und Gott sah, daß es gut war.* (Genesis 1,12) Alles, was er schuf, war gut. Es war sogar »sehr gut!« (Genesis 1,31) Kein Teufelswerk; kein Widerspruch zum Geist!

Die Heilkraft der Begeisterung

Nein: Dieses Leben fordert unseren ganzen Einsatz, unsere totale, voll engagierte Hingabe, unsere ganze Freude – ja unsere unbändige Begeisterung. Denn das ist das Geheimnis des Pfingstfestes: Die Männer und Frauen hinter den verschlossenen Türen wurden erfüllt vom Heiligen Geist – und waren somit be-»geist«-ert! Die Begeisterung war es, die sie so sprechen ließ, daß jeder sie verstehen konnte, und so, daß alle Zuhörer gepackt wurden. Die Begeisterung hat ihnen jede Angst, jedes Zögern, jede Kleinmütigkeit genommen und ihnen die Wahrheiten aufgedeckt. Die Begeisterung versetzte sie in die Lage, Kranke zu heilen, Gift zu schlucken, ohne zu erkranken, in die Zukunft zu blicken.

Die Begeisterung hat aus ihnen neue, größere, vollkommenere, gesunde Menschen gemacht – der eigentliche Wundertäter heißt: Begeisterung.

Das aber ist die eigentliche, wenn man so will die einzige Sünde, die Sünde, die nicht vergeben wird: die Sünde wider den Geist.

»Wer nicht für mich ist, der ist gegen mich. Wer nicht mit mir sammelt, der zerstreut. Darum sage ich euch: Jede Sünde und Lästerung wird den Menschen vergeben werden, aber die Lästerung gegen den Geist wird nicht vergeben. Auch dem, der etwas gegen den Menschensohn sagt, wird vergeben werden. Wer aber etwas gegen den Heiligen Geist sagt, dem wird nicht vergeben, weder in dieser noch in der zukünftigen Welt.« (Matthäus 12,30–32)

Diese Sünde wider den Geist besteht aber einerseits im Verlust der Begeisterung, im stumpfsinnigen, geistlosen Verharren in den gegebenen Zuständen, seien sie nun behaglich oder bedrückend – andererseits im Denken, Handeln, Wünschen wider bessere Einsicht. Das ist die Lebenslüge, die zum Untergang führen muß: Nach dem Glück an einer Stelle zu graben, von der man mit Sicherheit weiß, daß es dort nicht gefunden werden kann; ein Ziel zu verfolgen, das ohne Zweifel ins Verderben führen muß; einem Menschen Liebe vorzutäuschen, wo nur Egoismus, bestenfalls Gleichgültigkeit gegeben ist; den Namen Gottes im Munde zu führen, ohne ihn auch nur im geringsten ernst zu nehmen.

Solange wir uns selbst gegenüber, gegenüber den Mitmenschen und Gott ehrlich bleiben, darf alles auf dieser Welt uns erfreuen und wird alles, was wir tun, uns zum Segen und zum Heil gereichen. Das ist das Geheimnis des Erfolgs – und das Geheimnis der Gesundheit: Wir sollen das Leben bejahen, ja wir müssen es bejahen, voll und ganz – aber auch absolut ehrlich!

Aber: Steht das alles nicht im krassen Widerspruch zum Wort des Herrn: *»Wer mein Jünger sein will, der verleugne sich selbst, nehme sein Kreuz auf sich und folge mir nach! Denn wer sein Leben retten will, wird es verlieren. Wer aber sein Leben um meinetwillen verliert, wird es gewinnen.«* (Matthäus 16,24–25) Bei LUKAS heißt es sogar: *»... der nehme täglich sein Kreuz auf sich!«* (9,23) Also: Dein Leben soll unentwegt aus Entsagung, Opfer, Verzicht, Kreuz und Leid bestehen? So ist das zwar immer wieder ausgelegt worden – aber ganz bestimmt nicht gemeint:

Den Sätzen voraus geht in der Bibel der Hinweis JESU auf sein Leiden und Sterben. PETRUS hatte gerade sein großes Bekenntnis abgelegt: *»Du bist der Messias, der Sohn des lebendigen Gottes!«* um seinerseits zu erfahren: *»Selig bist du, Simon, Sohn des Jona. Denn nicht Fleisch und Blut haben dir das geoffenbart, sondern mein Vater im Himmel. Ich aber sage dir: Du bist Petrus, und auf diesen Felsen werde ich meine Kirche bauen, und die Mächte der Unterwelt werden sie nicht überwältigen! Ich werde dir die Schlüssel des Himmels geben. Was du auf Erden binden wirst, das wird auch im Himmel gebunden sein, und was du auf Erden lösen wirst, das wird auch im Himmel gelöst sein.« Dann befahl er den Jüngern, niemand zu sagen, daß er der Messias sei.* (Matthäus 16,16–20)

Wann wäre jemals Ähnliches zu einem Menschen gesprochen worden? Niemals zuvor – und auch niemals danach mehr. Man kann sich leicht vorstellen, wie sehr Petrus von Stolz und Glück erfüllt gewesen ist.

Doch mitten in die Euphorie platzt Jesus mit düsteren Ankündigungen: *Er müsse nach Jerusalem gehen und von den Ältesten, den Hohepriestern und den Schriftgelehrten vieles erleiden. Er werde getötet werden, aber am dritten Tag werde er auferstehen.* (Matthäus 16,21)

Das reißt den Petrus aus seinen Höhenflügen. Er nimmt, so heißt es in der Bibel, Jesus zur Seite und macht ihm Vorwürfe: Wie kannst du nur so etwas sagen? *»Das soll Gott verhüten, Herr! Das darf nicht mit dir geschehen.«* (Matthäus 16,22)

Jesus, der seinen ersten Apostel eben noch selig gepriesen hatte, dreht sich um und beschimpft ihn, wie man nur einen schlimmen Feind beschimpfen kann: *»Weg mit dir, Satan! Geh mir aus den Augen! Du willst mich zu Fall bringen. Denn du hast nicht im Sinn, was Gott will, sondern was die Menschen wollen.«* (Matthäus 16,23)

Die Situation ist völlig klar, und wer hätte anders gehandelt als Petrus: Er ist bereit und würde alles tun, seinem Freund und Meister zum vollen Triumph zu verhelfen – und entschieden abzuwehren, was ihm schaden könnte. Er hat nur ein Ziel vor Augen: Der Messias soll mit seiner Hilfe die Herrschaft über Israel antreten.

Doch indem er Jesus von seiner Bestimmung, die ganze Welt durch seinen Tod zu erlösen, abzuhalten versucht, macht er deutlich, daß das, was er jetzt sagt, nicht mehr wie seine Sätze zuvor, von Gottes Geist inspiriert ist. Er meint es ja gut, doch, typisch menschlich, sieht er für sich und für Jesus ein viel zu kleines, oberflächliches Ziel: Es soll dir und mir gutgehen!

Liebe zu Gott – Liebe zur Schöpfung

Das Gutgehenlassen, das Streben nach Gesundheit, Unversehrtheit, Wohlstand, vielleicht sogar Reichtum, ist selbstverständlich von sich aus nichts Schlechtes. Doch wenn es mir den Weg zu meinem eigentlichen, viel höheren Ziel verbaut, wird es nicht nur hinderlich und böse, sondern geradezu teuflisch. Deshalb das harte

Wort Jesu: »*Weg mit dir, Satan! … Du willst mich zu Fall bringen!*« Du willst mich zu einem scheinbaren Glück verlocken, das sich bald als mein Unglück herausstellen müßte.

Anders gesagt: Wir Christen sind nicht aufgefordert, die Güter der Welt zu verachten, arm und armselig zu bleiben, mit traurigen Mienen und sauertöpfisch durch die Welt zu trampeln, jedem Glück peinlich aus dem Weg zu gehen und uns ständig zu fragen, wo wir uns noch ein Opfer, einen Verzicht auferlegen könnten. Wir sind nicht zum Masochismus aufgerufen, womöglich sogar mit der Erwartung, an den Qualen Spaß zu finden. Wir sollen glücklich sein, das Leben nicht nur sparsam, sondern in Fülle haben. Doch wenn wir eines Tages zur Einsicht kämen, daß das vermeintliche Glück nur eine Täuschung war, dann müßten wir ebenso selbstverständlich bereit sein, es aufzugeben – aber nur dann! Denn nichts, mag es noch so schön, so beglückend, so wertvoll, so heilig sein, darf uns den vorgeschriebenen Weg verbauen. »*Wer Vater oder Mutter mehr liebt als mich, ist meiner nicht würdig, und wer Sohn oder Tochter mehr liebt als mich, ist meiner nicht würdig.*« (Matthäus 10,37)

Das heißt wahrhaftig nicht, ich müßte bei jeder irdischen Liebe ein schlechtes Gewissen haben und peinlich genau prüfen, ob ich ja der eigenen Frau, den Eltern, den Kindern nicht mehr Liebe und Zuneigung zukommen lassen als Gott und Jesus – als würden sie so wie ein König früher (oder so manche Idelogie heute) verlangen, daß ihnen der Vorzugsplatz in jedem Herzen zukommt. Doppelt schwierig, weil man von mir die denkbar größten Gefühlsregungen verlangt einem Wesen gegenüber, das ich niemals gesehen habe, dem ich niemals persönlich und sinnlich wahrnehmbar begegnet bin, von dem ich nicht die geringste Ahnung habe, wie es aussehen könnte. Nein, das ist nicht gemeint. Sondern: Liebe zum Mitmenschen und Liebe zu Gott sind überhaupt keine Gegensätze, sondern ein und dasselbe – solange die Liebe vom Heiligen Geist erfüllt ist.

Und darauf allein kommt es an: Jede Liebe zum Mitmenschen, jede Liebe zu einer Aufgabe, zur Schöpfung insgesamt ist Liebe zu Gott, wenn sie ehrlich und begeistert ist. Ein Widerspruch taucht erst dort auf, wo mir völlig bewußt ist, daß diese Liebe mich oder den geliebten Menschen vom rechten Weg abbringt; wo ich mir mein Glück auf Kosten anderer hole und damit Unglück auslöse: wo die vermeintliche Liebe gar keine Liebe ist, sondern rücksichtslose Erfüllung der eigentlichen Gelüste und Wünsche. In diesem Fall allerdings müßte ich mich entscheiden – für oder gegen Gott. Und diese Entscheidung wäre bestimmend für mein ganz persönliches Glück oder Unglück.

Das wahre Glück gibt es nur in Gott, und das ist nun wieder ganz entscheidend für unsere Gesundheit und für die Chancen, wieder gesund zu werden: Wenn das alles auch nur ungefähr richtig ist, dann müssen wir ganz schnell aufhören, alles, was Spaß bereiten könnte, als sündhaft oder zumindest zweifelhaft zu betrachten, uns den irdischen Freuden nur halbherzig und mit ständig schlechtem Gewissen hinzugeben.

Gesundheit aus der Freude

Gott ist die Freude schlechthin – und jede Freude ist etwas Göttliches! Gott will, daß wir froh und glücklich sind – nicht erst dereinst im Himmel, sondern jetzt, in diesem Leben. Er will, daß wir dieses Leben nicht als lästig, als sorgenvolle Pflichterfüllung hinter uns bringen, saftlos, voller Angst, wir könnten irgendwo etwas falsch machen, sondern daß wir leben aus der ungeschmälerten Fülle heraus – und mit riesiger Begeisterung. Wir sollen mit unserem Leben aller Welt zeigen, daß wir das Pfingstwunder miterlebt haben und deshalb ein Leben ganz besonderer Qualität leben.

Niemand soll mehr – wie einst FRIEDRICH NIETZSCHE – sagen können: »Wenn sie nur erlöster aussehen würden, diese Erlösten!«

Wir müssen aufhören, Erde und Himmel als feindselige Gegensätze zu sehen und zu glauben, das Glück hier würde uns »drüben« abgezogen. Der Reiche in der biblischen Geschichte muß nicht leiden, weil er das Glück auf Erden auskostete, sondern weil er den armen LAZARUS vor seiner Tür ausschloß; weil er froh und glücklich sein konnte – im Wissen, daß ein anderer neben ihm leidet; weil er in diesem Sinn sein persönliches Wohlergehen mehr liebte als Gott.

Wir müssen aufhören, immer und überall uns eine Schuld einzureden, die nach Buße und Bestrafung verlangt, wenn wir nichts anderes suchten, als ein bißchen Glück, ein bißchen Wärme, ein bißchen Sonnenschein.

Es gibt nur eine Sünde, die wir zu fürchten hätten: die Sünde wider den Geist. Schuldgefühle sind ebenso wie die Angst nur ein Zeichen dafür, daß unser Glaube schwach und anfällig ist. Wer wirklich glauben kann, der weiß zwar, daß er gelegentlich auch Fehler macht; daß sich Fehler auf dieser Welt nun mal nicht verhindern lassen. Doch nicht jeder Fehler ist schuldhaft. Und keine Schuld entzweit uns mit Gott, so daß wir uns der Verzweiflung hingeben müßten. Wir brauchen den Kopf nicht sinken zu lassen und trübsinnig einherzugehen. Wir brauchen nicht krank zu werden, uns selbst zu bestrafen aus dem Gefühl der Schuld und Straffälligkeit heraus. Unsere Schuld ist schon gesühnt – durch den Tod Jesu am Kreuze.

Die beiden Brüder KAIN und ABEL, der eine Landwirt, der andere Schafhirt, brachten Gott ihr Opfer dar. Abel schlachtete ein Böcklein, Kain opferte von seiner Ernte. Doch scheinbar gefiel Gott nur das Opfer Abels. Das Opfer Kains beachtete er nicht.

Da überlief es Kain ganz heiß, und sein Blick senkte sich. Der Herr sprach zu Kain: »Warum überläuft es dich heiß, und warum senkt sich dein Blick? Nicht wahr, wenn du recht tust, darfst du aufblicken! Wenn du nicht recht tust, lauert an der Tür die Sünde als Dämon. Auf dich hat er es abgeshen, doch du werde Herr über ihn« (Genesis 4,5–7)

Wir wissen es: Kain ist mit dem Dämon Sünde nicht fertig geworden. Er hat seinen Bruder erschlagen. Er ist schuldig geworden, weil er den Kopf sinken ließ, weil er sich von Gott nicht beachtet wähnte – und weil er mit seiner Trübsinnigkeit dem Dämon Sünde Zugang zu seiner Seele verschaffte!

IX

Die Krankheit verwandelst du in Kraft

(Psalm 41,4)

Der Heilige Geist und der heilende Geist

Welche Tragik: Das Reich König DAVIDS, dem Gott versprochen hatte: *»Dein Haus und dein Königtum sollen durch mich auf ewig bestehen bleiben, dein Thron soll auf ewig Bestand haben!«* (2. Samuel 7,16), ist nicht einmal ganz siebzig Jahre alt geworden: König David regierte neununddreißig Jahre, SALOMON dreißig Jahre. Danach zerbrach der Staat in das Nordreich Israel und in das Südreich Juda. Die beiden Könige von Jerusalem und Samaria waren nicht viel mehr als bedeutungslose Stadtfürsten, kleine Vasallen zwischen den Machtblöcken Ägypten, Phönizien und Assyrien. Sie konnten sich nur einigermaßen halten, indem sie sich mal auf die eine, mal auf die andere Seite schlugen.

Diese Entwicklung hatte bereits der glanzvolle Salomon eingeleitet. Schlau wie er war, heiratete er die Töchter der Könige ringsum, verschwägerte sich so mit allen potentiellen Gegnern. Doch das war selbstverständlich riskant:

König Salomon liebte neben der Tochter des Pharao noch viele andere ausländische Frauen: Moabiterinnen, Ammoniterinnen, Edomiterinnen, Sidonierinnen, Hetiterinnen. Es waren Frauen aus den Völkern, von denen der Herr den Israeliten gesagt hatte: »Ihr dürft nicht zu ihnen gehen, und sie dürfen nicht zu euch kommen, denn sie würden euer Herz ihren Göttern zuwenden.«

An diesen hing Salomon mit Liebe. Er hatte siebenhundert fürstliche Frauen und dreihundert Nebenfrauen. Sie machten sein

Herz abtrünnig. Als Salomon älter wurde, verführten ihn seine Frauen zur Verehrung anderer Götter, so daß er dem Hern, seinem Gott, nicht mehr ungeteilt ergeben war wie sein Vater David. Er verehrte Astarte, die Göttin der Sidonier, und Mikom, den Götzen der Ammoniter. Er tat, was dem Herrn mißfiel, und war ihm nicht so vollkommen ergeben, wie sein Vater David. Damals baute Salomon auf dem Berg östlich von Jerusalem eine Kulthöhe für Kemosch, den Götzen der Moabiter, und für Mikom, den Götzen der Ammoniter. Dasselbe tat er für alle seine ausländischen Frauen, die ihren Göttern Rauch- und Schlachtopfer darbrachten. (1. Könige 11,1–8)

Und prompt folgt die Ankündigung Gottes: Du hast meinen Bund gebrochen und die Gebote nicht befolgt und die Gebote nicht gehalten. Deshalb wird das Königreich zerbrechen – nicht schon jetzt, Davids wegen, und nicht vollständig wegen Jerusalem. Dein Sohn wird es aber erleben!

So kam es denn auch, und die Geschichte wiederholte sich pausenlos: Die Israeliten wurden ihrem Gott untreu, die Könige bauten ihren fremdstämmigen Frauen Gebetsstätten auf Bergen, damit sie ihre Götzen verehren konnten. Es folgte die Strafe, die Rückkehr zum wahren Gott – und das Spiel begann wieder von vorne.

Ein Trauerspiel! Ein Spiegel des menschlichen Strebens und Irrens...

Propheten, die Dolmetscher Gottes

Dabei hätten es die Israeliten relativ einfach gehabt, die Wege Gottes zu erkennen. Sie besaßen nämlich die Propheten. Und nicht nur den einen oder anderen, der sporadisch als Kuriosum aufgetaucht wäre, sondern Tausende: Schon dem jungen, eben gesalbten König SAUL kam eine ganze Schar von Propheten entgegen, als er sich GIBEA näherte. Und der König selbst *geriet mitten unter ihnen in prophetische Verzückung. Die Leute sagten zueinander: »Was ist denn mit dem Sohn des Kisch geschehen? Ist auch Saul unter den Propheten?«* (1. Samuel 10,10–11)

ELIAS, der unerschrockene Gottesbote, der von ganzen Armeen des Königs in Jerusalem verfolgt wurde, lebte und wirkte rund 100 Jahre nach DAVIDS Tod. Er war der Prophet, der dafür sorgte, daß es drei Jahre und sechs Monate lang in Israel nicht regnete. Er lieferte der Königin, die den Götzen BAAL und ASCHERA auf den Bergen Kultstätten errichtet hatte, den dramatischen Wettkampf: Wer besitzt den wirklichen Gott? Er trat an gegen vierhundertfünfzig Propheten des Baal und gegen vierhundert der Aschera – und er gewann! (1. Könige 18,16 ff.)

Und auch Elias war keineswegs allein. Am Tag, an dem er, der biblischen Geschichte entsprechend, von einem »feurigen Wagen mit feurigen Pferden« in den Himmel geholt wurde, ohne daß er zuvor hätte sterben müssen, ging er mit seinem Schüler und Nachfolger ELISCHA von Ort zu Ort. Und überall kamen ihnen die »Prophetenjünger« entgegen. Zuletzt folgten ihnen fünfzig solcher »Schüler«. Es sieht ganz so aus, als hätte es vor 2800 Jahren in Israel Prophetenschulen gegeben: Junge Leute, die sich für begabt hielten, schlossen sich einem an, der sich durch seine Vorhersagen als Prophet ausgewiesen hatte, um von ihm das »Handwerk« zu erlernen. Und solche Schulen gab es offensichtlich nicht nur bei den Israeliten, sondern auch bei ihren Nachbarvölkern.

MOSES hatte sein Volk vor dem Betreten Kanaans ausdrücklich und in sehr scharfen Worten gewarnt: *»Wenn du in das Land hineinziehst, das der Herr, dein Gott, dir gibt, sollst du nicht lernen, den Greuel dieser Völker nachzuahmen. Es soll bei dir keinen geben, der seinen Sohn oder seine Tochter durchs Feuer gehen läßt, keinen, der Losorakel befragt, Wolken deutet, aus dem Becher weissagt, zaubert, Gebetsbeschwörungen hersagt oder Totengeister befragt, keinen Hellseher, keinen, der Verstorbene um Rat fragt. Denn jeder, der so etwas tut, ist dem Herrn ein Greuel. Wegen dieser Greuel vertreibt sie der Herr, dein Gott, von dir.*

Du sollst ganz und gar bei dem Herrn, deinem Gott, bleiben. Denn diese Völker, deren Besitz du übernimmst, hören auf Wolkendeuter und Orakelleser. Für dich aber hat der Herr, dein Gott, es anders bestimmt. Einen Propheten wie mich wird dir der Herr, dein Gott, aus deiner Mitte, unter deinen Brüdern, erstehen lassen. Auf ihn sollt ihr hören. Der Herr wird ihn als Erfüllung von allem erstehen lassen, worum du am Horeb, am Tag der Versammlung, den Herrn, deinen Gott, gebeten hast, als du sagtest: ›Ich kann die donnernde Stimme des Herrn, meines Gottes, nicht noch einmal hören und dieses große Feuer nicht noch einmal sehen, ohne daß ich sterbe.‹

Damals sagte der Herr zu mir: ›Was sie von dir verlangen, ist recht. Einen Propheten will ich ihnen mitten unter ihren Brüdern erstehen lassen. Ich will ihm mein Wort in den Mund legen, und er wird ihnen alles sagen, was ich ihm auftrage. Einen Mann aber, der nicht auf meine Worte hört, die der Prophet in meinem Namen verkünden wird, ziehe ich selbst zur Rechenschaft. Doch ein Prophet, der sich anmaßt, in meinem Namen ein Wort zu verkünden, dessen Verkündigung ich ihm nicht aufgetragen habe, oder der im Namen anderer Götter spricht, ein solcher Prophet soll sterben.

Und wenn du denkst: Woran können wir ein Wort erkennen, das der Herr nicht gesprochen hat? dann sollst du wissen: Wenn ein Prophet im Namen des Herrn spricht und sein Wort sich nicht erfüllt und nicht eintrifft, dann ist es ein Wort, das nicht der Herr gesprochen hat. Der Prophet hat sich nur angemaßt, es zu sprechen.‹« (Deuteronomium 18,9–22)

Also: Auf der einen Seite die Warnung vor falschen Propheten – auf der anderen die strikte Verpflichtung, auf das Prophetenwort zu hören! Das Dilemma ist offensichtlich. Der Versuch, den wahren vom falschen Propheten zu unterscheiden, bleibt fragwürdig: Wenn man immer erst hinterher erfährt, ob der, der etwas angekündigt hat, ein Prophet ist oder ein Gauner, dann gibt es keine verläßliche Garantie für den rechten Umgang mit Propheten!

Offensichtlich kannten die biblischen Israeliten dreierlei Propheten: Da gab es zunächst jene Kranken und Gauner, die sich nur einbildeten oder vorgaben, besondere Begabungen zu besitzen, die also nur bedeutungslos daherschwafeln, gelegentlich aber rein zufällig einmal einen Treffer landen.

Dann gab es die wahren, von Gott berufenen Propheten, die so wie Moses Gottes Anweisungen entgegennehmen und an das Volk weiterreichen – Leute, die offensichtlich keine besondere Begabung brauchen, dafür aber eine gewisse Heiligkeit besitzen müssen, weil sie sonst nicht als »Draht zum Himmel« fungieren könnten. Die Lippen des ISAIAS sind mit glühenden Kohlen gereinigt worden, ehe er das Wort Gottes aussprechen durfte.

Der wahre Prophet sagt nicht nur voraus, was kommen wird. Seine Aufgabe ist, mehr zu warnen, zu mahnen, zu lehren. Wann immer das Volk nicht mehr weiter weiß, fragt es seine Propheten, um Gottes Willen zu erfahren.

Auch andere Völker scheinen so gedacht zu haben. Der babylonische König NEBUKADNEZZAR (605–562 v. Chr.), erschreckt durch einen bösen Traum, rief alle *Zeichendeuter, Wahrsager, Chaldäer und Astrologen,* um von ihnen die Deutung zu erfahren. Sie mußten alle passen. Zum Schluß kam der Prophet DANIEL, ein verschleppter Jude. Der König begrüßte ihn: *»Oberster Zeichendeuter, von dir weiß ich, daß der Geist der heiligen Götter in dir wohnt...«* (Daniel 4,6)

Nebukadnezzars Sohn BELSAZZER träumte nicht. Er sah während eines ausgelassenen Festes an der Wand des Palastes plötzlich eine Schrift auftauchen: *Mene-tekel-upharsin* (gezählt, geteilt, gewogen). Wieder konnte (oder wollte?) keiner der Magier und Wahrsager und Sterndeuter die Schrift und ihren Sinn lesen. Diesmal erinnerte sich die Königin an den Propheten DANIEL:

»In deinem Reich gibt es einen Mann, in dem der Geist der heiligen Götter wohnt. Schon zu deines Vaters Zeiten fand man bei ihm Erleuchtung und Einsicht und Weisheit, wie nur die Götter sie haben.« (Daniel 5,11)

Zur Gruppe der dritten Propheten gehört schließlich einer, der sein Wissen nicht von Gott hat, aber trotzdem Dinge weiß, die ein Mensch nicht wissen kann. Er wird von Göttern, Geistern, Verstorbenen oder Dämonen informiert:

Am Abend vor seinem Tod versuchte König SAUL von Gott einen Hinweis zu bekommen, wie er gegen die riesige Übermacht der Philister vorgehen soll. Doch Gott hatte sich, so heißt es in der Bibel, von Saul abgewandt. *Der Herr gab ihm keine Antwort, weder durch Träume noch durch Losorakel, noch durch die Propheten.* (1. Samuel 28,6)

In seiner Not suchte der verzweifelte König nach einem Totenbeschwörer – wir würden heute vom Spiritisten, vom Geisterbeschwörer sprechen – oder einem Wahrsager. Solche Menschen hatte er aber in besseren Tagen gesetzestreu und streng verfolgt und aus dem Land verjagt.

Schließlich konnte man ihm aber doch eine Frau nennen, die »Gewalt über einen Totengeist« hatte. Er begab sich zu dieser Frau, und sie mußte ihm den verstorbenen Propheten SAMUEL rufen. Vom beschworenen Propheten erfuhr der König von der vernichtenden Niederlage, vom eigenen Tod und vom Tod seiner drei Söhne.

Die Geistesgaben der Apostel

Aus solchen Darlegungen und Erzählungen erfährt man, warum auch die christlichen Kirchen durch die Jahrhunderte das Wahrsagen, Hellsehen, spiritistische Sitzungen, Astrologie und jede andere Form der Zukunftsdeutung verurteilt haben. Die göttliche Offenbarung, so sagen die Theologen, ist mit dem Auftreten Jesu endgültig abgeschlossen. Er hat alles, was es noch zu sagen gab, geoffenbart. Dem gibt es in alle Ewigkeit nichts mehr hinzuzufügen. *Viele Male auf vielerlei Weise hat Gott einst zu den Vätern gesprochen und durch die Propheten. In dieser Endzeit aber hat er zu uns gesprochen durch den Sohn, den er zum Erben des Alls eingesetzt und durch den er die Welt geschaffen hat.* (Hebräer 1,1–2).

Wenn aber die Offenbarung endgültig abgeschlossen ist, dann kann es auch keine Propheten mehr geben. Jeder, der behauptet, in die Zukunft blicken zu können, muß folglich entweder ein Schwindler sein, ein Betrüger, der nichts weiß und nichts kann – oder er steckt mit dem Teufel oder einem anderen bösen Geist im Bunde! Entsprechend hat man die »Propheten« und Seher der letzten zweitausend Jahre blutig verfolgt und auf dem Scheiterhaufen verbrannt, ihre Schriften verboten.

Als der Apostel PAULUS zum erstenmal europäischen Boden betrat, um hier das Evangelium zu verkünden – es war in Philippi in

Mazedonien – lief ihm tagelang eine Sklavin nach, die immer wieder rief: *»Diese Menschen sind Diener des höchsten Gottes. Sie verkünden euch den Weg des Heils!«*

Die Frau wurde Paulus lästig. Schließlich drehte er sich um und praktizierte eine Teufelsaustreibung: *»Ich befehle dir im Namen Jesu Christi: Verlaß diese Frau!«* Im selben Augenblick büßte die Frau ihre übersinnlichen Fähigkeiten ein. Ihr Herr, der mit ihrer Kunst viel Geld verdient hatte, sah sich um seine Einnahmequelle betrogen und zerrte den Apostel vor den Richter. Paulus wurde ausgepeitscht und ins Gefängnis geworfen (Apostelgeschichte 16,16–24).

Derselbe Paulus, der sich in Philippi als Exorzist betätigte, ordnete jedoch das Prophezeien in seinem Brief auch als charismatische Begabung unter die Gaben des Geistes ein: *Es gibt verschiedene Gnadengaben, aber nur den einen Geist. Es gibt verschiedene Dienste, aber nur den einen Herrn. Es gibt verschiedene Kräfte, die wirken, aber nur den einen Gott: Er bewirkt alles in allem. Jedem aber wird die Offenbarung des Geistes geschenkt, damit sie anderen nützt. Dem einen wird vom Geist die Gabe geschenkt, Weisheit mitzuteilen, dem anderen durch denselben Geist die Gabe, Erkenntnis zu vermitteln, dem dritten vom gleichen Geist Glaubenskraft, einem anderen – immer in dem einen Geist – die Gabe, Krankheiten zu heilen, einem anderen Wunderkräfte, einem anderen prophetische Reden, einem anderen die Fähigkeit, die Geister zu unterscheiden, wieder einem anderen verschiedene Arten von Zungenreden, einem anderen schließlich die Gabe, sie zu deuten. Das alles bewirkt ein und derselbe Geist. Einem jeden teilt er seine besondere Gabe zu, wie er will.* (1. Korinther 12,4–11)

Im selben Brief geht Paulus noch einmal auf das Prohezeien ein und ermuntert dazu: *Jagt der Liebe nach! Strebt aber auch nach den Geistesgaben, vor allem nach der prophetischen Rede ... Wer prophetisch redet zu Menschen: Er baut auf, ermutigt, spendet Trost. Wer in Zungen redet, erbaut sich selbst, wer aber prophetisch redet, baut die Gemeinde auf. Ich wünschte, ihr alle würdet in Zungen reden, weit mehr aber, ihr würdet prophetisch reden.*

Der Prophet steht höher als der, der in Zungen redet... (1. Korinther 14,1–5)

In Ekstase, in großer Verzückung sprangen in den erste Christengemeinden immer wieder Gläubige auf. Die einen »redeten in Zungen«, daß heißt, sie stammelten irgend etwas vor sich hin, das keiner verstehen konnte. Andere wurden zu Propheten, verkündeten also Ereignisse der näheren oder ferneren Zukunft. Paulus stellt seiner Gemeinde klar, daß beide Äußerungsformen charismatische Begabungen sind, vom Geist stammen und somit etwas erstrebenswert Gutes darstellen.

Doch: Was hat das alles mit Heilen, mit Gesundwerden zu tun? Ganz einfach: Schon die alten Propheten wie MOSES, ELIAS, ELISCHA, ISAIAS, JEREMIAS haben nicht nur das Wort Gottes vermittelt, waren nicht nur fähig, in die Zukunft zu blicken, und zwar hinein bis in die allerletzten Tage der Welt, sie verfügten auch, wie Paulus es in seinem Brief andeutete, über göttliche Wunderkräfte, speziell über Wunderheilkräfte.

Von Elias wird erzählt, daß er, nachdem er Dürre und Hungersnot über das Land gebracht hatte, eine arme, hilfsbereite Witwe und ihr Kind vor dem Verhungern rettete, indem er bewirkte, daß Ölkrug und Mehltopf nicht mehr leer wurden. Als der kleine Sohn der Witwe erkrankte und sogar starb, erweckte der Prophet ihn wieder zum Leben.

Ähnliches wird von Elischa berichtet. Auch er rettete eine verarmte Witwe und ihre Kinder vor dem Hungerturm – mit einer wunderbaren Ölvermehrung: Die Frau konnte aus ihrem Topf soviel Öl in andere Gefäße abfüllen, wie sie wollte; ihr Topf wurde nicht leer. Wer würde sich dabei nicht an die wunderbare Brotvermehrung und die Speisung von viertausend mit einem einzigen Brot und einem Fisch durch JESUS erinnern?

Einem vornehmen Ehepaar, das vergeblich ein Kind herbeigesehnt hatte, inzwischen aber zu alt war, prophezeite Elischa einen Sohn. Das Kind wurde tatsächlich geboren, wuchs heran, wurde dann aber krank:

Eines Tages ging es zu seinem Vater zu den Schnittern hinaus. Dort klagte es ihm: »Mein Kopf! Mein Kopf!« Der Vater befahl seinem Knecht: »Trage das Kind heim zu seiner Mutter.« Der Knecht nahm es und brachte es zu ihr. Es saß noch bis zum Mittag auf ihren Knien. Dann starb es. (2. Könige 4,18–20)

Was tat die Mutter? Sie reiste zum Propheten und gab nicht nach, bis Elischa bereit war, mit ihr heimzukehren, um das Kind wieder lebendig zu machen.

Als Elischa in das Haus kam, lag das Kind tot auf seinem Bett. Er ging in das Gemach, schloß die Tür hinter sich und dem Kind und betete zum Herrn. Dann trat er an das Bett und warf sich über das Kind. Er legte seinen Mund auf dessen Mund, seine Augen auf dessen Augen, seine Hände auf dessen Hände. Als er sich so über das Kind hinstreckte, kam Wärme in dessen Leib. Dann stand er auf, ging im Haus einmal hin und her, trat wieder an das Bett und warf sich über das Kind. Da nieste es siebenmal und öffnete die Augen ... (2. Könige 4,32–35)

»Heilt Kranke, weckt Tote auf!«

Es wäre zu einfach und sicherlich auch falsch, wollte man solche Erzählungen kurzerhand als fromme Legenden ohne jeden wahren Hintergrund abtun. Es mag wohl sein, daß sie Übertreibungen in orientalischer Manier enthalten. Doch letztlich springt ins Auge und macht nachdenklich, daß ähnliche »Wunder« wie die des Elias und des Elischa immer wieder und zu gänzlich verschiedenen Zeiten – auch außerhalb des jüdischen Kulturkreises – auf fast genau dieselbe Weise erzählt werden.

So wie Elischa hat Jesus die Hungernden auf wundersame Weise verköstigt. Sie wie jener hat er den toten Lazarus sogar aus dem Grab geholt – und das, obwohl der tote Körper bereits in Verwesung übergangen war.

Jesus hat selbst unzählige Kranke geheilt. Es ist auffällig, daß er die zwölf Apostel nicht nur mit dem Auftrag losgeschickt hat: *»Geht und verkündet: Das Himmelreich ist nahe!«* sondern zugleich die Anweisung erteilte: *»Heilt Kranke, weckt Tote auf, macht Aussätzige rein, treibt Dämonen aus!«* (Matthäus 10,7–8) Bei der Aussendung der zweiundsiebzig Jünger, die ihm vorauseilen und die Orte auf sein Kommen vorbereiten sollten, ist die Rangfolge sogar umgedreht: *»Heilt die Kranken, die dort sind, und sagt den Leuten: Das Himmelreich ist euch nahe.«* (Lukas 10,9)

Keine Spur von einer Geringschätzung des irdischen Lebens oder gar von einer Seligpreisung des irdischen Leids im Sinne: Sei froh, wenn es dir schlecht geht, dafür geht es dir dann drüben einmal um so besser! Eine solche Haltung kann man weder den Propheten noch Jesus unterschieben, auch wenn man das immer wieder versucht hat. Gewiß: Selig die Trauernden – aber nicht die Trauer. Selig die Verfolgten – aber nicht das Verfolgtwerden...

»Dein Glaube hat dich geheilt...«

JESUS hat zu den Kranken, die ihn um Heilung anflehten, niemals gesagt: »Trag dein Leid, finde dich damit ab.« Nein. Er hat geheilt, immer wieder. Und dieses Heilen war für ihn unendlich wichtig – und selbstverständlich.

Weil nämlich, wie PAULUS sagt, das Heilen, das Prophezeien, das Erfassen und Verkünden der Wahrheit, die Liebe und der Glaube aus demselben heiligen Geist stammen und so eng miteinander verwandt sind, daß man sie beinahe beliebig austauschen und eines durch das andere ersetzen könnte; weil man bei einer dieser Geistesgaben immer auch die andere findet.

Jetzt erst erfahren wir richtig, was es überhaupt heißt: Dein Glaube hat dich gesund gemacht: Der »Geist«, der das »Wunder« bewirkt, darf nicht gleichgesetzt werden mit Denkkraft, auch nicht mit Bewußtsein und nicht mit einer bestimmten moralischen, von starkem Willen getragene Ausrichtung aufgrund edler Einsichten. Dieser Geist, mit dem der Gläubige nach Aussage der Bibel getauft wurde und der ihm ewiges Leben vermittelt, ist eine neue, unverletzliche, unerschöpfliche und unbegrenzte Lebenskraft. Es ist die Lebenskraft, die Raum und Zeit durchbrechen kann, um in die Zukunft zu blicken, die Lebenskraft, die in unserem Körper das »Wunder« der Heilung vollbringt, die Lebenskraft, die Berge versetzen kann.

Sie hat die Evolution des Lebens vorangetrieben und wird sie immer weiter vorantreiben, bis das Leben vollendet ist. Sie war immer schon da. Neu ist sie nur für den Menschen – obwohl es in den Propheten hier immer schon die Ausnahme gab. Welch ein Irrweg des Menschen durch die vielen Jahrhunderte! Und alles nur, weil es uns nicht gelang, für dieses eigentliche Lebensprinzip, das im Pfingstfest neu den Menschen geschenkt wurde, ein eigenes Wort zu finden, sondern eines einsetzten, das längst vielfältig und sehr unterschiedlich in den Bedeutungen besetzt war: Geist!

Geist – das ist für uns etwas vom Boden Abgehobenes, Blutleeres, Durchsichtiges, Flüchtiges. Eine Idee, ein Gedanke, ein Gespenst. Der heilige Geist – überhöht dargestellt in der dritten Person des christlichen Gottes als Heiliger Geist – ist aber das kraftstrotzende, sieghafte, überquellende, überaus lebendige und greifbare Leben. Ohne diese Urkraft geht nichts: Alles, was positiv ist, demonstriert heiligen Geist; alles, was schwach und kränklich und zaghaft und verloren ist, gibt Zeugnis davon, daß der heilige Geist fehlt.

Die alten Griechen, Juden, Ägypter besaßen für den Wind und den Geist dasselbe Wort, so daß es uns heute gar nicht immer leicht fällt, bei der Lektüre der Bibel herauszufinden, ist mit dem, »was da weht«, nun der Wind oder der Geist gemeint.

Geist und Körper – zwei Feinde?

Wir heute sprechen vom Geist und vom heiligen Geist – und haben oft nicht die geringste Ahnung, was wirklich gemeint sein könnte. Wir haben den Geist ganz allgemein in Widerspruch und in Gegensatz zum Körper gesetzt – und damit nur Trümmer des Lebens in die Hand bekommen, mit denen wir nichts mehr anzufangen wußten. Weil das eine, der Geist, als gut galt, mußte das andere, der Körper, sündhaft und verwerflich sein. So verlangte es die Polarität, in der alles ein Gegenteil herausfordert.

Hier sollten wir uns daran erinnern, wie die Alten – auch die Israeliten der Bibel, die körperlosen Verstorbenen sahen: Nicht etwa erlöst, selig dahinschwebend, befreit – sondern unfähig, auch nur das minimalste Anzeichen von Leben zu äußern, bewußtlos, blind, taub, gefühllos. Ein Leben ohne Lebendigkeit, vergleichbar den modernen Kranken, die künstlich am Leben gehalten werden: Dort war der Körper tot, und die Seele wurde künstlich am Leben gehalten, hier ist, überspitzt formuliert, die Seele tot, und der Körper muß weiterfunktionieren.

Beides ist kein Leben, denn beidem fehlt der heilige Geist. Die alten Israeliten glaubten, dieser göttliche Funke lebe im Blut. In der Unterwelt, der Schéol, war der Verstorbene gewissermaßen ohne Körper und ohne Lebenskraft, ohne Atem Gottes, der einst Adam und Eva eingehaucht worden war. Damit lag über dem, was nach dem Tod kommen würde, die große Ungewißheit. Das »Leben« als solches jedenfalls blieb beschränkt auf das Diesseits.

Griechische Philosophen wie PLATO und SOKRATES, die großen Einfluß auf das Denken der frühen Christen ausübten, entdeckten die geistige Seele als Lebensprinzip, das dem Körper Form und Gestalt gibt und die Person ausmacht. Der Körper wurde somit zum »ablegbaren, materiellen Kleid«, ja geradezu zum Gefängnis der Seele, zum verzichtbaren Wegwerfteil des Menschen, womit das eigentliche Leben im Jenseits vermutet wurde. Nach Plato erleben wir hier auf Erden nur den Schatten des Lebens, nicht das Leben selbst. Damit wurde die Existenz im Diesseits fragwürdig, fast bedeutungslos, denn das ganze Augenmerk mußte auf das ausgerichtet werden, was danach kommen wird. Vielleicht mußte man sogar dankbar dafür sein, wenn man das irdische Leben möglichst rasch hinter sich bringen durfte.

Aus dem Fernen Osten kam die Vorstellung der Wiedergeburt zu uns. Danach gibt es nicht nur ein irdisches Leben, sondern möglicherweise sogar viele. Jede neue Existenz ist abhängig von der »Qualität« des vorangegangenen. Geborenwerden und Sterben – das muß so lange fortgesetzt werden, bis die Vollendung erreicht ist, die die Rückkehr ins »Nirwana«, in das Alles und Nichts, die Fülle und Leere, die Vollkommenheit und völlige Selbstaufgabe. Es lohnt also nicht, große Werke zu schaffen, sich für Fortschritt und Wohlstand einzusetzen. Nur ein einziges Ziel ist anstrebenswert: die persönliche Perfektion, die alle Wünsche, alle Bedürfnisse, jedes Glücksverlangen abgelegt hat.

Beide Glaubensrichtungen, die der griechischen Philosophen wie die der Reinkarnation, mißachten den Körper, betrachten ihn weitgehend sogar als Feind, als Hindernis, als Bedrohung. Die feindselige Haltung aber muß zur krankmachenden Kraft, zum »Antigeist«, zur eigentlichen Sünde werden.

Die modernen Geisteswissenschafen, aber auch die Naturwissenschaften haben den Mensch als untrennbare Einheit wiederentdeckt. Für sie gibt es keinen göttlichen Funken, keine unsterbliche Geistseele mehr. Vielmehr ist der Geist nur noch das Ergebnis von bestimmten Körperfunktionen, existent nur, solange das Gehirn eines Menschen funktionsfähig ist, erloschen aber mit dem Tod des Menschen. Damit ist das Jenseits als reiner Wunschtraum eines Wesens, das sich mit dem Tod nicht abfinden kann, wieder abgeschafft. Das Leben beschränkt sich wieder – und diesmal ausschließlich und ohne »Illusion« – auf den irdischen Bereich.

Heilung braucht den Geist

Man sollte meinen, diese Einstellung müßte eigentlich zur Gesundheit verhelfen, weil nun der Körper eine Achtung erfährt wie niemals zuvor in der Geschichte der Menschheit. Jedoch ist das Gegenteil der Fall: Wer den Geist, den »heiligen« Geist, abschafft, der schafft auch die Heilkräfte ab!

Er glaubt, besonders gesund zu leben, bemüht sich vielleicht sogar nach allen Regeln der Kunst, alles, was der Gesundheit schaden könnte, entschlossen und mit peinlichster Sorgfalt auszuschalten und dem Körper fernzuhalten. Doch weil das von vorneherein unmöglich ist – speziell heute kann niemand mehr völlig gesund leben, sich gegen alle Gifte, Schadstoffe, Strahlungen abschirmen –, wird er früher oder später krank werden, weil seine Heilkräfte nicht frei zur Entfaltung kommen können und weil der heilige Geist, der das »Wunder« vollbringen könnte, nicht zugegen ist. Er versucht zu heilen und wendet dabei die erstaunlichsten, perfektesten Methoden und Mittel an – was hat die Medizin nicht an Wunderbarem zustande gebracht! –, bleibt aber letztlich ohne Erfolg.

Er muß ohne Erfolg bleiben, weil er zwar weiß, daß nur der Körper selbst sich heilen kann, tut aber gleichzeitig so, als gäbe es diese Tatsache nicht. Er vertraut nicht auf die körpereigenen Heilkräfte, sondern auf Heilmittel und Heilmethoden. Er ruft die Heilkräfte nicht, sondern blockiert sie. Ihm fehlt der Glaube – wie sollte er Berge versetzen können?

Wer gesund bleiben und heilen will, der muß immer und zuallererst eine Antwort suchen auf die Fragen: Was ist das in mir, was ich als Heilkräfte bezeichne? Wie stehe ich zu diesen Heilkräften? Biete ich ihnen die Voraussetzungen, sich frei und ungehindert zu entfalten – oder blockiere ich sie durch falsches Denken, durch mangelndes Vertrauen, durch fehlenden Glauben?

Das gesunde, heile Leben ist das naturgewollte Leben, ein erstrebenswertes, sehr hohes Gut – und zugleich ein Gradmesser meines Lebens. Hören wir endlich auf damit, vorschnell und ungerecht über den »Frevler« zu urteilen, der kerngesund bleibt, obwohl er offensichtlich an nichts glaubt und nichts für heilig hält. Niemand kann in sein Herz blicken. Es steht uns nicht zu, unseren eigenen Glauben über den eines anderen zu stellen, nur weil wir ihn nicht verstehen, über irgendeinen Menschen den Stab zu brechen. Möglicherweise ist seine Lebenseinstellung, sind seine Lebensziele eben doch viel richtiger als unsere eigenen. Versuchen wir deshalb eher herauszufinden, was er besser macht, als wir es machen.

Jede Krankheit ist und bleibt ein Übel. Das kann und soll niemand beschönigen. Hierbei geht es nicht um akute Infektionen, die berühmten »Erkältungen«, die jährliche »Grippe«. Solche Erkrankungen sind ja geradzu ein Zeichen dafür, daß der momentan geschwächte oder überforderte Körper in der Lage ist, sich zu helfen. Und zwar ohne jede Hilfe von außen. Nach rund einer Woche hat er es geschafft, und dann ist er in der Regel – hat man ihm die nötige Zeit und Ruhe gegeben – auch stabiler als zuvor. Es geht hier um die sogenannten chronischen Leiden, das Dahinsiechen, bei dem deutlich wird, daß der Körper sich nicht mehr gesund zu wehren versteht, daß er Krankheitserreger zumindest in bestimmten Bezirken des Körpers duldet und gewähren läßt, oder daß die Abwehrkräfte sich sogar gegen den eigenen Körper richten, daß

Die »Wunderheilungen« Jesu

Die Bibel schildert fünferlei Heilungsweisen Jesu:

1. »Alle, die ihn berührten, wurden geheilt.« (Markus 6,56)
   Beispiel: Die Heilung einer Frau, die schon zwölf Jahre an Blutungen litt: »Sie drängte sich von hinten an ihn heran und berührte sein Gewand. Denn sie sagte sich: ›Wenn ich auch nur sein Gewand berühre, werde ich geheilt.‹ Sofort hörten die Blutungen auf, und sie spürte deutlich, daß sie von ihrem Leiden geheilt war. Im selben Augenblick fühlte Jesus, daß von ihm eine Kraft ausströmte. Und er wandte sich im Gedränge um und fragte: ›Wer hat mein Gewand berührt?‹« (Markus 5,27 bis 30)
2. »Er trieb mit seinem Wort die Geister aus und heilte alle Kranken.« (Matthäus 8,16)
   Beispiel: »Steh auf, nimm deine Tragbahre und geh nach Hause.« (Matthäus 9,6)
   »›Strecke deine Hand aus.‹ Er streckte seine Hand aus, und die Hand war wieder ebenso gesund wie die andere.« (Matthäus 12,13)
3. »Er faßte das Mädchen an der Hand. Da stand es auf.« (Matthäus 9,25)
   Beispiel: »Die Schwiegermutter des Simon (Petrus) lag mit Fieber im Bett. Da berührte er ihre Hand, und das Fieber wich. Und sie stand auf und sorgte für ihn.« (Matthäus 8,13)
   »Jesus streckte die Hand aus, berührte ihn und sagte: ›Ich will es, sei rein.‹ Im selben Augenblick wurde der Aussätzige rein.« (Matthäus 8,3)
4. »Er nahm den Blinden bei der Hand, ... bestrich seine Augen mit Speichel, legte ihm die Hände auf und fragte ihn: ›Siehst du etwas?‹ Der Mann blickte auf und sagte: ›Ich sehe Menschen. Denn ich sehe etwas, das wie Bäume aussieht und umhergeht. Da legte er ihm nochmals die Hände auf die Augen. Nun sah der Mann deutlich.« (Markus 8,22)
   Beispiel: Heilung des Mannes, der von Geburt an blind war: »Jesus spuckte auf die Erde. Dann machte er mit dem Speichel einen Teig, strich ihn dem Blinden auf die Augen und sagte zu ihm: ›Geh und wasch dich in dem Teich Schiloach.‹ Als der Mann zurückkam, konnte er sehen.« (Johannes 9,1–12)

> 5. »Diese Art (von Dämonen) kann nur durch Gebet ausgetrieben.« (Markus 9,29)
> Beispiel: Heilung des Taubstummen. Jesus legte zuerst die Finger in die Ohren und berührte seine Zunge mit Speichel. »Danach blickte er zum Himmel, seufzte und sagte zu dem Taubstummen: ›Effata!‹ Das heißt: Öffne dich! Sogleich öffneten sich seine Ohren, seine Zunge wurde von ihrer Fessel befreit, und er konnte richtig reden.« (Markus 7,31–37)

Zellen gegen den Gesamtorganismus revoltieren oder daß Körperfunktionen gegeneinander arbeiten. Die chronischen Leiden sind die qualvollen Seuchen unserer Tage; gegen sie ist auch die tüchtigste Heilkunst weithin machtlos. In dieser Situation reicht es nicht aus und bleibt es wenig hilfreich, auf die sogenannten psychosomatischen Zusammenhänge zu verweisen: Daß der leidende Körper die Seele krank machen kann und umgekehrt die bedrückte, verängstigte Seele fast automatisch den Körper in Mitleidenschaft zu ziehen vermag, das steht außer Zweifel. Geholfen hat das Wissen bisher wenig.

Im Gegenteil: Wer weiß, daß Ärger, den man in sich hineinfrißt, ein Magengeschwür verursachen kann, der bekommt es womöglich nur noch früher, wenn zum Ärger, gegen den man kein Rezept findet, auch noch die Angst vor der nachfolgenden Krankheit hinzukommt. Außerdem ist bislang nahezu gänzlich versäumt worden, die gegenseitige positive Beeinflussung von Körper und Seele zu sehen und heilsam einzusetzen: Freude heilt, Zuversicht beschleunigt die Heilung, Entspannung vermag Schmerzen zu lösen. Harmonie ist die zuverlässigste Voraussetzung, Krankheiten vorzubeugen...

Ehrlichkeit in der Krise

Doch selbst dann, wenn wir endlich dahin kämen, das einzusehen und als Heilkraft einzusetzen, könnte das noch nicht alles sein. Das Leben besteht nun mal nicht nur aus den Lichtseiten des Lebens, nicht nur aus Freude, Frohsinn, Heiterkeit, Zuversicht, Harmonie, Es hat auch seine »Nachtseiten«. Es könnte aber verhängnisvoll und krankmachend werden, wollte man einem Trauernden, einem Verzweifelten, einem in tiefster Glaubenskrise Steckenden oder gar einem schwer Leidenden einzureden versuchen, er müsse nur und ganz schnell heiter werden, dann wäre er bereits am Gesunden!

Der Trauernde, der seinen Trauerschmerz verleugnet, wäre ebenso ein Lügner wie der Verzweifelte, der seine Verlorenheit nicht wahrhaben wollte, wie der Zweifelnde, der seine Not verdrängen würde, wie der Kranke, der sich krampfhaft einzureden versuchte, schon wieder völlig gesund zu sein.

Selbstbetrug kann niemals eine Hilfe sein. Gesundheit und Gesundung – wir haben es gesehen – werden von den geheimsten Gedanken getragen. Deshalb vermag nur die absolute Ehrlichkeit zu heilen und gesund zu erhalten.

Nach seinem so jähen Sturz aus sorglosem Glück in abgrundtiefe Verlassenheit und schmerzlichstes Leid hat Hiob nicht stumm gelitten, sich keine falschen Hoffnungen eingeredet und keinen verlogenen Trost akzeptiert. Nein, er hat seine Qual laut hinausgeschrien – auch gegen Gott, den er als Verursacher seiner Not erkannte. Und dies ohne jede Besorgnis, er könnte sich damit versündigen. Und er wies die Trostversuche seiner Freunde scharf zurück, weil sie falsch, unwahr waren.

Seine Ehrlichkeit bis in den letzten Winkel seines Herzens war die Voraussetzung für die Heilung.

Anders gesagt: Der Trauernde muß durch die Nacht der Trauer hindurchgehen, er muß in der Trauer reifen. Nicht die Trauer macht krank, sondern die Hilflosigkeit ihr gegenüber und ihr Verdrängen. Der Verzweifelte muß sich voll in die Verzweiflung fallen lassen, damit daraus wieder Hoffnung werden kann, sonst bleibt er in ihr stecken und wird sie nie wieder ganz los. Der Zweifelnde muß sich und Gott eingestehen, daß er beim besten Willen nicht glauben kann, daß er die ganzen Zusammenhänge zwischen Leid, Tod, Heimsuchung nicht zu begreifen imstande ist. Nur wer die Dunkelheit des Glaubenszweifels erlebt hat, mit sich gerungen hat, nur wer darauf verzichtet hat, vorschnell und beschwichtigend sich billige Patentrezepte zurechtzulegen, nur dessen Glaube kann wachsen und stark werden. Wer sich dagegen einbildet, der Zweifel wäre sündhaft, ist ein Heuchler, oder wird es sehr bald werden: einer, der nur aus Angst vor der möglichen Verdammnis so tut, als würde er glauben, Gott sogar lieben – so für alle Fälle.

Mit dieser Grundlüge im Herzen kann kein Mensch auf Dauer gesund leben. Er ist viel schlimmer dran – nun speziell im Hinblick auf seine Gesundheit – als einer, der zur Überzeugung gelangt ist, es gibt keinen Gott.

»Wärst du doch kalt oder heiß!«

In der Apokalypse (Offenbarung), die vom Endgericht und vom Leben in der Seligkeit nach dem Weltuntergang spricht, verkündet JOHANNES zunächst seinen sieben Gemeinden in Kleinasien das Urteil Gottes über sie. Bemerkenswerte, bedenkenswerte Sätze, von denen sich jeder angesprochen fühlen muß, der sich als Christ bezeichnet:

Du hast ausgeharrt und um meines Namens willen Schweres ertragen und bist nicht müde geworden. Ich werfe dir aber vor, daß du deine erste Liebe verlassen hast! Bedenke, aus welcher Höhe du gefallen bist. Kehre zurück zu deinen ersten Werken. Wenn du nicht zurückkehrst, werde ich kommen und deinen Leuchter von seiner Stelle wegrücken! ... Wer Ohren hat, der höre, was der Geist den Gemeinden sagt: Wer siegt, dem werde ich zu essen geben vom Baum des Lebens, der im Paradies Gottes steht! – so das Urteil über die Gemeinde von Ephesus.

Ich kenne deine Bedrängnis und deine Armut. Und doch bist du reich ... Fürchte dich nicht vor dem, was du noch erleiden mußt. ... Sei treu bis in den Tod, dann werde ich dir den Kranz des Lebens geben. Wer Ohren hat zu hören, der höre, was der Geist der Gemeinden sagt: Wer siegt, dem kann der zweite Tod nichts anhaben! – so für die Gemeinde in Smyrna.

Du hältst an meinem Namen fest und hast den Glauben an mich nicht verleugnet ... Aber ich habe etwas gegen dich: Bei dir gibt es Leute, die an der Lehre Bileams (an Irrlehren) *festhalten ... Kehre um, sonst komme ich bald und werde sie mit dem Schwert aus meinem Mund bekämpfen. Wer Ohren hat, der höre, was der Geist den Gemeinden sagt: Wer siegt, dem werde ich von dem verborgenen Manna geben ...* – so für die Gemeinde Pergamon.

Ich kenne deine Werke, deine Liebe und deinen Glauben, dein Dienen und Ausharren, und ich weiß, daß du in letzter Zeit mehr getan hast als am Anfang. Aber ich werfe dir vor, daß du das Weib Isebel gewähren läßt. Sie gibt sich als Prophetin aus und lehrt meine Knechte und verführt sie, Unzucht zu treiben ... Ich habe ihr Zeit gelassen, umzukehren. Sie aber will nicht umkehren und von ihrer Unzucht ablassen. Darum werfe ich sie auf das Krankenbett, und alle, die mit ihr Ehebruch treiben, bringe ich in große Bedrängnis, wenn sie sich nicht abkehren vom Treiben dieses Weibes. Ihre Kinder werde ich töten, der Tod wird sie treffen ...

Wer siegt und bis zum Ende an den Werken festhält, die ich gebiete, dem werde ich Macht über die Völker geben ... Wer Ohren hat, der höre, was der Geist den Gemeinden sagt – so über die Gemeinde in Thyatira.

Dem Namen nach lebst du, aber du bist tot. Werde wach und stärke, was noch übrig ist, was schon im Sterben lag. Ich habe gefunden, daß deine Taten in den Augen meines Gottes nicht vollwertig sind ... Kehre um! Wenn du aber nicht aufwachst, werde ich kommen wie ein Dieb. Und du wirst bestimmt nicht wissen, zu welcher Stunde ich komme ...

Wer siegt, wird mit weißen Gewändern bekleidet werden. Nie werde ich seinen Namen aus dem Buch des Lebens streichen, sondern ich werde mich vor meinem Vater und vor seinen Engeln zu ihm bekennen. Wer Ohren hat, der höre, was der Geist den Gemeinden sagt – so über die Gemeinde in Sardes.

Du hast nur geringe Kraft, und dennoch hast du an meinem Wort festgehalten und meinen Namen nicht verleugnet ... Du hast dich an mein Gebot gehalten, standhaft zu bleiben. Daher werde ich auch zu dir halten und dich bewahren vor der Stunde der Versuchung. ... Wer siegt, den werde ich zu einer Säule im Tempel meines Gottes machen, und er wird immer darin bleiben ... Wer Ohren hat, der höre, was der Geist den Gemeinden sagt – so über die Gemeinde in Philadelphia.

Du bist weder kalt noch heiß. Wärest du doch kalt oder heiß! Weil du aber lau bist, weder heiß noch kalt, will ich dich aus meinem Mund ausspeien. Du behauptest: »Ich bin reich und wohlhabend, und nichts fehlt mir.« Du weißt aber nicht, daß du elend und erbärmlich bist, arm, blind und nackt...

Ich stehe vor der Tür und klopfe an. Wer meine Stimme hört und die Tür öffnet, bei dem werde ich eintreten, und wir werden Mahl halten, ich mit ihm und er mit mir. Wer siegt, der darf auf meinem Thron sitzen, so wie auch ich gesiegt habe und mich mit meinem Vater auf seinen Thron gesetzt habe. Wer Ohren hat, der höre, was der Geist den Gemeinden sagt – so über die Gemeinde in Laodizea. (Offenbarung 2–3)

Kalt wäre besser als lau! Du bildest dir ein, reich und wohlhabend zu sein, und gibst dir selbst nicht zu, daß du armselig bist, weil du einem falschen Ziel zueilst...!

Für die Einstellung zur Krankheit gilt ähnliches. Wie jeder weiß, hilft es überhaupt nichts, vor ihr die Augen zu verschließen, so zu tun, als gäbe es sie nicht. Damit werden weder Heilkräfte mobilisiert, noch verschwindet das Übel von selbst. Man verschleppt und verschlimmert nur alles.

Das ist auch logisch und leicht einzusehen: Wäre die Verfassung in Ordnung, dann hätte es zur Erkrankung erst gar nicht kommen dürfen. Wie sollte nun derselbe Körper, der ihr bislang nicht widerstehen konnte, plötzlich doch mit ihr fertig werden können?

Fragen, Antworten und die Heilung

Es gibt Spontanheilungen – kein Arzt kann das leugnen. Mancher Krebspatient, schon aufgegeben, erlebt doch noch die entscheidende Wende und wird gesund. Und oft kann dann nicht mit Sicherheit gesagt werden, wem die plötzliche Heilung zu verdanken ist, den angewandten Methoden, einem bestimmten Medikament, der Umstellung der Ernährungs- und Lebensweise – oder eben der richtigen Einstellung zur Krankheit. Solche Wenden ereignen sich niemals von sich aus. Sie haben immer einen Hintergrund.

Es wurde mehrfach darauf hingewiesen: Es wäre grundfalsch, sich nach einer Erkrankung in Schuldvorstellungen und Selbstvor-

Die »Wunderheilungen« der Apostel

Die Apostel heilten stets im Namen ihres Herrn.
Beispiel: Heilung eines seit seiner Geburt gelähmten Bettlers durch Petrus: »Silber und Gold besitze ich nicht. Doch was ich habe, das gebe ich dir: ›Im Namen Jesu Christi, des Nazoräers, geh umher!‹ Und er faßte ihn an der rechten Hand und richtete ihn auf. Sogleich kam Kraft in seine Füße und Gelenke; er sprang auf, konnte stehen und ging umher.« Petrus: »Weil er an seinen Namen geglaubt hat, hat dieser Name den Mann hier, den ihr seht und kennt, zu Kräften gebracht. Der Glaube, der durch ihn kommt, hat ihm vor euer aller Augen die volle Gesundheit gebracht.« (Apostelgeschichte 3,6–8, 11–16)
Von den Aposteln ging aber auch Heilkraft aus, ohne daß sie selbst durch Wort oder Tat aktiv wurden:
Beispiel: »Durch die Hände der Apostel geschahen viele Zeichen und Wunder im Volk... Selbst die Kranken trug man auf die Straßen hinaus und legte sie auf Betten und Bahren, damit, wenn Petrus vorbeikam, wenigstens sein Schatten auf einen von ihnen fiel. Auch aus den Nachbarstädten Jerusalems strömten die Leute zusammen und brachten Kranke und von unreinen Geistern Geplagte mit. Und alle wurden geheilt.« (Apostelgeschichte 5,12 bis 16)
»Auch ungewöhnliche Wunder tat Gott durch die Hand des Paulus. Sogar seine Schweiß- und Taschentücher nahm man ihm vom Körper weg und legte sie den Kranken auf. Da wichen die Krankheiten und die bösen Geister fuhren aus. Auch einige der umherziehenden jüdischen Beschwörer versuchten, den Namen Jesu, des Herrn, über den von bösen Geistern Besessenen anzurufen, indem sie sagten: Ich beschwöre euch bei dem Jesus, den Paulus verkündet. Das taten sieben Söhne eines gewissen Skeuas, eines jüdischen Oberpriesters. Aber die bösen Geister antworteten ihm: Jesus kenne ich. Und auch Paulus ist mir bekannt. Doch wer seid ihr? Und der Mensch, in dem der böse Geist hauste, sprang auf sie los, überwältigte sie und setzte ihnen so zu, daß sie nackt und zerschunden aus dem Haus fliehen mußten.« (Apostelgeschichte 19,11–16)

würfe zu stürzen und darüber nachzugrübeln, was man möglicherweise falsch gemacht, wo man noch gesündigt haben könnte. Wenn es eine Schuld als Krankheitsursache geben sollte, braucht man nicht danach zu suchen. Man kennt sie sehr genau und muß sich nur noch zu ihr bekennen, sich endlich mit ihr auseinandersetzen. Ebenso unsinnig müßte der Versuch sein, die Schuld bei anderen, etwa beim Partner, zu suchen.

Bricht eine Krankheit aus, kurz nachdem man vom Partner verlassen wurde – was nicht gerade selten der Fall ist –, dann liegt die Ursache, falls überhaupt ein Zusammenhang besteht, nicht in der Trennung, sonst müßten alle Menschen, die getrennt werden, erkranken. Krank werden nur jene, die den Bruch nicht verkraften können.

Werde ich krank, weil ich nicht oder nicht mehr geliebt werde, dann mag von anderer Seite tatsächlich viel Schuld gegeben sein. Die Erkrankung ist letztlich aber ein Zeichen dafür, daß das ganze eigene Leben falsch ausgerichtet gewesen war, daß es wahrscheinlich in meinem Leben außer der nun zerbrochenen Bindung nichts von Bedeutung gegeben hat. Man hat, um mit der Bibel zu sprechen, den Partner mehr geliebt als Gott. Und dann war das auch keine wahre, »heilige« Liebe, sondern vielleicht doch nur irgendeine Form von totaler Abhängigkeit.

Wenn die Hausfrau und Mutter krank wird, nachdem sie Jahrzehnte von ihrem Mann nichts anderes erfahren hat als Mißachtung und »Kränkungen«, von ihren Kindern nur Undank und Unverschämtheiten, dann trägt diese Familie ohne Zweifel große Schuld. Die Krankheit verdankt die Frau aber ihrem eigenen Fehler!

Vielleicht ihrer »Rolle«, die sie gegen ihre Überzeugung gespielt hat: Sie hat immer gewußt, daß es falsch ist, alles still hinzunehmen, zu verzichten, sich bedingungslos in den Dienst der Familie zu stellen. Doch »des lieben Friedens willen« und in der vermessenen Hoffnung, irgendwann doppelt und dreifach dafür geliebt zu werden, hat sie alles geduldet und damit die lieblose Haltung ihrer Familie geradezu provoziert. Vielleicht hat sie auch die Schwäche als eigentliches Instrument der Macht gesucht: Wenn ich krank werde, müssen sie sich um mich kümmern!

Es gibt so viele verschiedene Möglichkeiten der Selbsttäuschung wie Menschen auf der Erde, und von nicht einem einzigen Fall könnte man auf einen anderen schließen.

Das ist doch gerade die Problematik der Psychologen, daß jeder Mensch ein eigenes, individuelles Wesen ist. Er kann sich genauso äußern wie tausend andere und denkt vielleicht doch vollkommen anders, weshalb es praktisch auch unmöglich ist, über einen anderen zu urteilen.

Heilung – also nicht nur die Unterdrückung von Krankheitssymptomen, nicht nur die operative Entfernung des Tumors, nicht nur die Unterdrückung der Schmerzen, sondern die volle Rückgewinnung der Gesundheit, des gesunden Funktionierens des Körpers, so daß kein neuer Tumor heranwächst, im Organismus kein Gegeneinander mehr herrscht, sondern harmonisches Miteinander – diese Heilung ist nur möglich, wenn man mit sich, mit der Welt und mit Gott ins reine gekommen ist. Wenn es gelingt, in der Krankheit nicht die Strafe, nicht das Versagen, nicht das Ergebnis der Sünde zu sehen, sondern die segensreiche Krise, die mir die Möglichkeit gibt, die grundsätzliche Fehlentwicklung einzusehen und die notwendigen Korrekturen einzuleiten.

Krankheiten haben vieles gemeinsam mit Schmerzen: Wenn ich mir an der heißen Herdplatte die Finger verbrenne, ziehe ich sie reflexartig zurück. Das kann höllisch weh tun. Aber ohne die warnenden Schmerzen würde ich den Finger eben nicht zurückziehen und mir den Finger viel schlimmer und bei allen nur denkbaren Gelegenheiten erneut verbrennen. Ohne Schmerzempfinden hätte ich praktisch keine Überlebenschance!

Nur: Bei vielen Schmerzen darf es eben nicht genügen, sie auszuschalten. Ich muß sie als Warnung verstehen, begreifen, daß es eine Ursache für die Schmerzen gibt, die dringend beseitigt werden muß.

Ganz ähnlich ist es bei vielen Krankheiten: Schon der Schnupfen kann mir anzeigen, daß ich seelisch »verschnupft« bin. Dann könnten Medikamente und Heilmaßnahmen den Körper zwar wieder gesund machen – aber nicht der warme Schal und die dicken Socken könnten mich vor einem Rückfall schützen, sondern nur die Lösung meines Konflikts.

Gesund sein – mit Gott und der Welt im reinen

Die Ursache der riesigen Krankheitsmisere unserer Tage – trotz aller medizinischen, chirurgischen, technischen, pharmatzeutischen Fortschritte – resultiert aus der Richtungslosigkeit und aus der Verlogenheit unserer Generation sich selbst gegenüber. Nicht der Überdruß an Arbeit macht krank und nicht der Streß. Letztlich sind es auch nicht die Gifte und Schadstoffe und Strahlen in der Umwelt, sondern die falsche Einstellung zur Arbeit, der Mißmut, die Eintönigkeit, das fehlende Erfolgserlebnis und dergleichen mehr. Nicht der Streß wirft mich um, sondern der Distreß, die falsche Panik in der Anspannung, der übertriebene Ehrgeiz, die Angst vor dem Versagen!

Und bei Giften, Schadstoffen und Strahlen verhält es sich fast genauso. Selbstverständlich kann mich die zu große Dosis töten – auch bei positivster Einstellung und auch bei stärkstem Glauben. Doch im normalen Umgang mit diesen lebensbedrohenden Gefahren ist die Angst davor wohl der mächtigste und schädlichste Faktor. *»Seht, ich habe euch die Vollmacht gegeben, auf Schlangen und Skorpione zu treten und die ganze Macht des Feindes zu überwinden. Nichts wird euch schaden können!«* So steht es beim Evangelisten LUKAS, der selbst Arzt war! (10,19)

Ebenfalls Lukas zitiert JESUS kurz später: *»Niemand zündet ein Licht an und stellt es in einen versteckten Winkel oder stülpt ein Gefäß darüber, sondern man stellt es auf einen Leuchter, damit alle, die eintreten, es leuchten sehen. Dein Auge gibt dem Körper Licht. Wenn dein Auge gesund ist, dann wird auch dein ganzer Körper hell sein. Wenn es aber krank ist, dann wird dein Körper finster sein. Achte also darauf, daß in dir statt Licht nicht Finsternis ist. Wenn dein ganzer Körper von Licht erfüllt und nichts Finsteres in ihm ist, dann wird er so hell sein, wie wenn die Lampe dich mit ihrem Schein beleuchtet.«* (Lukas 11,33–36)

Abgesehen davon, daß es medizinisch, biologisch völlig korrekt ist, daß Licht, Helligkeit den Organismus ankurbelt, daß unsere Drüsen über den Lichteinfall durch die Augen gesteuert werden, so meint der Evangelist doch wohl, daß wir immer und in jeder

»Immun« gegen Schlangengift

Das Schiff, das den gefangenen Paulus nach Rom bringen sollte, strandete an der Küste von Malta.

»Als Paulus einen Haufen Reisig zusammenraffte und auf das Feuer legte, fuhr infolge der Hitze eine Viper heraus und biß sich an seiner Hand fest. Als die Einheimischen das Tier an seiner Hand hängen sahen, sagten sie zueinander: ›Dieser Mensch ist gewiß ein Mörder. Die Rachegöttin läßt ihn nicht leben, obwohl er dem Meer entkommen ist.‹ Er aber schleuderte das Tier ins Feuer und erlitt keinen Schaden. Da erwarteten sie, er werde anschwellen oder plötzlich tot umfallen. Als sie aber eine Zeitlang gewartet hatten und sahen, daß ihm nichts Schlimmes geschah, änderten sie ihre Meinung und sagten, er sei ein Gott.« (Apostelgeschichte 28,1–10)

Situation die hellen, schönen, heiteren Seiten des Lebens wahrnehmen müssen, weil wir uns sonst gegen unseren Körper, gegen die Gesundheit versündigen und krank werden – oder in der Krankheit verharren.

Ohne Freude ist kein gesundes Leben möglich.

Das tägliche Wunder des Lebens

Und auch nicht ohne den Glauben an das Wunder. In irgendeiner Form besitzt ihn jeder von uns, der eine stärker, der andere schwächer – auch jener, der das ganz hartnäckig leugnet. Das Wunder ist nicht die große und seltene Ausnahme, sondern der Regelfall. Manch einer mag es als Wunder bezeichnen, daß er überhaupt wieder trotz schwerster Krankheit gesund wurde. Das eigentliche Wunder aber besteht darin, daß wir Menschen überhaupt auch nur einen einzigen Tag überleben können, ohne krank zu werden. Das Wunder vollzieht sich in unserem Körper in jeder Sekunde, pausenlos, und ohne daß wir etwas dazu beitragen würden. Es ist weithin selbst dann noch gegeben, wenn wir in grober Unvernunft gegen das Wunder angehen. In unserem Körper lebt eine eigene, von uns längst noch nicht erkannte »Intelligenz«, ein heiliger Geist.

Vor diesem Wunder aber sollten wir uns in großer Demut, bescheiden und dankbar, verneigen.

Lassen wir zu, daß sich das Wunder in uns stets neu verwirklichen kann: Halten wir unseren Leib als vollwertigen, geisteserfüllten Teil unserer Person für heilig, dann wird auch aus der Krankheit für uns Heil. Dann vermögen wir durch den Druck des Leides zu wachsen und nicht nur uns selbst, sondern auch die Menschheit insgesamt einen wichtigen Schritt voranzubringen.

Wißt ihr nicht, daß ihr Gottes Tempel seid und der Geist Gottes in euch wohnt? Wer den Tempel verdirbt, den wird Gott verderben. Denn Gottes Tempel ist heilig. Und der seid ihr! (1. Korinther 3,16 bis 17)

Literaturhinweise

Ägyptisches Totenbuch. Übersetzt und kommentiert von GREGOIRE KOLPAKTCHY. Bern, München 1970

ALLGEIER, KURT: Die Heilkraft der Bäume. Droemer-Knaur, München 1986

Gesund im Arbeitsleben. Droemer-Knaur, München 1983

Gesund essen. Droemer-Knaur, München 1983

Und den Himmel gibt es doch. Schönberger, München 1984

ARIÉS, PHILIPPE: Geschichte des Todes. Hanser, München 1980

DANIEL-ROPS: Geschichte des Gottesvolkes. Freiburg 1951

DITFURTH, HOIMAR VON: Wir sind nicht nur von dieser Welt. Hoffmann & Campe, Hamburg 1981

EPSTEIN, WILHELM: Die Medizin im Alten Testament. Stuttgart 1901

Fauna and Flora of the Bible. United Bible Societies, London 1980

FROMM, ERICH: Haben oder Sein. Deutsche Verlags-Anstalt, Stuttgart 1976

GASTER, THEODOR: Die ältesten Geschichten der Welt. Wagenbach, Berlin 1983

GÖRRES, IDA FRIEDERIKE: Sohn der Erde – der Mensch Teilhard de Chardin. J. Knecht, Frankfurt 1976

HAASE, RUDOLF: Harmonikale Synthese. Zehn Jahre Institut für harmonikale Forschung, Wien 1980

HILDEBRANDT, G.: Chronobiologische Grundlagen der Prävention und Rehabilitation. Zschr. für Angewandte Bäder- und Klimaheilkunde, Nr. 4. Oktober 1978

HÖHNE, ANITA: Heiltees, die Wunder wirken. Ariston Verlag, Genf 1986

HOLL, ADOLF: Tod und Teufel. Deutsche Verlags-Anstalt, Stuttgart 1975

KAPLAN, LEON, Prof. Dr. Dr. med.: Die Krankheiten unserer Zeit. Erkennen, vorbeugen und heilen. Ariston Verlag, Genf 1986

KREUTER, MARIE LUISE: Wunderkräfte der Natur. Ariston Verlag, Genf 1983

KÜNG, HANS: Ewiges Leben? Piper, München 1982
MURPHY, JOSEPH: Dr. Joseph Murphys Vermächtnis. Ariston Verlag, Genf 1985
RAGUSE, SIEGFRIED (Hrsg.): Was erwartet und nach dem Tod? Gütersloher Verlagshaus, Gütersloh 1983
RATZINGER, JOSEF: Eschatologie – Tod und ewiges Leben. Pustet, Regensburg 1978
RÜCKERT, ULRICH: Doktor Natur. Das Lexikon der sanften Medizin. Ariston Verlag, Genf 1986
SCHÄFER, HILDEGARD (Hrsg.): Was bedeutet der Tod für Sie? Ariston Verlag, Genf 1983
SCHULTES, RICHARD/HOFMANN, ALBERT: Pflanzen der Götter. Hallwag, Stuttgart 1980
TEILHARD DE CHARDIN, PIERRE: Der Mensch im Kosmos. Beck, München 1982
Die Entstehung des Menschen. Beck, München 1982
TIETZE, HENRY G.: Entschlüsselte Organsprache. Ariston Verlag, Genf 1984
WINTER, JOSEF A., Dr. med.: Überwindung von Krankheit und Angst. Ariston Verlag, Genf 1986

Die Bibelzitate sind entnommen der Einheitsübersetzung der Heiligen Schrift:

DIE BIBEL: Altes und Neues Testament. Einheitsübersetzung. Herausgegeben im Auftrag der Bischöfe Deutschlands, Österreichs, der Schweiz, von Luxemburg, Lüttich und Bozen-Brixen sowie des Rates der Evangelischen Kirche in Deutschland (Ps, NT). 2. Auflage der Endfassung 1983. Stuttgart 1984

Geringfügige Abweichungen in ganz seltenen Fällen finden sich nur dort, wo andere Übersetzungen poetischer oder treffender erschienen.
Manche alttestamentarischen Namen sind dem geläufigeren Sprachgebrauch enteprechend geändert.

Namen- und Sachregister

Register der Krankheiten

Register der Heilmittel